建筑与装饰工程预算

——广联达算量软件与计价软件应用教程

主　编　张虎伟

副主编　杨洁云　李诗兰

陶　彦　张羽菲

北京理工大学出版社

BEIJING INSTITUTE OF TECHNOLOGY PRESS

内 容 提 要

本书采用项目式教学与任务驱动的教学模式，基于造价工程师真实工作过程设计岗位实践环节，打造“建筑与装饰工程计量与计价电算化”理实一体化课程。本书共包括8个模块24个单元，使用广联达GTJ算量软件和GCCP计价软件，系统全面地完成了一个真实工程项目的算量与计价工作。这8个教学模块分别是工程造价基础、GTJ软件算量准备工作、主体结构建模与工程量计算、基础和土石方建模与工程量计算、建筑构件建模与工程量计算、装修构件建模与工程量计算、楼梯和零星构件建模与工程量计算、建筑与装饰工程计价。

本书可作为高等院校开设“预算电算化”相关系列课程的教材，还可作为工程造价数字化应用“1+X”中级考试培训教材，还可作为行业内企业对从事工程造价咨询相关工作岗位的工程技术人员培训材料和学习参考书。

图书在版编目（CIP）数据

建筑与装饰工程预算 / 张虎伟主编. -- 北京：北京理工大学出版社，2024.4

广联达算量软件与计价软件应用教程

ISBN 978-7-5763-2958-2

Ⅰ.①建… Ⅱ.①张… Ⅲ.①建筑装饰－建筑预算定额－教材 Ⅳ.①TU723.3

中国国家版本馆CIP数据核字（2023）第192971号

责任编辑：封　雪　　文案编辑：毛慧佳

责任校对：刘亚男　　责任印制：王美丽

出版发行 / 北京理工大学出版社有限责任公司

社　址 / 北京市丰台区四合庄路 6 号

邮　编 / 100070

电　话 / （010）68914026（教材售后服务热线）

（010）68944437（课件资源服务热线）

网　址 / http：//www.bitpress.com.cn

版 印 次 / 2024 年 4 月第 1 版第 1 次印刷

印　刷 / 河北鑫彩博图印刷有限公司

开　本 / 787 mm × 1092 mm　1/16

印　张 / 14.5

字　数 / 357 千字

定　价 / 88.00 元

前言

PREFACE

工程造价数字化是建造技术、计算机技术、网络技术与管理科学的交叉、融合、发展与应用的结果。近年来，随着BIM技术与建筑业的逐步融合，工程造价管理各参与方积累了大量的工程造价成果数据，相关企业也积极研发工程项目配套软件，使数字化应用逐步深入工程造价管理的各个层面，成为推动数字造价发展的核心动力。因此，职业院校顺应建筑业的需要大力发展BIM、大数据、云计算技术的趋势，培养工程造价行业数字化造价应用高端人才，这是核心任务。

2020年12月，教育部职业技术教育中心研究所发布了《关于受权发布参与“1+X”证书制度试点的第四批职业教育培训评价组织及职业技能等级证书名单的通知》，将工程造价数字化应用职业技能等级证书列在其中。该证书以工程造价数字化技术应用的使用为核心考察内容，为职业院校培养工程造价数字化应用人才提供了方向。

本书采用项目式任务驱动的教学模式，基于造价工程师真实工作过程设计岗位实践环节，融合“1+X”工程造价数字化应用职业技能等级证书（中级）的考试大纲要求，打造建筑与装饰工程计量与计价电算化理实一体化课程。

（1）结构体系特点：以工程造价预算编制工作为主线，采用模块化、任务化结构，将造价工程师的工作内容和“1+X”工程造价数字化应用职业技能等级证书（中级）考试大纲所要求具备的识图、算量、计价软件应用等知识点、技能点融入具体任务。

（2）栏目设计特点：本书中的每个模块均包括多个典型工作任务，引入真实的工程项目，根据“1+X”工程造价数字化应用职业技能等级证书（中级）考试大纲的要求设计任务流程，并通过课后习题对相关内容进行训练和测试。

（3）教学资源特点：本书为立体化教材，每个教学任务都配备了教学微课，对关键内容配备了三维演示动画，更好地解释了一些重要复杂建筑构件的工程量计算内容和计算规则。本书融合了中华传统文化和大国工匠等思政元素，并以二维动画的形式提高了思政教学的趣味性。本书所有微课和动画均以二维码的形式呈现，方便读者观看。

本书由辽宁建筑职业学院张虎伟担任主编，由辽宁建筑职业学院杨洁云、李诗兰、陶彦和张羽菲担任副主编。具体编写分工如下：张虎伟负责模块三、模块四、模块六和模块八的编写；杨洁云负责模块二和模块五的编写；李诗兰负责模块七的编写；陶彦负责模块一单元一的编写；张羽菲负责模块一单元二的编写。

与本书各单元配套使用的1号办公楼建筑和结构施工图，1号办公楼GTJ算量模型，1号办公楼GCCP招标控制价文件、课后习题活动中心GTJ算量模型，读者可通过扫描右侧相关二维码获取。

由于编者水平有限，书中难免存在疏漏之处，恳请广大读者批评指正。

编　者

1号办公楼建筑和结构施工图

1号办公楼GTJ算量模型

1号办公楼招标控制价GCCP计价文件

课后习题活动中心GTJ算量模型

CONTENTS

目录

模块一　工程造价基础 ……1

单元一　"1+X"工程造价数字化应用职业技能等级证书介绍 ……1

一、数字化技术在工程造价中的发展和应用 ……1

二、"1+X"工程造价数字化应用职业技能等级证书制度产生的背景 ……2

三、"1+X"证书分类及技能要求 ……2

单元二　广联达GTJ算量软件及GCCP计价软件介绍 ……8

一、广联达GTJ土建算量软件的基本功能及软件界面 ……8

二、广联达GCCP计价软件的基本功能软件界面 ……9

模块二　GTJ软件算量准备工作 ……12

单元一　新建工程与计算设置 ……12

一、工作任务布置 ……13

二、任务分析 ……13

三、任务实施 ……13

单元二　新建楼层、轴网及图纸的导入与分割 ……15

一、工作任务布置 ……15

二、任务分析 ……16

三、任务实施 ……16

模块三　主体结构建模与工程量计算 ……25

单元一　柱建模与工程量计算 ……25

一、工作任务布置 ……26

二、任务分析 ……26

三、任务实施 ……28

四、任务结果 ……39

单元二　剪力墙建模与工程量计算 ……39

一、工作任务布置 ……40

二、任务分析 ……40

三、任务实施 ……41

四、任务结果……49
单元三　梁建模与工程量计算……49
一、工作任务布置……50
二、任务分析……50
三、任务实施……52
四、任务结果……68
单元四　板建模与工程量计算……68
一、工作任务布置……69
二、任务分析……69
三、任务实施……71
四、任务结果……81
模块四　基础和土石方建模与工程量计算……86
单元一　筏板基础建模与工程量计算……86
一、工作任务布置……86
二、任务分析……87
三、任务实施……87
四、任务结果……90
单元二　独立基础建模与工程量计算……91
一、工作任务布置……92
二、任务分析……92
三、任务实施……93
四、任务结果……97
单元三　垫层建模与工程量计算……98
一、工作任务布置……98
二、任务分析……98
三、任务实施……99
四、任务结果……103
单元四　土石方建模与工程量计算……104
一、工作任务布置……104
二、任务分析……104
三、任务实施……106
四、任务结果……112
模块五　建筑构件建模与工程量计算……114
单元一　砌体墙建模与工程量计算……114
一、工作任务布置……115
二、任务分析……115
三、任务实施……115
四、任务结果……121
单元二　门窗建模与工程量计算……121
一、工作任务布置……122
二、任务分析……122
三、任务实施……123
四、任务结果……130

单元三　过梁和构造柱建模与工程量计算……131
一、工作任务布置……131
二、任务分析……131
三、任务实施……132
四、任务结果……136

模块六　装修构件建模与工程量计算……138
单元一　室内装修构件建模与工程量计算……138
一、工作任务布置……138
二、任务分析……139
三、任务实施……142
四、任务结果……150
单元二　室外装修构件建模与工程量计算……153
一、工作任务布置……154
二、任务分析……154
三、任务实施……155
四、任务结果……162

模块七　楼梯和零星构件建模与工程量计算……166
单元一　楼梯及其钢筋建模与工程量计算……166
一、工作任务布置……166
二、任务分析……166
三、任务实施……167
四、任务结果……173
单元二　散水和台阶建模与工程量计算……174
一、工作任务布置……174
二、任务分析……174
三、散水构件任务实施……175
四、台阶构件任务实施……178
五、任务结果……184
单元三　雨篷建模与工程量计算……185
一、工作任务布置……186
二、任务分析……186
三、任务实施……186
四、任务结果……189
单元四　建筑面积建模与工程量计算……190
一、工作任务布置……190
二、任务分析……190
三、任务实施……190

模块八　建筑与装饰工程计价……193
单元一　分部分项工程量清单编制及费用计算……193
一、工作任务布置……194
二、任务分析……194

三、任务实施……194
四、任务结果……200
单元二　措施项目清单编制及费用计算……202
一、工作任务布置……202
二、任务分析……202
三、任务实施……203
四、任务结果……209
单元三　其他项目费、规费和税金费用计取及造价报表导出…211
一、工作任务布置……212
二、任务分析……213
三、任务执行……214
四、任务结果……219
参考文献……224

模块一 工程造价基础

单元一 “1＋X”工程造价数字化应用职业技能等级证书介绍

工作任务目标

1. 了解数字化技术在工程造价计量与计价中的应用。
2. 了解“1＋X”工程造价数字化应用职业技能等级证书制度的产生背景。
3. 掌握“1＋X”工程造价数字化应用职业技能等级证书的分类和技能要求。

职业素质目标

具备注重积累、夯实基础、不断前进的工作精神。

思政故事

图难于其易，为大于其细。天下难事，必作于易；天下大事，必作于细

春秋时期道家学派创始人、中国古代伟大的哲学家老子在《道德经》中写了句话：“图难于其易，为大于其细。天下难事，必作于易；天下大事，必作于细。”这句话的意思是：解决难事要从还容易解决时去谋划，做大事要从细小处做起。天下的难事都是从容易的时候发展起来的，天下的大事都是从细小的地方一步步形成的。如果做事遵循规律，必然会从量变到质变，进而水到渠成。

困难于其易，为大于其细

一、数字化技术在工程造价中的发展和应用

工程造价数字化是指为适应服务于建筑产业升级和创新创业需求，将互联网、大数据、智能化、云计算、物联网等现代技术赋能造价领域，以工程造价业务流程与管理行为的智能化为基础，以现代职业技能提升为重点，综合形成以专业化、数字化、智能化为运行特征的现代工程造价管理模式和典型专业形态。

随着计算机技术的进步和互联网应用领域的扩展提升，工程造价也从手工方式计量、计价向信息化应用、数字化造价管理快速升级转型。工程造价行业与计算机技术的“携手”是从计价文件的生成开始的，通过计价软件内设定额库的方式实现了定额套用、换算、工料分析、取费等在计算机技术上的开发应用，将造价人员从繁重的计价基础工作中解脱出来，大幅提高了计价工作效率。在工程量清单计价和定额计价并存的时代，计价软件在工程量清单编制、招标控制价和投标报价编制、预结算编制与审核等方面的应用已经是造价人员基本的计价技能。此阶段，软件尚不能完成工程量的自动计算工作。

20 世纪末到 21 世纪初，计算机技术的发展使自动计算工程量成为可能，由开始的电子表格运算功能代替手工计算逐步发展到软件自动算量。在算量软件中完成工程量计算规则的设置后，只要完成工程电子图的手工输入或自动识别建模，计算机就可以实现工程量的自动计算，为造价人员解决了一项工作量最大、要求最高、耗时最久的造价编制基础性工作。

近年来，随着建筑信息模型(Building Information Modeling，BIM)技术的提出和不断发展，以其可视化、模拟性、优化性和可出图性等特点使工程建设的设计、施工、运营等各参与方都可以基于BIM进行协同工作，实现了在工程建设项目全生命周期内提高工作效率和质量，并能减少和降低工作错误和风险的目标。

目前，我国建筑产业数字化在不断推进发展，BIM技术、云计算、大数据等数字信息技术与建筑业的融合也日趋深入。造价专业人员在工程计价过程中需要大量人力算量、列项、组价等实务性工作将通过数字化平台，将不同阶段的BIM模型、工程造价数据库等，利用"云＋网(物联网)＋端(智能终端)结合大数据＋AI(人工智能/算法)"技术，实现智能列项、算量、组价、定价。造价行业原有传统的算量、组价、审价等具有一定基础性、重复性、程序性的工作将很大程度上被人工智能所取代，传统的工程造价管理也将向数字造价管理转型升级。

二、"1＋X"工程造价数字化应用职业技能等级证书制度产生的背景

2015年教育部发布《关于深化职业教育教学改革全面提高人才培养质量的若干意见》，2017年国务院办公厅发布了《关于深化产教融合的若干意见》，2019年国务院又发布了《国家职业教育改革实施方案》，2019年2月《国家职业教育改革实施方案》(职教20条)正式启动"1＋X"工程造价数字化应用职业技能等级证书(以下简称"1＋X"证书)制度试点工作，2019年3月教育部职业技术教育中心研究所公布首批参与"1＋X"证书制度试点的职业教育培训评价组织及职业技能等级证书公示公告，使"1＋X"证书步入正轨。2019年4月份，为了进一步推动"1＋X"证书试点工作的顺利展开，教育部、发改委、财政部与市场监督管理总局联合发布了《关于在院校实施"学历证书＋若干职业技能等级证书制度试点方案"》的通知，就具体的实施要求做出部署，"1＋X"证书制度有序开展。2019年，教育部、发改委、财政部、市场监管总局四部门正式印发了《关于在院校实施"学历证书＋若干职业技能等级证书"制度试点方案》，正式开始启动了校内职业教育和校外职业培训相结合的"1＋X"证书制度，这是国家主导的教育行业新时代的开启。

三、"1＋X"证书分类及技能要求

"1＋X"证书的出现推动了工程造价数字化应用技术的普及，促使工程造价从业人员适应时代和社会对于新型人才的需求，为工程造价行业与时俱进、转型升级提供了人才保障。

(一)"1＋X"证书的分类

工程造价数字化应用职业技能等级分为初级、中级、高级三个等级，三个级别依次递进，高级别涵盖低级别职业技能要求。

工程造价数字化应用职业技能——初级，是指能够准确识读建筑施工图、结构施工图等工程图样；能够依据房屋建筑与装饰工程等工程量计算规则和建筑行业标准、规范、图集，运用工程计量软件数字化建模，计算土建工程、钢筋工程等工程的工程量。

工程造价数字化应用职业技能——中级，是指能够准确识读建筑施工图、结构施工图等工程图样；能够依据房屋建筑与装饰工程工程量计算规则和建筑行业标准、规范、图集，运用工程计量软件数字化建模，计算土建、钢筋、装配式构件等工程量，编制清单工程量报表；能够计算措施项目费、规费、税金等项目，能够进行组价、人材机价差调整，编制工程造价文件。

工程造价数字化应用职业技能——高级，是指能够对工程量指标和价格指标进行分析；能够对施工过程中的进度款进行管理，能够进行竣工结算，编制工程造价报告。

（二）"1＋X"证书的技能要求

1."1＋X"证书——初级技能要求

初级证书技能要求见表1-1。

表1-1 工程造价数字化应用职业技能等级要求（初级）

工作领域	工作任务	职业技能要求
1. 土建工程量计算	1.1 土建工程数字化建模	1.1.1 能准确识读建筑施工图、结构施工图； 1.1.2 能够依据图纸信息，在工程计量软件中完成工程参数信息设置； 1.1.3 能够依据图纸信息在工程计量软件中搭建三维算量模型； 1.1.4 能够基于建筑信息模型对三维算量模型进行应用及修改
	1.2 土建工程三维算量模型校验	1.2.1 能够对工程模型的合理性和完整性进行自定义范围检查； 1.2.2 能够依据工程模型数据接口标准，完成相关专业模型的数据互通； 1.2.3 能够利用历史工程数据、企业数据库或行业大数据对工程量指标合理性、工程量结果准确性进行校验
	1.3 土建工程清单工程量计算汇总	1.3.1 能够正确使用清单工程量计算规则，利用工程计量软件计算基础工程、主体结构工程、装饰装修工程等工程量； 1.3.2 能对工程模型进行实体清单做法的套取； 1.3.3 能够应用工程计量软件，按楼层、部位、构件、材质等清单项目特征需求提取土建工程量； 1.3.4 能够依据业务需求完成土建数据报表的编制
2. 钢筋工程量计算	2.1 钢筋工程数字化建模	2.1.1 能准确识读结构施工图； 2.1.2 能够依据图纸信息在工程计量软件中搭建三维算量模型； 2.1.3 能够基于建筑信息模型对三维算量模型进行应用及修改
	2.2 钢筋工程三维算量模型校验	2.2.1 能够对工程模型的合理性和完整性进行自定义范围检查； 2.2.2 能够运用历史工程数据、企业数据库或行业大数据对工程量结果准确性进行校核； 2.2.3 能够利用历史工程数据、企业数据库或行业大数据对工程量指标合理性进行校核
	2.3 钢筋工程清单工程量计算汇总	2.3.1 能够依据平法图集，利用工程计量软件计算梁、板、柱和基础等构件钢筋工程量； 2.3.2 能够应用工程计量软件，按楼层、部位、构件、规格型号等需求提取钢筋工程量； 2.3.3 能够依据业务需求完成钢筋数据报表的编制

2. "1＋X"证书——中级技能要求

中级证书技能需求见表 1-2。

表 1-2 工程造价数字化应用职业技能等级要求(中级)

工作领域	工作任务	职业技能要求
1. 建筑工程工程量计算	1.1 建筑工程数字化建模	1.1.1 能够准确识读建筑施工图、结构施工图； 1.1.2 能够依据图纸信息，在工程计量软件中完成工程参数信息设置； 1.1.3 能够利用图纸识别技术在工程计量软件中将工程图纸文件转换为三维算量模型； 1.1.4 能够基于建筑信息模型对三维算量模型进行应用及修改； 1.1.5 能够应用软件实现预制柱、预制墙、叠合梁、叠合板等装配式构件的模型创建
	1.2 建筑工程三维算量模型检查核对	1.2.1 能够对工程模型的合理性和完整性进行自定义范围检查； 1.2.2 能够依据工程模型数据接口标准，完成相关专业模型的数据互通； 1.2.3 能够利用历史工程数据、企业数据库或行业大数据对工程量指标合理性、工程量结果准确性进行校核
	1.3 建筑工程清单工程量计算汇总	1.3.1 能够依据清单工程量计算规则、平法图集，利用工程计量软件计算土建工程量及钢筋工程量； 1.3.2 能对工程模型进行实体清单做法的套取； 1.3.3 能够利用建筑面积确定脚手架、混凝土模板、垂直运输和超高施工增加等项目的计量； 1.3.4 能够应用工程计量软件，依据清单项目特征需求提取工程量； 1.3.5 能够依据业务需求完成工程量数据报表的编制
2. 工程量清单编制	2.1 基于图纸的工程量清单的编制	2.1.1 能够依据招标文件、依据施工图，完成分部分项工程量清单的编制； 2.1.2 能够依据施工图纸及施工工艺，完成补充清单项目的编制； 2.1.3 能够依据施工图纸及施工方案，完成通用措施清单项和专用措施清单的编制； 2.1.4 能够依据招标文件及招标规划、概算文件等资料，完成其他项目清单下各清单项目的编制； 2.1.5 能够依据清单规范、财税制度和地区造价指导文件等资料，完成规费和税金项目的设置； 2.1.6 能够根据地区招标规定，对接政府行政主管部门相关服务信息平台，生成并导出电子工程量清单
	2.2 模拟工程量清单的编制	2.2.1 能够依据招标文件确定模拟工程量清单的项目； 2.2.2 能够正确选择模拟工程所需清单范本或对标项目工程量清单； 2.2.3 能够对参照工程与模拟工程的差异进行比较，对工程量进行调整； 2.2.4 能够依据工程建设需求、初步设计图等资料，编制模拟工程量清单
	2.3 工程量清单检查	2.3.1 能够利用工程计价软件对给定工程量清单进行检查，确认清单列项是否存在重复、清单描述和内容不全面等现象，并进行修改； 2.3.2 能够对标历史同类工程和施工图纸，检查清单列项中有无漏项，并进行补充完善； 2.3.3 能够对标施工方案和施工图纸，检查工程量清单的特征描述内容准确性、合理性、全面性，并进行完善修改

续表

工作领域	工作任务	职业技能要求
3. 工程造价确定	3.1 清单组价	3.1.1 能够基于历史工程数据、企业数据库或行业大数据对清单进行组价； 3.1.2 能够根据工程量清单计价规范及地区定额文件，按照清单项项目特征描述，完成工程量清单综合单价的编制； 3.1.3 能够依据项目特征描述完成清单定额子目的换算； 3.1.4 能够合理使用类似工程的组价数据及价格数据快速组价； 3.1.5 能够运用工程计价软件完成暂列金额、暂估价和总承包服务费的计算
	3.2 人材机费用调整	3.2.1 能够运用信息化平台对材料、设备价格进行收集、筛选及合理性分析，确定合理材料、设备价格； 3.2.2 能够依据给定的材料、设备信息，应用工程计价软件完成整个项目文件的材料、设备价格调整； 3.2.3 能够依据材料设备的来源正确选择供货方式； 3.2.4 能够根据业务要求，运用工程计价软件调整材料设备价格、可竞争费用
	3.3 数据校验	3.3.1 能够对招投标预算文件的规范性、合理性、完整性进行自检并调整； 3.3.2 能够应用历史数据或行业大数据进行清单综合单价检查、组价错套漏套检查； 3.3.3 能够运用信息化工具建立个人及企业的工程指标数据、组价及材料价格信息数据； 3.3.4 根据企业价格数据库信息化要求，应用数据化平台，收集整理录入个人及企业投标报价，逐步形成投标报价信息化数据库并应用； 3.3.5 能够运用相关软件平台对工程数据实时监控
	3.4 编制计价文件	3.4.1 能够运用工程计价软件生成电子招标文件，对接政府行政主管部门相关服务信息平台； 3.4.2 能够运用工程计价软件生成电子投标文件，对接政府行政主管部门相关服务信息平台； 3.4.3 能够运用工程计价软件编制招标控制价报表，并依据工程项目要求进行个性化调整； 3.4.4 能够运用工程计价软件编制投标报价报表，并能依据工程项目要求进行个性化调整

3. “1＋X”证书——高级技能要求

高级证书技能要求见表 1-3。

表 1-3　工程造价数字化应用职业技能等级要求(高级)

<table>
<tr><th>工作领域</th><th>工作任务</th><th>职业技能要求</th></tr>
<tr><td rowspan="2">1. 成本分析</td><td>1.1　工程量指标分析</td><td>1.1.1　能够对多个相同专业的工程量指标进行汇总整理；
1.1.2　能够运用行业大数据及个人积累数据对工程量指标进行校验；
1.1.3　能够运用行业大数据及个人积累数据对工程量指标进行对比，并且标出指标偏高偏低项目，对指标偏差项目进行检查；
1.1.4　能够运用行业大数据及个人积累数据对工程量指标进行分析，归纳出抗震等级、层高、不同业态项目的各种指标及影响因素；
1.1.5　能够整理数据形成相应的指标库；
1.1.6　能够出具工程量指标分析报告</td></tr>
<tr><td>1.2　项目价格指标分析</td><td>1.2.1　能够运用行业大数据及个人积累数据对综合单价组价(定额套取、系数调整、费率调整等)做出合理的判断；
1.2.2　能够进行市场价格信息收集，能够运用信息化平台对建筑材料价格、综合单价、单方造价进行筛选及合理性分析；
1.2.3　能够运用软件进行投标总价、分部分项综合单价、措施项目、材料价格等详细比较，找到差异并且分析其合理性；
1.2.4　能够对工程项目的合理性、行业标准的符合性做审核，并能依据规范及项目要求做相应的修改；
1.2.5　能够整理数据形成相应的指标库；
1.2.6　能够出具价格指标分析报告</td></tr>
<tr><td rowspan="2">2. 施工过程成本管理</td><td>2.1　施工进度款管理</td><td>2.1.1　能够核实现场形象进度，运用软件完成每一期形象进度式标书，并且能够实时统计建设单位及监理单位对进度款的批复情况；
2.1.2　能够依据施工合同及施工组织方案，应用软件进行进度工程量拆分，确定进度工程量；
2.1.3　能够依据施工合同、相关计价资料、施工组织方案及现场签证文件，应用软件编制(审核)进度价格，形成进度款报批(审核)文件；
2.1.4　能够依据合同要求及材料价格运用软件完成材料调差；
2.1.5　能运用软件依照每一形象进度产值进行实时统计及累计完工情况分析，对产值进度情况做出提前预判；
2.1.6　能够编制进度款申请文件；
2.1.7　能够熟读施工合同，对进度款的申请时间、支付节点、支付比例申请(审核)进度款要求等进行申报(审核)</td></tr>
<tr><td>2.2　施工签证费用管理</td><td>2.2.1　能够确认签证文件合规合理性，依据施工合同及施工组织方案，应用软件进行变更工程量计算(审核)，确定变更工程量；
2.2.2　能够依据施工合同、相关计价资料、施工组织方案，应用软件确定(审核)对应合同外价格；
2.2.3　能够进行现场签证审查</td></tr>
</table>

续表

工作领域	工作任务	职业技能要求
2. 施工过程成本管理	2.3　施工变更费用管理	2.3.1　能够确认变更文件合规合理性，依据施工合同及施工组织方案，应用软件进行变更工程量计算(审核)，确定变更工程量； 2.3.2　能够依据施工合同、相关计价资料、施工组织方案，应用软件确定(审核)对应合同外价格； 2.3.3　能够进行施工现场变更审查
	2.4　工程索赔费用管理	2.4.1　能够收集索赔相关资料，依据施工合同及相关法律法规等文件确认资料的合规合理性，完成索赔编制资料文件汇编； 2.4.2　能够依据合规合理的合同外政策变化、不可抗力等资料，结合现场施工实际情况，分析合同外工程责任承担比例，应用软件进行合同外索赔工程量计算(审核)，确定合同外索赔工程量； 2.4.3　能够依据合规合理的合同外政策变化、不可抗力等资料，分析合同外工程责任承担比例，应用软件编制(审核)合同外索赔清单综合单价、材料设备单价、税费计取等造价相关内容，形成合同外索赔造价
	2.5　结算计量计价原则确认	2.5.1　能够依据合规合理的结算资料，结合现场施工验收情况，应用软件进行结算工程量计算(审核)，确定结算工程量； 2.5.2　能够依据合规合理的合同外变更(签证、洽商)等资料，结合现场施工验收情况，分析合同外工程责任承担比例，应用软件进行合同外结算工程量计算(审核)，确定合同外结算工程量； 2.5.3　能够依据合规合理的结算资料，结合现场施工验收情况，应用软件编制(审核)结算清单综合单价、材料设备单价、税费计取等造价相关内容，形成合同内结算造价； 2.5.4　能够依据施工合同、合同外变更(签证、洽商)、计价文件等资料，结合现场施工验收情况，分析合同外工程责任承担比例，应用软件编制(审核)合同外结算清单综合单价、材料设备单价、税费计取等造价相关内容，形成合同外结算造价； 2.5.5　能够依据合同要求及材料价格运用软件完成材料调差； 2.5.6　能够依据合同要求及人工费、安全文明施工费、规费、税金价格运用软件完成相应调差
	2.6　造价报告编制	2.6.1　能够依据进度款审核结果编制进度款审核意见； 2.6.2　能够依据签证审核结果编制签证审核意见； 2.6.3　能够依据索赔审核结果编制索赔审核意见； 2.6.4　能够依据变更审核结果编制变更审核意见

单元二　广联达 GTJ 算量软件及 GCCP 计价软件介绍

工作任务目标

1. 掌握广联达 GTJ 土建算量软件的基本功能并熟悉软件界面。
2. 掌握广联达 GCCP 计价软件的基本功能并熟悉软件界面。

职业素质目标

具备与时俱进、推陈出新的工作能力。

思政故事

李诫与营造法式

李诫与营造法式

北宋建国以后百余年间，大兴土木，宫殿、衙署、庙宇、园囿的建造此起彼伏，造型豪华精美。负责工程的大小官吏贪污成风，致使国库无法应付浩大的开支。因此，建筑的各种设计标准、规范和有关材料、施工定额、指标急待制定。李诫以他个人10余年来修建工程之丰富经验为基础，参阅大量文献和旧有的规章制度，收集工匠讲述的各工种操作规程、技术要领及各种建筑物构件的形制、加工方法，终于编成流传至今的《营造法式》。《营造法式》就是当时的建筑法规。有了它，无论是对群体建筑的布局设计、单体建筑及构件的尺寸确定、编制各工种的用工计划、工程总造价，还是编制各工种之间的先后顺序及质量标准，都有法可依、有章可循，从而有效遏制了北宋工程界的贪污之风。

一、广联达 GTJ 土建算量软件的基本功能及软件界面

(一)广联达 GTJ 土建算量软件基本功能介绍

广联达 GTJ 土建算量软件内置《房屋建筑与装饰工程工程量计算规范》及全国各地清单定额计算规则、G101 系列平法钢筋规则，通过智能识别 CAD 图纸、一键导入 BIM 设计模型、云协同等方式建立 BIM 土建计量三维模型，帮助工程造价企业和从业者解决土建专业估概算、施工图预算、施工进度变更、竣工结算全过程各阶段的算量、提量、检查、审核全流程业务，实现一站式的 BIM 土建计量服务(图 1-1)。GTJ 软件可以与上游的结构设计软件(如盈建科、PKPM)及建筑设计软件(如天正建筑、浩辰建筑)，Revit BIM 模型进行数据对接(图 1-2)，避免了二次重复建模，同时 GTJ 算量数据可以导入产业链下游的工程管理软件(如场地布置、BIM 5D 等)中，实现全专业数字信息共享。

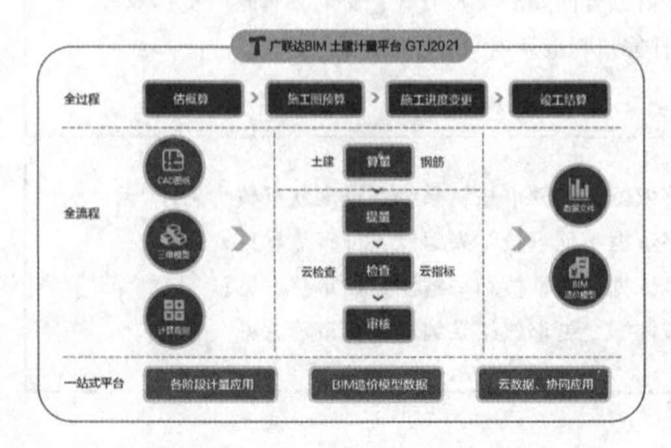

图 1-1　广联达 GTJ 土建算量软件工作内容

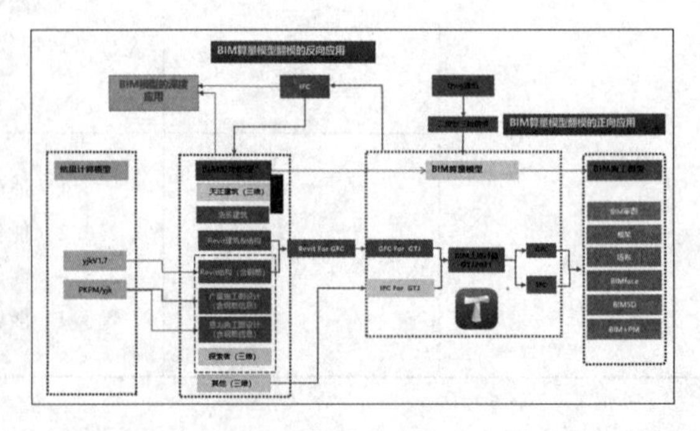

图 1-2　广联达 GTJ 土建算量软件与上下游进行数据对接

(二)广联达 GTJ 土建算量软件界面介绍

广联达 GTJ 土建算量软件操作界面包括菜单栏、工具栏、楼层切换栏、导航栏、构件列表、CAD 底图显示管理、构件属性管理、CAD 底图显示管理、绘图区、视觉显示框和状态栏，各功能区位置如图 1-3 所示。

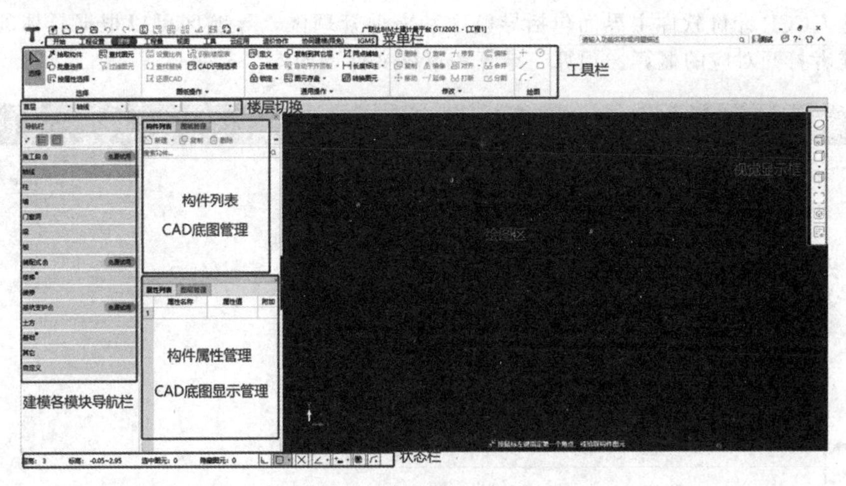

图 1-3 广联达 GTJ 土建算量软件主界面各功能区位置

应用广联达 GTJ 土建算量软件的整体工作流程如图 1-4 所示。

图 1-4 广联达 GTJ 土建算量软件工作流程

二、广联达 GCCP 计价软件的基本功能及软件界面

(一)广联达 GCCP 计价软件基本功能介绍

广联达云计价平台 GCCP 6.0(以下简称 GCCP 6.0)是为造价人员提供概算、预算、结算、审核各阶段的数据编审、积累、分析和挖掘再利用的操作软件。

GCCP 6.0 满足国标清单计价和市场清单计价两种模式，覆盖了民用建筑工程造价全专业、全岗位、全过程的清单计价业务场景，通过"一库两端一体化"的产品形态，为造价人员应用软件提质增效，帮助企业统一作业标准数据、管理造价成果数据，助力企业建立健全成本数据库而推出的整体解决方案，如图 1-5 所示。

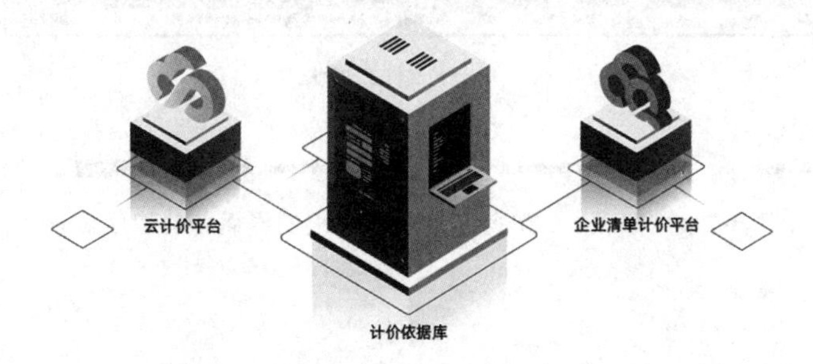

图 1-5 广联达 GCCP 计价软件工作内容

GCCP 6.0 能够实现全业务编制，概预结审全覆盖，同时量价一体，实现与算量工程的数据互通、实时刷新、图形反查。适用于市场化清单计价模式下的服务于专业工程造价应用场景，业务模式可满足在线招标清单编制、投标报价、报价分析及指标分析一体化应用，实现业务数据顺利流转。

(二)广联达 GCCP 计价软件界面介绍

广联达 GCCP 计价软件主界面包括导航区和文件管理区，导航区可以根据具体的造价咨询工作新建或者打开对应的概算、预算、结算和审核文件，如图 1-6 所示。

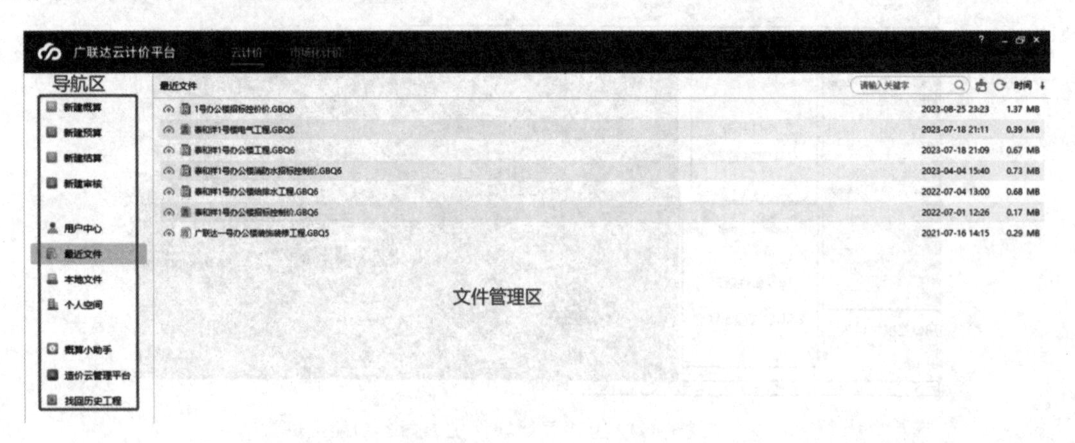

图 1-6　广联达 GCCP 计价软件主界面功能区位置

广联达预算工作主要涉及计价文件的编制和报表导出，编制界面主要包括菜单区、项目导航区、工具栏、计价编辑菜单、计价文件编制区、计价文件二次编辑区，如图 1-7 所示。预算计价文件报表界面主要包括菜单区、工具栏、报表调整工具栏、项目导航区、报表导航区和报表显示区，如图 1-8 所示。

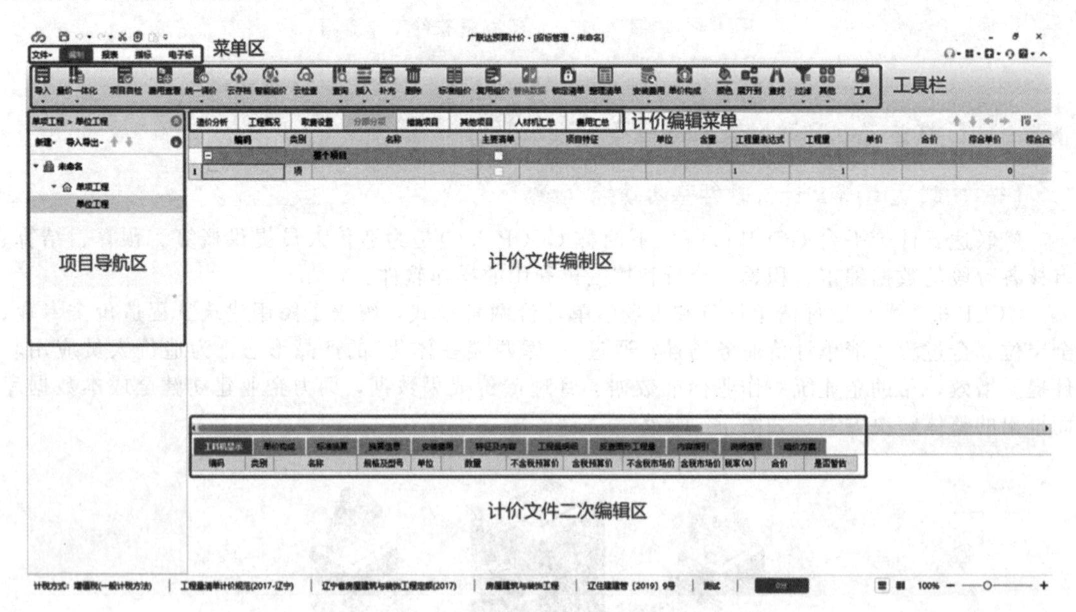

图 1-7　广联达 GCCP 计价软件预算编制界面各功能区位置

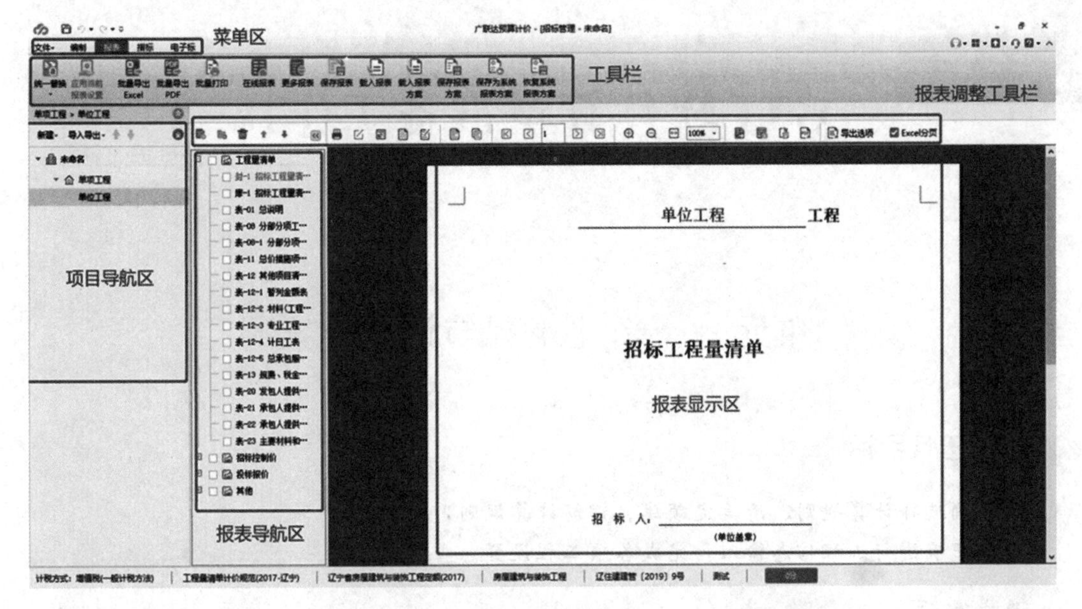

图 1-8　广联达 GCCP 计价软件预算报表界面各功能区位置

应用广联达 GCCP 计价软件预算工作模块的整体工作流程如图 1-9 所示。

图 1-9　广联达 GCCP 计价软件的整体操作工作流程

模块二 GTJ 软件算量准备工作

单元一　新建工程与计算设置

工作任务目标

1. 正确选择计算规则、清单定额库、钢筋计算规则，完成创建。
2. 能正确进行工程信息输入，完成各项工程设置。

教学微课

微课：新建工程与计算设置

职业素质目标

具备诚实守信的职业素质。

思政故事

烽火戏诸侯

烽火戏诸侯

周幽王有位宠妃叫褒姒。为博取她的一笑，周幽王下令在都城附近20多座烽火台上点起烽火——烽火是边关报警的信号，只有在外敌入侵需召诸侯来救援的时候才能点燃。

结果诸侯们见到烽火，率领兵将们匆匆赶到，但弄明白这是君王为博宠妃一笑的花招后就愤然离去。褒姒看到平日威仪赫赫的诸侯们手足无措的样子，终于开心一笑。

五年后，西夷太戎大举攻周，幽王烽火再燃而诸侯未到——谁也不愿再上第二次当了。结果幽王被逼自刎而褒姒也被俘虏。

这个故事告诉我们诚实守信是人际关系的基础，只有诚实守信才能赢得别人的信任和尊重。

作为造价工程师，一定要有职业精神，拒绝做现代版本的“周幽王”，无论代表甲方做招标、审计，还是代表乙方做投标和结算都要坚守职业道德，精准计量与计价，不瞒报、不谎报，诚实守信。

一、工作任务布置

本模块以 1 号办公楼工程为例。分析 1 号办公楼工程建筑施工图和结构施工图，了解工程的名称、采用的平法规范和清单定额规范、工程的基本信息等内容，进行工程创建和基本设置。

二、任务分析

通过查阅 1 号办公楼建筑施工图设计说明可知，工程名称为“1 号办公楼”，建筑物为二类多层办公建筑，使用年限为 50 年，抗震设防烈度为 7 度，框架结构为地上 4 层，地下 1 层，檐高为 14.85 m。由结构施工图设计说明可知，设计标注所遵循的标注规范和规则是《混凝土结构施工图平面整体表示方法制图规则和构造详图》(22G101)。

三、任务实施

(一)创建工程

(1)在分析图纸、了解工程的基本情况后，启动 GTJ 土建算量软件，进入如图 2-1 所示“开始”界面，在该界面中单击“新建”按钮，系统将弹出“新建工程”对话框。

开始
广联达BIM土建计量平台 GTJ2021
请输入功能名称或问题描述
+ 新建
新版提醒
GTJ2025【1.0.36.0】
GTJ2025重磅发布!
立即下载
工作台
应用中心

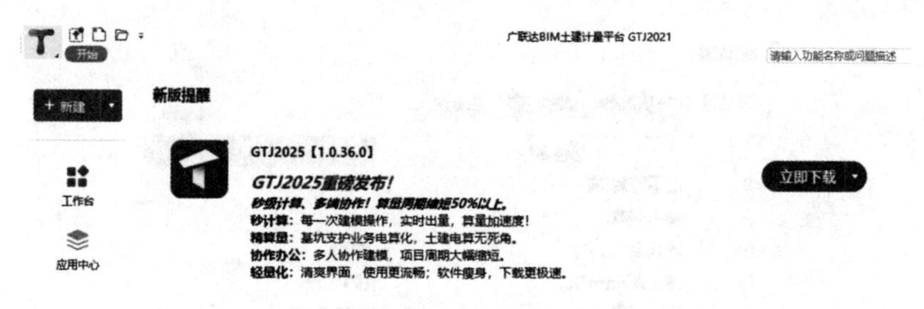

图 2-1 “开始”界面

(2)在“新建工程”对话框中输入工程名称，选择计算规则、清单定额库、钢筋规则进行工程创建，单击“创建工程”按钮，如图 2-2 所示。

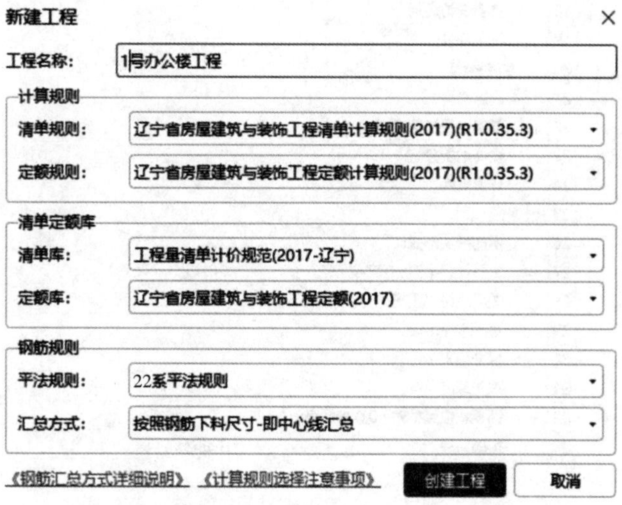

新建工程
工程名称：
1号办公楼工程
计算规则
清单规则：
辽宁省房屋建筑与装饰工程清单计算规则(2017)(R1.0.35.3)
定额规则：
辽宁省房屋建筑与装饰工程定额计算规则(2017)(R1.0.35.3)
清单定额库
清单库：
工程量清单计价规范(2017-辽宁)
定额库：
辽宁省房屋建筑与装饰工程定额(2017)
钢筋规则
平法规则：
22系平法规则
汇总方式：
按照钢筋下料尺寸-即中心线汇总
《钢筋汇总方式详细说明》
《计算规则选择注意事项》
创建工程
取消

图 2-2 “创建工程”对话框

创建工程后，进入软件界面，如图 2-3 所示，分别对“基本设置”“土建设置”“钢筋设置”进行修改。

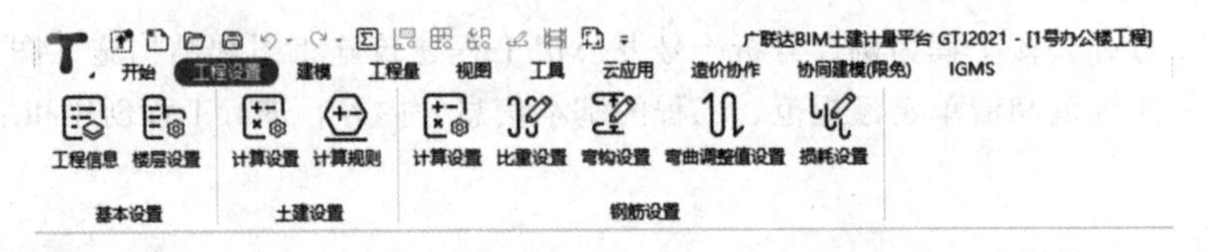

图 2-3 “基本设置”“土建设置”“钢筋设置”界面

(二)基本设置

在“工程信息”对话框“工程信息”选项卡中(图 2-4)，灰色字体部分(已框出)必须填写，黑色字体部分只起到标识作用，不填写不影响计算结果。其中“抗震等级”选项由结构类型、抗震等级、设防烈度、檐高这 4 项确定。

“工程信息”选项卡右边是“计算规则”选项卡、“编制信息”选项卡和“自定义”选项卡。“计算规则”选项卡中是新建工程时所选的清单、定额计算规则，不需要修改；在“编制信息”选项卡中输入建设单位、设计单位、施工单位、编制单位、编制日期、编制人、审核人等信息，可根据实际情况填写，这部分不影响计算结果。

工程信息

工程信息 | 计算规则 | 编制信息 | 自定义

	属性名称	
8	地下层数(层):	1
9	裙房层数:	
10	建筑面积(m²):	3155
11	地上面积(m²):	(640.696)
12	地下面积(m²):	(616.028)
13	人防工程:	无人防
14	檐高(m):	14.85
15	结构类型:	框架结构
16	基础形式:	筏形基础+柱墩
17	⊟ 建筑结构等级参数:	
18	抗震设防类别:	
19	抗震等级:	三级抗震
20	⊟ 地震参数:	
21	设防烈度:	7
22	基本地震加速度 (g)：	
23	设计地震分组:	
24	环境类别:	
25	⊟ 施工信息:	
26	钢筋接头形式:	
27	室外地坪相对±0.000标高(m):	-0.45
28	进场交付施工场地标高相对±0.000...	-0.3
29	基础埋深(m):	
30	标准层高(m):	
31	冻土厚度(mm):	1000
32	地下水位线相对±0.000标高(m):	-2
33	实施阶段:	招投标

图 2-4 “工程信息”选项卡

单元二　新建楼层、轴网及图纸的导入与分割

工作任务目标

1. 能够识读施工图楼层信息，正确建立楼层。
2. 能够正确建立轴网，绘制轴网。
3. 能够正确导入 CAD 图纸、分割图纸、定位图纸。

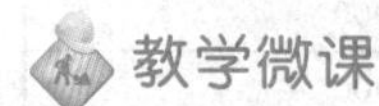

教学微课

微课：新建楼层、轴网及
图纸的导入与分割

职业素质目标

具备做好准备工作、注重细节的工作能力。

思政故事

磨刀不误砍柴工

从前有两个樵夫一起上山砍柴，他们都想多砍点柴，多赚点钱。阿德早上很早起来砍柴，一刻不停；而阿财比阿德晚上山，却很快就赶上了阿德的进度。一天结束，阿财砍了九捆柴，阿德砍了六捆柴。第二天还是如此，阿德百思不得其解，他想不通为什么自己那么努力，却没有阿财砍得多。第三天，阿德一边努力砍树，一边观察阿财工作的情况，他看不出阿财有什么秘诀，但他砍得就是快。

终于，阿德再也忍不住问道："我一直很努力地工作，连休息的时间也没有。为什么你砍得比我又多又快呢?"阿财看着他笑道："砍柴除了技术和力气，更重要的是我们手里的斧头。我经常磨刀，刀锋锋利，所砍的柴当然比较多；而你从来都不磨刀，虽然费的力气可能比我还多，但是斧头却越来越钝，砍的柴当然就少啊。"

这个故事告诉我们在做一项工作之前，要提前做好准备工作，掌握细节后才能做出正确的决定，从而达到节约时间和精力的目的。正如我们在利用预算软件建模的时候，只有提前掌握工程的基本信息，了解工程结构类型、层数、软件使用的规范等细节，才能够更快地创建模型。

一、工作任务布置

分析 1 号办公楼工程施工图，进行楼层设置，混凝土强度等级、砂浆标号(强度等级)和保护层厚度设置，进行土建设置和钢筋设置，建立轴网，导入 CAD 图纸，进行分割与定位。

二、任务分析

(1)查阅1号办公楼结施-05施工图可知本工程结构层楼面标高，见表2-1。

表 2-1 结构层楼面标高

楼层	层底标高/m	层高/m
屋顶	14.400	—
4	11.050	3.350
3	7.450	3.600
2	3.850	3.600
1	−0.050	3.900
−1	−3.950	3.900

(2)查阅1号办公楼结构施工图设计说明可知各构件混凝土强度等级和主筋保护层厚度，见表2-2和表2-3。

表 2-2 混凝土强度等级

混凝土所在部位	混凝土强度等级	备注
基础垫层	C15	
独立基础、地梁	C30	
基础层～屋面主体结构：墙、柱、梁、板、楼梯	C30	
其余各结构构件：构造柱、过梁、圈梁等	C25	

表 2-3 主筋混凝土保护层厚度

基础钢筋厚度/mm	40
梁厚度/mm	20
柱厚度/mm	25
板厚度/mm	15
注：各部分主筋混凝土保护层厚度同时应满足不小于钢筋直径的要求。	

三、任务实施

(一)楼层设置

单击菜单栏中的“工程设置”按钮，在工具栏“基本设置”面板中单击“楼层设置”按钮。如图2-5所示。

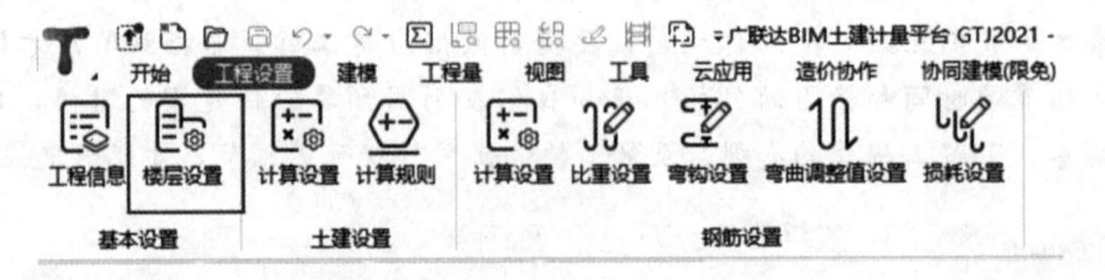

图 2-5 “楼层设置”按钮

1. 建立楼层

鼠标光标定位在首层，单击“楼层设置”界面中的“插入楼层”按钮，则插入地上楼层。鼠标光标定位在基础层，单击“插入楼层”按钮，则插入−1楼层。按照图纸要求，将首层底标高修改为−0.05 m，再根据表2-1修改层高。设置完成后如图2-6所示。

楼层设置

单项工程列表：添加　删除　1号办公楼

楼层列表（基础层和标准层不能设置为首层。设置首层后

插入楼层　删除楼层　上移　下移

首层	编码	楼层名称	层高(m)	底标高(m)
☐	5	屋面层	0.9	14.4
☐	4	第4层	3.35	11.05
☐	3	第3层	3.6	7.45
☐	2	第2层	3.6	3.85
☑	1	首层	3.9	-0.05
☐	-1	第-1层	3.9	-3.95
☐	0	基础层	2.35	-6.3

图 2-6　“楼层设置”界面

2. 混凝土强度等级、砂浆标号(强度等级)和保护层厚度设置

根据图纸说明中关于混凝土强度等级、砂浆标号(强度等级)、主筋保护层厚度的规定进行调整，首先把楼层设置调整到首层，然后对混凝土强度等级、砂浆标号(强度等级)、保护层厚度进行调整。设置完成后如图2-7所示。

楼层设置

楼层混凝土强度和锚固搭接设置（1号办公楼　屋面层, 14.40 ~ 15.30 m）

	抗震等级	混凝土强度等级	混凝土类型	砂浆标号	砂浆类型	保护层厚度(mm)	备注
垫层	(非抗震)	C15	半干硬性砼...	M5	混合砂浆	(25)	垫层
基础	三级抗震	C30	半干硬性砼...	M5	混合砂浆	(40)	包含所有的基...
基础梁 / 承台梁	(三级抗震)	C30	半干硬性砼...			(40)	包含基础主梁...
柱	(三级抗震)	C30	半干硬性砼...	M5	混合砂浆	25	包含框架柱、...
剪力墙	(三级抗震)	C30	半干硬性砼...			25	剪力墙、预制墙
人防门框墙	(三级抗震)	C20	半干硬性砼...			(20)	人防门框墙
暗柱	(三级抗震)	C30	半干硬性砼...			25	包含暗柱、约...
端柱	(三级抗震)	C30	半干硬性砼...			25	端柱
墙梁	(三级抗震)	C30	半干硬性砼...			25	包含连梁、暗...
框架梁	(三级抗震)	C30	半干硬性砼...			20	包含楼层框架...
非框架梁	(非抗震)	C30	半干硬性砼...			20	包含非框架梁...
现浇板	(非抗震)	C30	半干硬性砼...			15	包含现浇板、...
楼梯	非抗震	C30	半干硬性砼...			15	包含楼梯、直...
构造柱	(三级抗震)	C25	半干硬性砼...			(25)	构造柱
圈梁 / 过梁	(三级抗震)	C25	半干硬性砼...			(25)	包含圈梁、过梁
砌体墙柱	(非抗震)	C25	半干硬性砼...	M5	混合砂浆	(25)	包含砌体柱、...
其它	(非抗震)	C25	半干硬性砼...	M5	混合砂浆	(25)	包含除以上构...
叠合板(预制底板)	(非抗震)	C20	半干硬性砼...			(20)	包含叠合板(预...
支护桩	(非抗震)	C25	半干硬性砼...			(45)	支护桩
支撑梁	(非抗震)	C30	半干硬性砼...			(40)	支撑梁
土钉墙	(非抗震)	C20	半干硬性砼...			(20)	包含土钉墙、...

图 2-7　混凝土强度等级和保护层厚度设置

完成首层楼层设置后，单击“复制到其他楼层”按钮，在弹出的“复制到其他楼层”对话框中勾选其他楼层，单击“确定”按钮，如图2-8和图2-9所示。

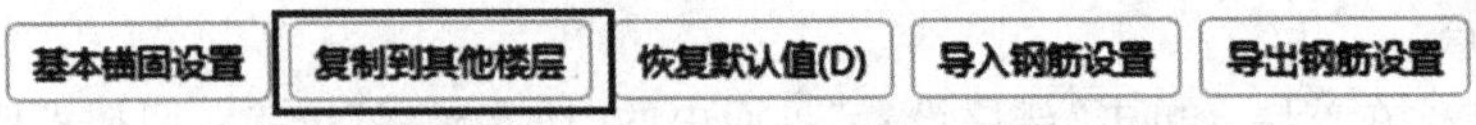

基本锚固设置　复制到其他楼层　恢复默认值(D)　导入钢筋设置　导出钢筋设置

图 2-8 “复制到其他楼层”按钮

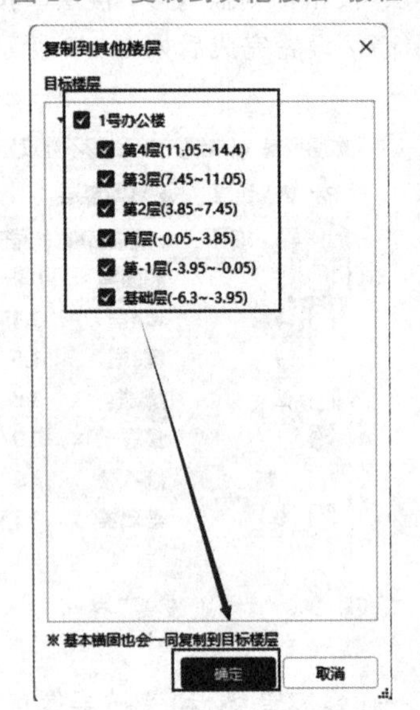

图 2-9 “复制到其他楼层”对话框

(二)土建设置与钢筋设置

1. 土建设置

“土建设置”面板中的“计算设置”和“计算规则”已在创建工程时选择了工程所在地区的清单规则和定额规则，此处不需要修改。

2. 钢筋设置

单击“钢筋设置”面板中的“计算设置”按钮，在弹出的“计算设置”对话框中有“计算规则”“节点设置”“箍筋设置”“搭接设置”“箍筋公式”等选项卡，里面的数值均依据在创建工程时选择的“22 系平法规则”而得来。如果图纸中的钢筋设置有与“22 系平法规则”不一致，则需要调整，否则不需要调整，如图 2-10 所示。

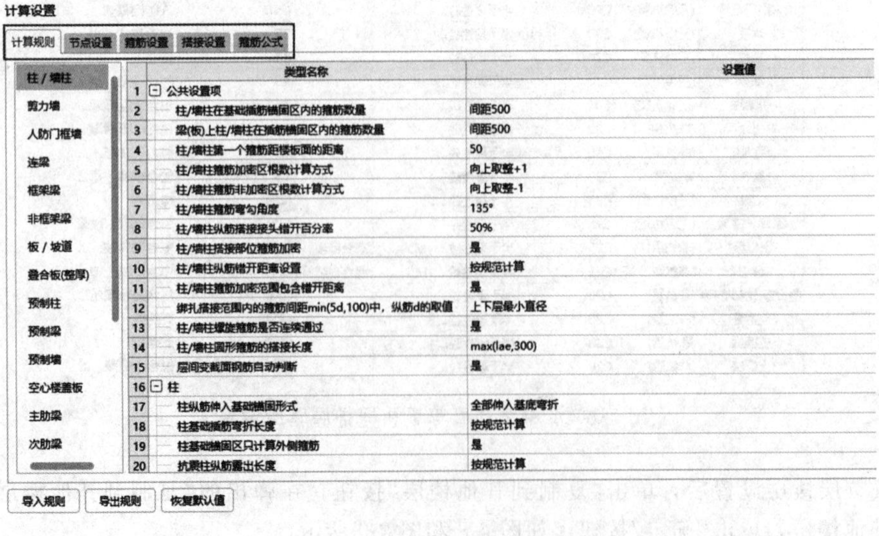

计算设置

计算规则　节点设置　箍筋设置　搭接设置　箍筋公式

柱 / 墙柱　剪力墙　人防门框墙　连梁　框架梁　非框架梁　板 / 坡道　叠合板(整厚)　预制柱　预制梁　预制墙　空心楼盖板　主肋梁　次肋梁

	类型名称	设置值
1	⊟ 公共设置项	
2	柱/墙柱在基础插筋锚固区内的箍筋数量	间距500
3	梁(板)上柱/墙柱在插筋锚固区内的箍筋数量	间距500
4	柱/墙柱第一个箍筋距楼板面的距离	50
5	柱/墙柱箍筋加密区根数计算方式	向上取整+1
6	柱/墙柱箍筋非加密区根数计算方式	向上取整-1
7	柱/墙柱箍筋弯勾角度	135°
8	柱/墙柱纵筋搭接接头错开百分率	50%
9	柱/墙柱搭接部位箍筋加密	是
10	柱/墙柱纵筋错开距离设置	按规范计算
11	柱/墙柱箍筋加密范围包含错开距离	是
12	绑扎搭接范围内的箍筋间距min(5d,100)中，纵筋d的取值	上下层最小直径
13	柱/墙柱螺旋箍筋是否连续通过	是
14	柱/墙柱圆形箍筋的搭接长度	max(lae,300)
15	层间变截面钢筋自动判断	是
16	⊟ 柱	
17	柱纵筋伸入基础锚固形式	全部伸入基底弯折
18	柱基础插筋弯折长度	按规范计算
19	柱基础锚固区只计算外侧箍筋	是
20	抗震柱纵筋露出长度	按规范计算

导入规则　导出规则　恢复默认值

图 2-10 “计算设置”对话框

(三)绘制轴网

软件可以建立正交轴网、斜交轴网、圆弧轴网三种轴网。用户应根据工程情况，选择正确的轴网形式。本案例中，1 号办公楼为正交轴网。

1. 正交轴网

(1)单击菜单栏中的“建模”按钮，在“导航栏”面板中选择“轴线”下的“轴网”选项，在“构件列表”中单击“新建”按钮(图 2-11)，选择新建正交轴网，进入轴网“定义”界面。

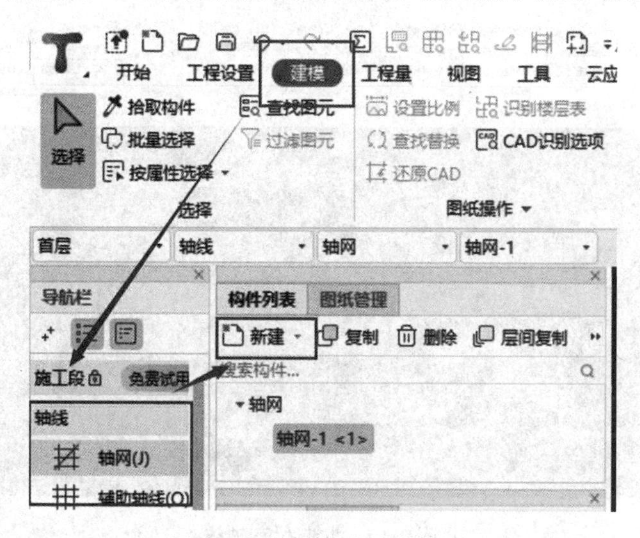

图 2-11　打开轴网“定义”界面

(2)选择“下开间”选项卡，在“轴距”的位置依次输入 3 300、6 000、6 000、7 200、6 000、6 000、3 300。由于上、下开间轴距相同，“上开间”选项卡中可以不输入轴距，如图 2-12 所示。

单击“左进深”选项卡，在“轴距”的位置依次输入 2 500、4 700、2 100、6 900，并根据图纸的轴号修改轴号名称。由于左、右进深的轴距相同，“右进深”选项卡中可以不输入轴距。

此时，在右侧的轴网图显示区域已经显示了定义的轴网，轴网定义完成。

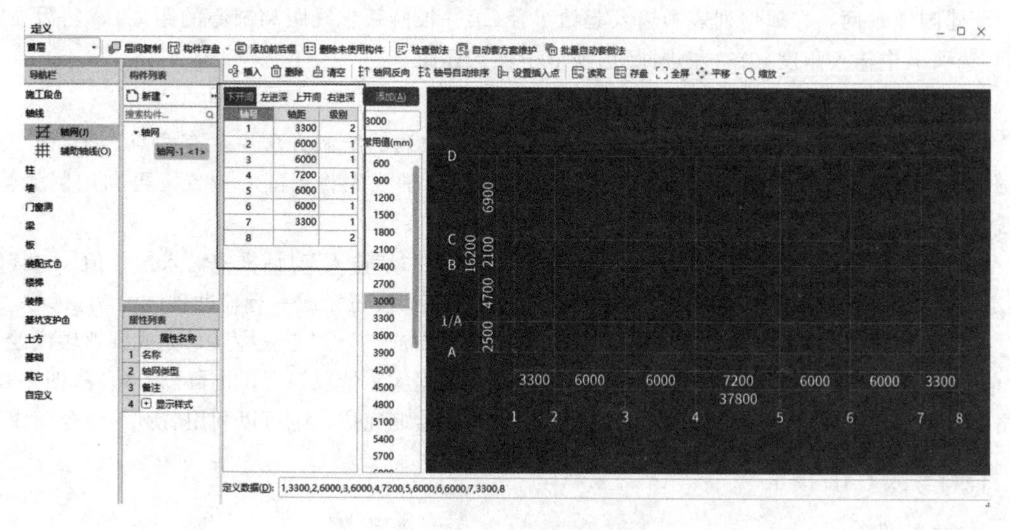

图 2-12　轴网“定义”界面

(3)轴网定义完毕后，切换到绘图界面。在弹出的“请输入角度”对话框中，提示用户输入定义轴网需要旋转的角度。本工程为水平竖直正交轴网，角度输入“0”即可。单击“确定”按钮后，绘图区显示轴网，完成轴网的绘制。

(4)如果想将右进深、上开间的轴号和轴距显示出来，在工具栏中单击“修改轴号位置”按钮，在绘图界面按住鼠标左键框选所有轴线(图 2-13)，再单击鼠标右键，在弹出的快捷菜单中选择“确定”选项。选择“两端标注”，然后单击“确定”按钮即可。

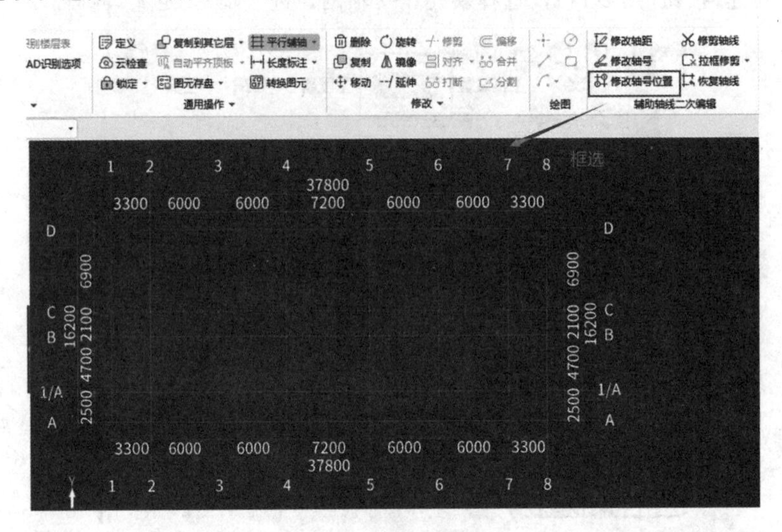

图 2-13　框选所有轴线

(5)轴网绘制完成后，如发现有错误，还可以对轴网进行二次编辑。

2. 斜交轴网

新建斜交轴网，在属性列表中输入第一根开间轴线和第一根进深轴线的夹角，之后按正交轴网的方法输入开间和进深的轴网间距即可。

3. 圆弧轴网

新建圆弧轴网，在属性列表中输入起始半径(第一根圆弧轴线距离圆心的距离)，然后在“下开间”选项卡中输入角度，在“左进深”选项卡中输入弧距。

4. 辅助轴线

软件提供了辅助轴线，用于构件辅助定位。辅助轴线的绘制方法主要有两点、平行、点角和圆弧。1 号办公楼有两根圆弧轴线，可以用平行辅助轴线先找到圆心位置，再利用圆弧辅助轴线绘制完成。

在工具栏中单击“平行辅轴”按钮，单击选中④轴，在“请输入”对话框中输入偏移值“－2 500”(图 2-14)，向左偏移为负，向右偏移为正值。单击“确定”按钮完成平行辅助轴线绘制。

在工具栏中单击“起点圆心终点辅轴”按钮，依次单击起点→圆心→终点，完成圆弧轴线绘制。在“请输入”的对话框中，“轴号”输入框中的内容可以根据实际情况填写，也可以不填写(图 2-15)，单击“确定”按钮完成绘制。另一侧辅助轴线以同样方法绘制完成，也可以利用“镜像”命令完成。

(四)导入 CAD 图纸

1. 导入图纸

在“图纸管理”选项卡中单击“添加图纸”按钮(图 2-16)，找到图纸所在位置。选择图纸后，单击“打开”按钮即可。

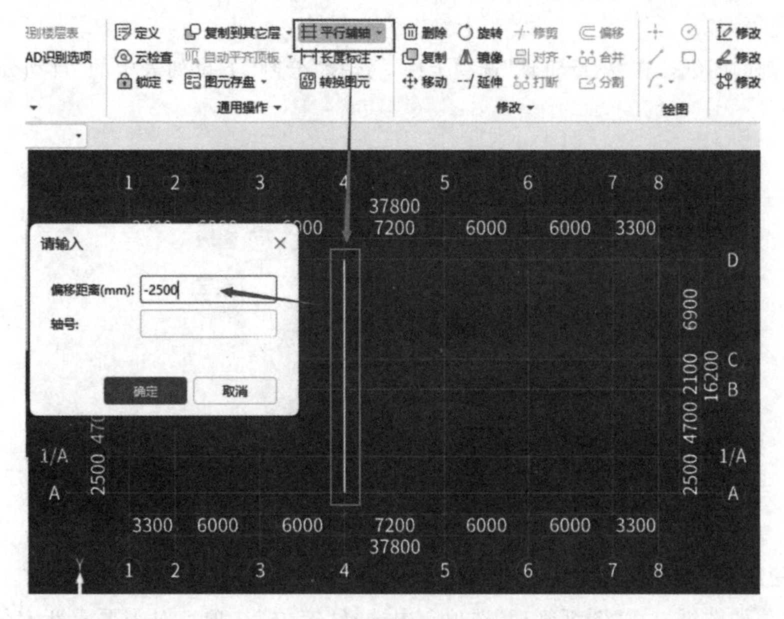

图 2-14　绘制平行辅助轴线

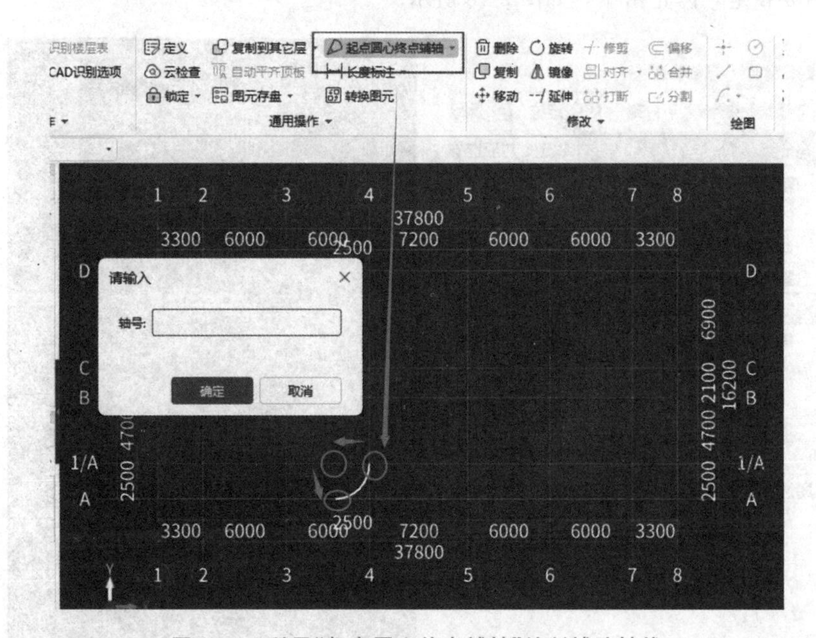

图 2-15　利用"起点圆心终点辅轴"绘制辅助轴线

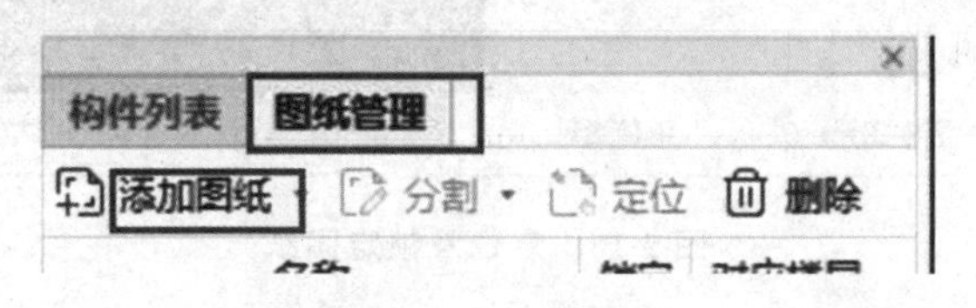

图 2-16　添加图纸

2. 分割图纸

选择要分割的图纸，在“图纸管理”选项卡中，选择“分割”下拉列表中的“自动分割”选项，如图 2-17 所示。

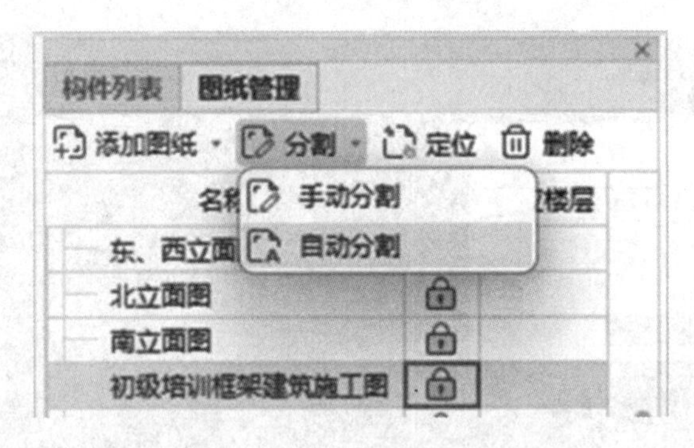

图 2-17 “分割”下拉列表

3. 定位图纸

选择要定位的图纸，在“图纸管理”选项卡中选择“定位”选项，对需要重新定位的图纸进行定位。定位后要锁定，防止错位，如图 2-18 所示。

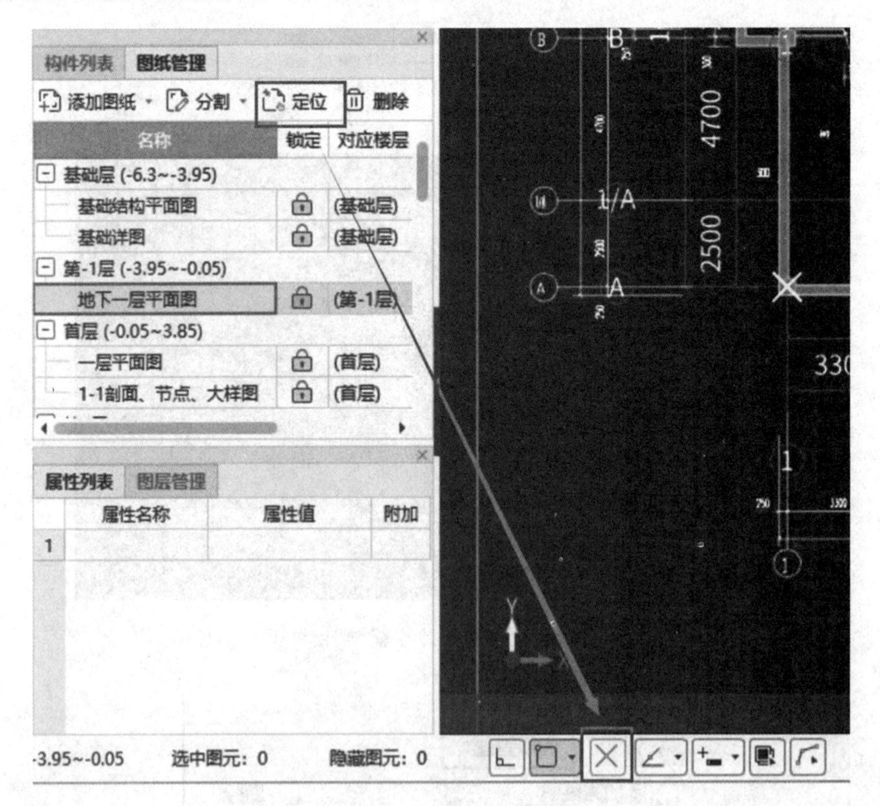

图 2-18 定位及锁定图纸

课后习题

一、单选题

1. 可用于计算钢筋工程量的软件是(　　)。

A. GQI　　B. GCL　　C. GTJ　　D. GCCP

2. GTJ 软件计算工程量的第一步操作是(　　)。

A. 建立模型　　B. 工程设置　　C. 新建工程　　D. 汇总计算

3. 在 GTJ 2018 软件中，辽宁省 2017 工程量计算规则中关于钢筋的汇总方式是(　　)。

A. 按照外皮长度　　B. 按照中心线长度

C. 按照内边线长度　　D. 以上都可以

4. 工程信息设置中(　　)项目不是必须填写的。

A. 檐高　　B. 结构类型　　C. 开工日期　　D. 抗震等级

5. 使轴线两端同时显示轴号需要(　　)操作。

A. 修改轴号　　B. 修改轴号位置　　C. 修改轴距　　D. 修改轴线

6. 下列选项中(　　)不是绘制辅轴的方法。

A. 两点　　B. 平行　　C. 对称　　D. 起点圆心终点

7. (　　)是定位图纸的命令。

A. 原点　　B. 对齐　　C. 对称　　D. 镜像

8. (　　)是在工程设置中必须填写的项目。

A. 施工单位　　B. 编制单位　　C. 结构类型　　D. 基础形式

9. (　　)不是钢筋机械连接方式。

A. 绑扎　　B. 直螺纹连接　　C. 套筒挤压　　D. 锥螺纹连接

10. 在 GTJ 软件中，普通钢筋 HRB400 用(　　)符号表示。

A. A　　B. B　　C. C　　D. D

11. 在 GTJ 2021 软件中，不可以建立(　　)类型的轴网。

A. 正交轴网　　B. 斜交轴网　　C. 圆形轴网　　D. 圆弧轴网

12. 在 GTJ 2021 软件中，鼠标光标定位在首层，单击"插入楼层"按钮，则插入的是(　　)。

A. 地上楼层　　B. −1 层　　C. 基础层　　D. 任意层

13. 在 GTJ 2021 软件中，鼠标光标定位在基础层，单击"插入楼层"按钮，则插入的是(　　)。

A. 地上楼层　　B. 地下楼层　　C. 屋顶层　　D. 任意层

14. 在 GTJ 2021 软件中，普通钢筋 HRB335 用(　　)符号表示。

A. A　　B. B　　C. C　　D. D

15. 在 GTJ 2021 软件中，分割 CAD 图纸的方法有(　　)。

A. 自动分割　　B. 点状分割　　C. 线状分割　　D. 按页分割

二、判断题

1. GTJ 建模只能采用手工绘制一种方式。(　　)
2. GTJ 是将土建算量和钢筋算量合二为一的软件。(　　)
3. GTJ 中平法规则最新的是 11 系列平法规则。(　　)
4. 清单库和定额库一旦选定了就无法修改了。(　　)
5. 工程信息设置中灰色字体影响计算必须填写。(　　)
6. 抗震等级填写了，檐高、结构类型、抗震设防烈度就不用填写了。(　　)

7. 楼层设置中，标高值是各层的层底标高。（　）

8. 混凝土强度等级和保护层厚度只需要修改一层。（　）

9. GTJ 软件是算量软件不能计价。（　）

10. 工程信息中的“编制者”是必须填写的。（　）

三、实操题

扫描下方二维码下载活动中心工程图纸和外部清单，并完成以下操作。

1. 新建活动中心工程，进行工程信息录入、楼层设置和设置计算。

2. 绘制工程轴网，导入 CAD 图纸，分割并定位。

活动中心所用图纸及外部清单

微课：实操题 1

微课：实操题 2

模块三 主体结构建模与工程量计算

单元一 柱建模与工程量计算

工作任务目标

1. 能够识读柱构件的结构施工图，提取建模的关键信息。
2. 能够定义和绘制柱构件的三维算量模型。
3. 能够套取柱构件的清单和定额，正确提取其混凝土、模板和钢筋工程量。

教学微课

微课：柱构件手动建模与工程量计算

微课：柱构件识别法建模与工程量计算

职业素质目标

具备勇于创新、敢于担当的工作精神。

思政故事

中流砥柱——李冰

中流砥柱——李冰

战国时期，秦国蜀郡经常发生水灾。于公元前251年，秦王派李冰任蜀郡郡守负责治水工程。李冰入蜀后，经实地考察，给出了一个系统性的解决方案，这就是著名的都江堰水利工程。都江堰水利工程由三部分组成：宝瓶口、分水堰、飞沙堰，分别解决灌溉、防洪、排沙问题。蜀郡由原来的泽国变成了天府之国。作为设计者，李冰以超凡的智慧和系统的思考完成了与大自然的协作——都江堰；作为管理者，他用行动留下泽被万世的遗产，赢得了千秋万代的认可和歌颂，成为我国水利工程的中流砥柱。

作为造价工程师，在工作中要学习李冰开拓进取、科学创新、勇创大业的工匠精神，努力成为造价行业的中流砥柱。

一、工作任务布置

分析 1 号办公楼工程柱结构施工图，绘制柱构件的三维算量模型，套取柱构件的清单和定额，并统计其混凝土、模板的清单工程量及钢筋工程量。

二、任务分析

(一)图纸分析

查阅 1 号办公楼结施－04“柱墙结构平面图”说明中的第 3 条，本工程柱构件的混凝土强度等级为 C30，本工程中包括框架柱和剪力墙暗柱，其中框架柱包括 6 种类型，分别是 KZ1、KZ2、KZ3、KZ4、KZ5 和 KZ6，每种框架柱又划分为多个区段，每个区段内界面尺寸和配筋规格又有区别，具体见表 3-1。

表 3-1　框架柱结构信息

柱号	标高/m	$b\times h$	角筋	b 边中部筋	h 边中部筋	箍筋类型	箍筋
KZ1	－3.950～3.850	500×500	4Φ22	3Φ18	3Φ18	4×4	Φ8@100/200
	3.850～14.400	500×500	4Φ22	3Φ16	3Φ16	4×4	Φ8@100/200
KZ2	－3.950～3.850	500×500	4Φ22	3Φ18	3Φ18	4×4	Φ8@100/200
	3.850～14.400	500×500	4Φ22	3Φ16	3Φ16	4×4	Φ8@100/200
KZ3	－3.950～3.850	500×500	4Φ25	3Φ18	3Φ18	4×4	Φ8@100/200
	3.850～14.400	500×500	4Φ22	3Φ18	3Φ18	4×4	Φ8@100/200
KZ4	－3.950～3.850	500×500	4Φ25	3Φ20	3Φ20	4×4	Φ8@100/200
	3.850～14.400	500×500	4Φ25	3Φ18	3Φ18	4×4	Φ8@100/200
KZ5	－3.950～3.850	600×500	4Φ25	4Φ20	3Φ20	5×4	Φ8@100/200
	3.850～14.400	600×500	4Φ25	4Φ18	3Φ18	5×4	Φ8@100/200
KZ6	－3.950～3.850	500×600	4Φ25	3Φ20	4Φ20	4×5	Φ8@100/200
	3.850～14.400	500×600	4Φ25	3Φ18	4Φ18	4×5	Φ8@100/200

以 KZ5 框架柱为例解读柱表 3-1 信息。KZ5 框架柱以首层的层顶为界，划分为上、下两段。第一段是基础顶(标高－3.950 m)至首层层顶(标高 3.850 m)，第二段是标高 3.850 m 至标高 14.400 m(屋顶)，整根柱截面形状为矩形，尺寸为 600 mm×500 mm，角部钢筋为 4 根 Φ25 钢筋，箍筋类型为 5×4 肢箍，箍筋等级为 Φ8，加密区间距为 100 mm，非加密区间距为 200 mm。第一区段 b 边中部筋为 4 根 Φ20 钢筋，h 边中部筋为 3 根 Φ20 钢筋。第二区段 b 边中部筋为 4 根 Φ18 钢筋，h 边中部筋为 3 根 Φ18 钢筋。

本工程中剪力墙暗柱有 4 种类型，分别为约束边缘暗柱 YBZ1、YBZ2 和构造边缘型暗柱 GBZ1 和 GBZ2，其结构信息见表 3-2。

表 3-2　剪力墙暗柱结构信息

柱号	标高/m	截面尺寸/mm	纵筋	箍筋类型	箍筋
YBZ1	－3.950～11.050	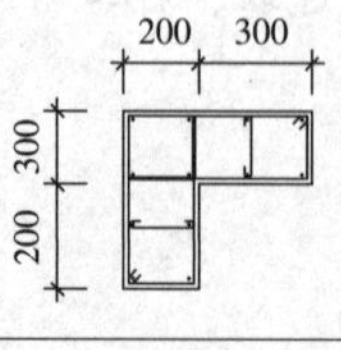 200　300 300 200	12Φ20	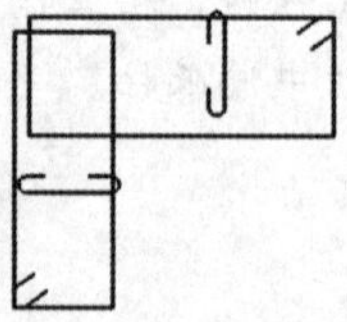	Φ10@100

续表

柱号	标高/m	截面尺寸/mm	纵筋	箍筋类型	箍筋
YBZ2	−3.950～11.050	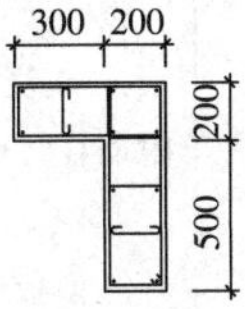 300 200 200 500	14⌀20	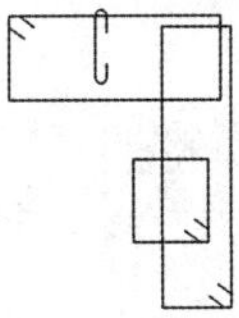	⌀10@100
GBZ1	11.050～15.900	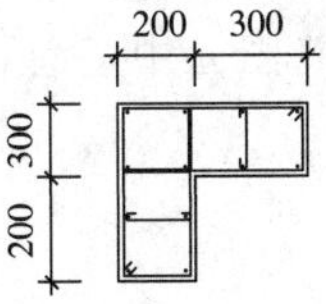 200 300 300 200	12⌀12	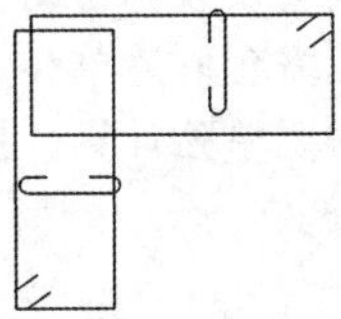	⌀8@200
GBZ2	11.050～15.900	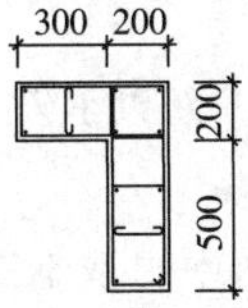 300 200 200 500	14⌀12	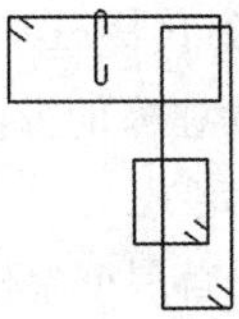	⌀8@150

以 YBZ1 为例分析剪力墙暗柱的结构信息。YBZ1 暗柱的截面形状为“L”形，标高为−3.950(基础顶)～11.050 m(三层层顶)，三层以上至层顶该部位变为 GBZ1 暗柱。YBZ1 的全部纵向钢筋为 12 根 ⌀20 钢筋，箍筋为复合箍筋，由两个矩形箍筋和两个拉筋复合而成，规格为 ⌀10 钢筋，分布间距为 100 mm。

(二)清单工程量计算规则分析

查阅《房屋建筑与装饰工程工程量计算规范》(GB 50854—2013)，现浇混凝土矩形柱清单工程量计算规则见表 3-3。

表 3-3　现浇混凝土矩形柱清单工程量计算规则

项目编码	项目名称	项目特征	计量单位	工程量计算规则
010502001	矩形柱	1. 混凝土种类； 2. 混凝土强度等级	m^3	按设计图示尺寸以体积计算，柱高： 1. 有梁板的柱高，应自柱基上表面(或楼板上表面)至上一层楼板上表面之间的高度计算； 2. 无梁板的柱高，应自柱基上表面(或楼板上表面)至柱帽下表面之间的高度计算； 3. 框架柱的柱高，应自柱基上表面至柱顶高度计算

现浇混凝土矩形柱模板清单工程量计算规则见表 3-4。

表 3-4　现浇混凝土矩形柱模板清单工程量计算规则

项目编码	项目名称	项目特征	计量单位	工程量计算规则
011702002	矩形柱模板	1. 名称； 2. 模板材质	m^2	按模板与现浇混凝土构件的接触面积计算 1. 现浇框架分分别按梁、板、柱有段规定计算；附墙柱、暗柱并入墙内工程量计算； 2. 柱、梁、墙、板相互连接的重叠部分，均不计算模板面积

剪力墙暗柱在建模中会与后期的剪力墙墙体图元重叠，该部分工程量根据计算规则会被软件自动扣除，因此不需要计算暗柱的混凝土和模板面积，也就无需套取清单和定额，统一在剪力墙图元中汇总计算，但是暗柱的钢筋需要单独计算、提取。

三维动画：柱构件的工程量计算内容

三、任务实施

(一)手动绘制首层柱构件

首先使用手动建模的方法定义和绘制框架柱，下面以 KZ5 框架柱为例。

1. 框架柱的定义

由于绘制的是首层框架柱，只需要从结构施工图中提取 KZ5 第一区段，即标高－3.950(基础顶)～3.850 m(首层层顶)的相关结构信息就可以。在导航栏下选择“柱”，新建矩形柱，名称输入“KZ5”，结构类型选择“框架柱”，截面的宽度输入“600”，截面的高度输入“500”。角筋输入“4Φ25”，*b* 边一侧中部筋输入“4Φ20”，*h* 边一侧中部筋输入“3Φ20”。继续录入箍筋信息，输入“Φ8@100/200”，箍筋的肢数输入“5×4”。继续看柱的类型，KZ5 所处的平面位置是④号轴线与ⒶA轴线的交点及⑤号轴线与ⒶA轴线的交点，因此其类型为边柱，但是在此暂不做修改，因为广联达 GTJ 软件中有自动判断边角柱的功能，更重要的原因是“判断边角柱”功能是在顶层进行判断，它涉及柱顶钢筋向梁和板中的锚固方式和长度，由于绘制的是首层不涉及柱顶锚固，因此在这里就不需要选择柱类型了。由于绘制首层，所以标高的层底选择“层底底标高”，标高的层顶选择“层顶顶标高”。待定义完成后，单击“截面编辑”按钮查看 KZ5 框架柱的截面信息并进行校核(图 3-1)。

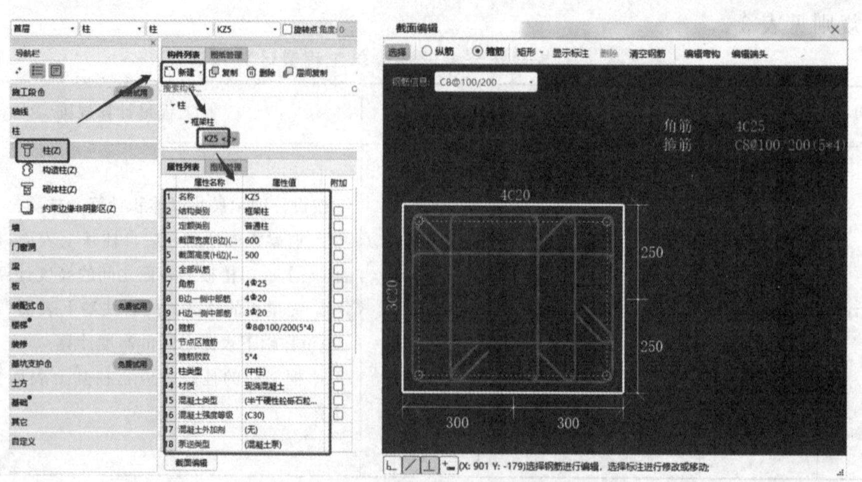

图 3-1　框架柱 KZ5 的定义与截面校核

2. 框架柱的手动绘制

在“图纸管理”选项卡中，双击首层“柱墙结构平面图”，在“图层管理”选项卡中勾选“CAD原始图层”复选框，将框架柱的结构平面布置图调取出来，如图 3-2 所示。

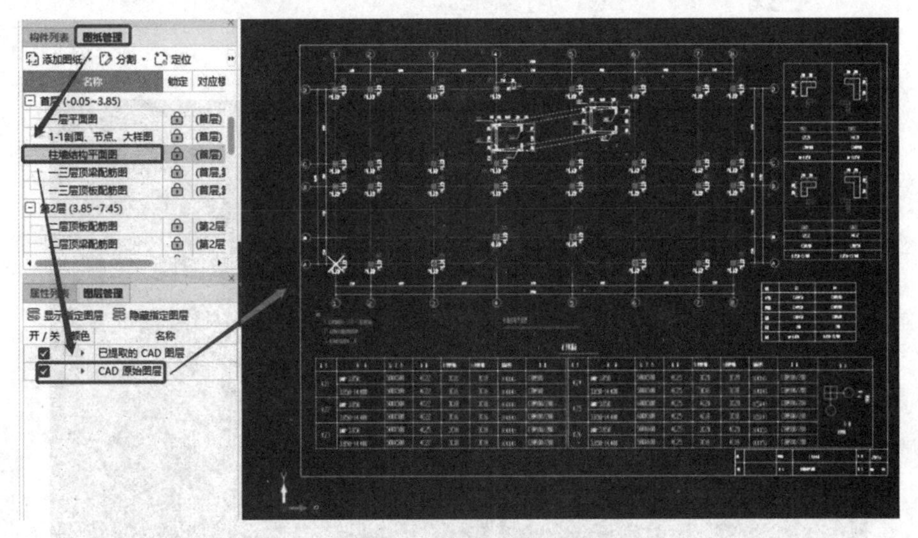

图 3-2　调取框架柱 CAD 底图

在“绘图”面板中单击“点”命令，在 CAD 底图中找到 KZ5 的位置，然后将其布置在底图中。这时候会发现，柱子并没有与底图柱边线对齐，即 KZ5 框架柱是偏心布置的，因此，需要用到“对齐”命令使其对齐。选择“对齐”命令时，首先要选择目标线，然后再选择要移动的构件的边线，单击鼠标右键确定，KZ5 与 CAD 底图就对齐了，如图 3-3 和图 3-4 所示。

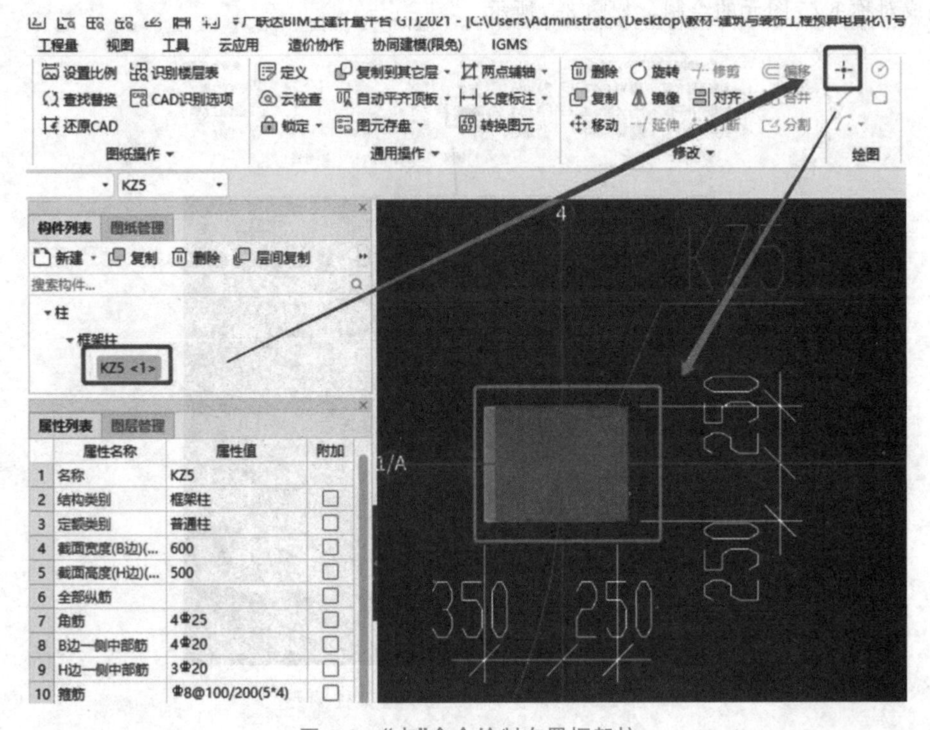

图 3-3　“点”命令绘制布置框架柱

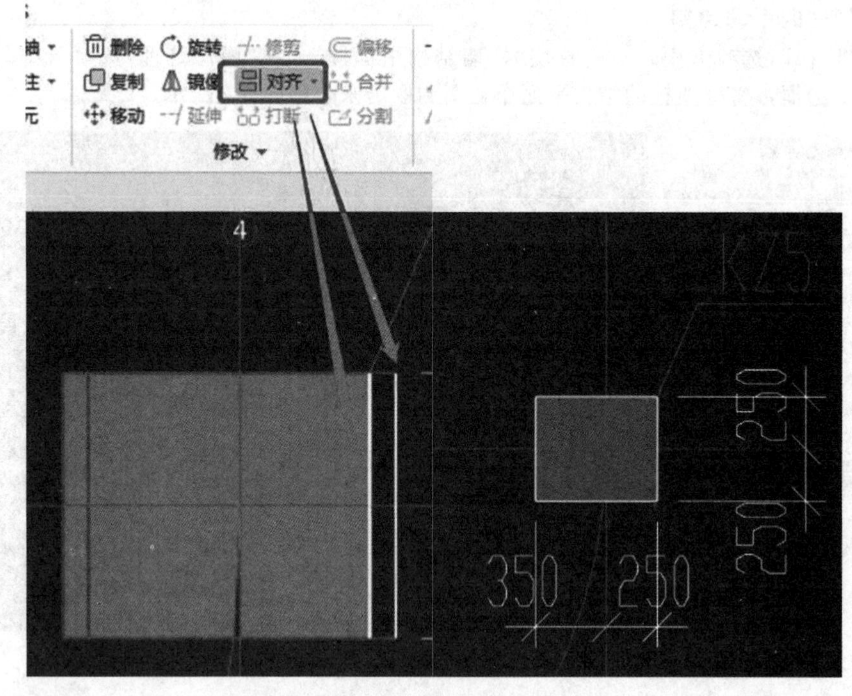

图 3-4 “对齐”命令对齐框架柱图元

本工程中共有两个 KZ5 框架柱，从结构平面图分析，两者为对称布置，因此，另一侧的框架柱可采用“镜像”命令绘制。在绘图区选中已绘制好的 KZ5，在“修改”面板中单击“镜像”按钮，使用中点捕捉功能绘制对称轴线，弹出对话框提示“是否删除原来图元”，选择“否”，确定后，便可完成对称 KZ5 图元的绘制，如图 3-5 所示。

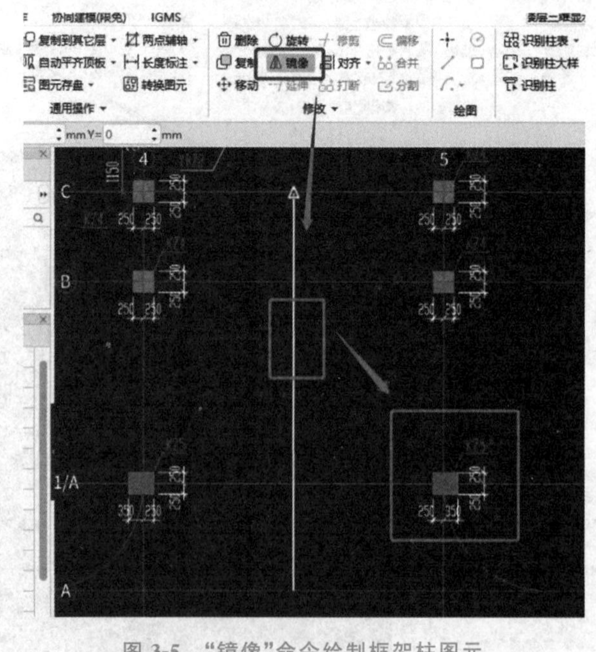

图 3-5 “镜像”命令绘制框架柱图元

3. 剪力墙暗柱的定义

构件列表选择新建“异形柱”，在“异形截面编辑器”界面中单击“设置网格”按钮，在弹出的“定义网络”对话框“水平方向间距”中输入“200，300”，“竖直方向间距”中输入“300，200”，选择“直线”命令，按照结构施工图 YBZ1 的大样图，沿着网格线绘制 YBZ1 的轮廓图，单击“确定”按钮，如图 3-6 所示。在“属性列表”中修改柱名称为“YBZ1”，“结构类别”选择“暗柱”，完成剪力墙暗柱 YBZ1 的定义。

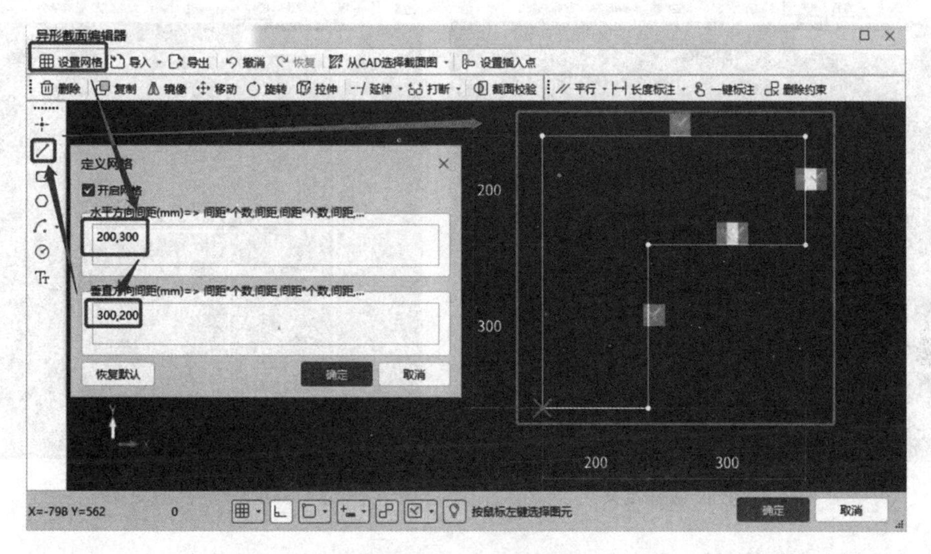

图 3-6　YBZ1 异形柱定义

截面定义完成后，定义 YBZ1 的钢筋。在“属性列表”中单击“截面编辑”按钮，在“截面编辑”面板中选择“纵筋”，选择全部纵筋，将名称修改为“12C20”，如图 3-7 所示。完成 YBZ1 纵筋的定义。

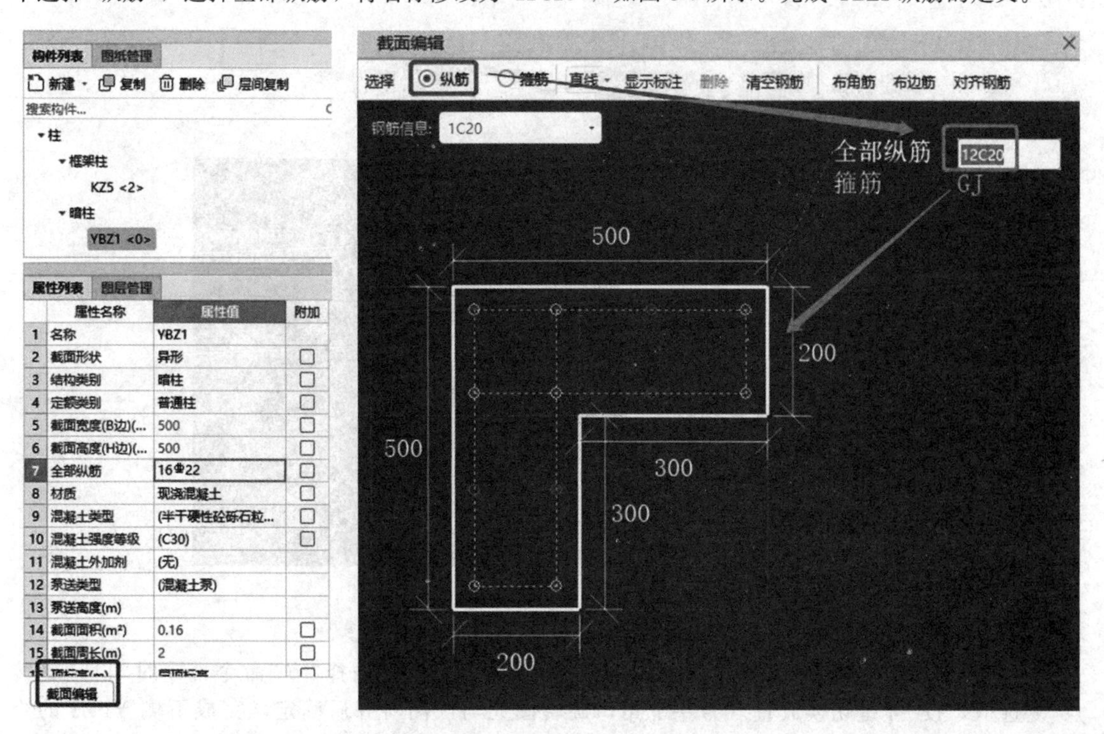

图 3-7　剪力墙暗柱 YBZ1 纵筋定义

在“截面编辑”面板中选择“箍筋”，在“箍筋信息”输入框中输入“C10@100”，选择“矩形”命令，按照大样图沿着纵筋绘制两个矩形箍筋，如图 3-8 所示。

在“截面编辑”面板中选择“箍筋”，在“箍筋信息”输入框中输入“C10@100”，选择“直线”命令，按照大样图沿着纵筋绘制两个拉筋，如图 3-9 所示。

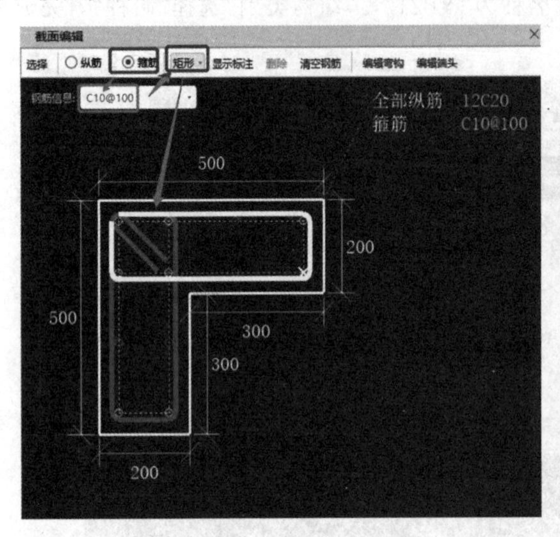

图 3-8 矩形箍筋定义

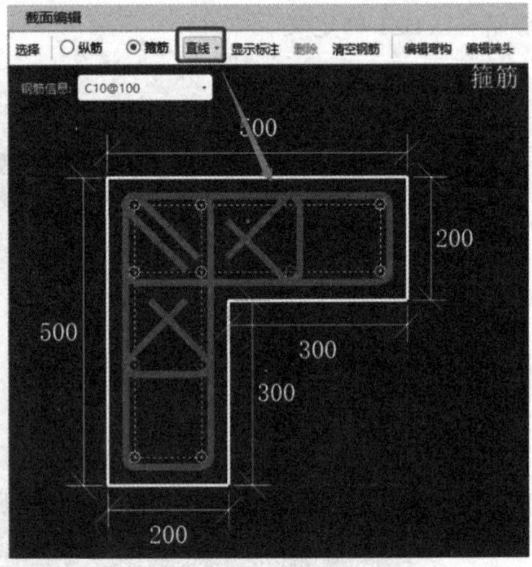

图 3-9 拉筋定义

4. 剪力墙暗柱的绘制

在“图纸管理”选项卡中选择 YBZ1 暗柱，在“绘图”面板中选择“点”命令，按快捷键 F4，切换放置的角点于图元的左下角，然后与 CAD 底图对齐放置，完成上侧 YBZ1 的绘制，如图 3-10 所示。

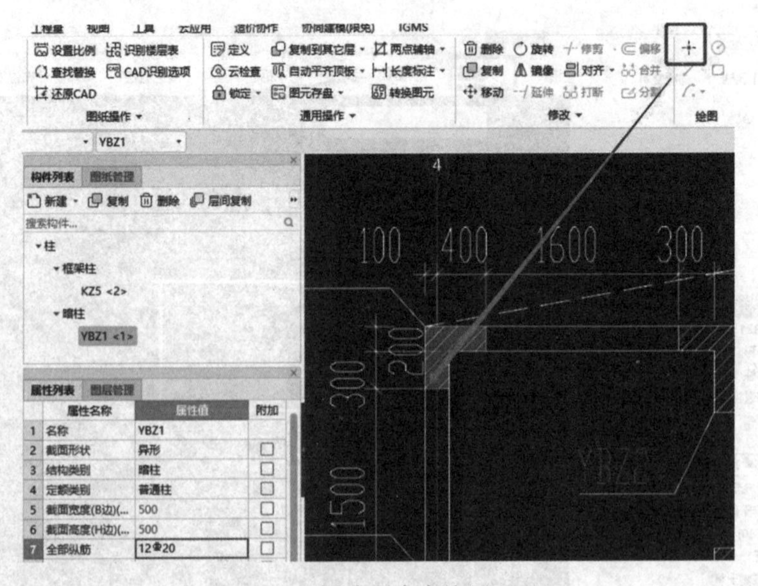

图 3-10 “点”布置命令绘制 YBZ1

在“图纸管理”选项卡中选择 YBZ1 暗柱，在“绘图”面板中选择“点”命令，同时勾选“旋转点”复选框，按 F4 键切换放置点为左下角，旋转图元与底图对齐后确定，完成下侧 YBZ1 的绘制，如图 3-11 所示。

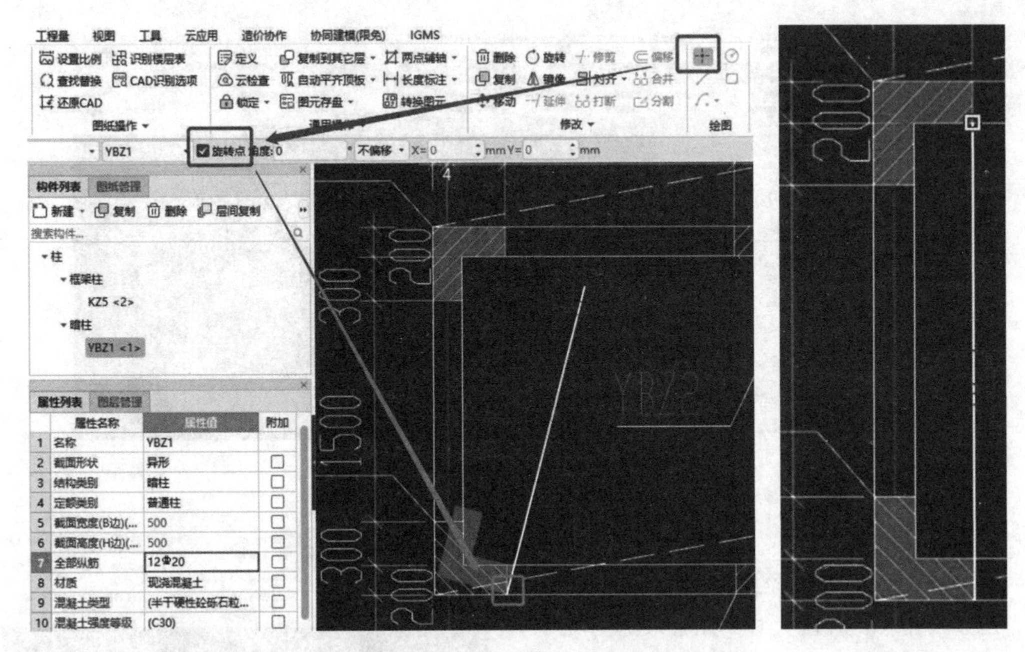

图 3-11 YBZ1 的旋转点布置

首层其余的框架柱和剪力墙暗柱按照以上方法进行定义和绘制，首层柱构件绘制完成后的三维模型如图 3-12 所示。

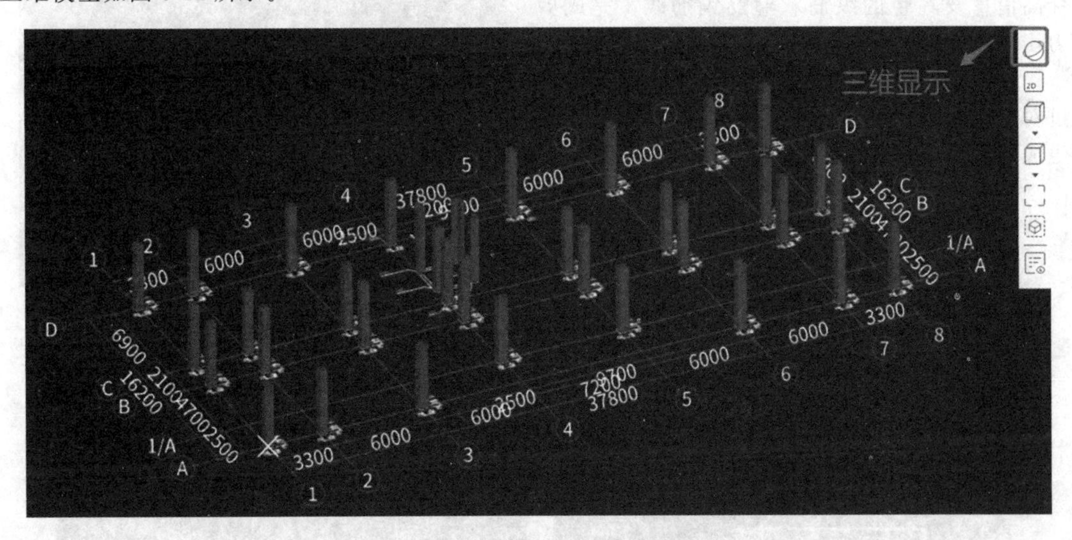

图 3-12 首层柱构件三维模型

(二)识别绘制二层柱构件

1. 识别柱表

选择导航栏构件，将目标构件定位至“柱”，在“图纸管理”选项卡中选择“柱”选项，单击“识别柱表”按钮，框选“柱表”，单击鼠标右键确定，在弹出的“识别柱表”对话框中，删除多余的行和列。在“标高”列中柱的标高都有一个“基础顶”字样，将它替换成具体的标高值“－3.950”，单击“识别”按钮，这样 6 种框架柱都被识别定义完成了，如图 3-13 所示。

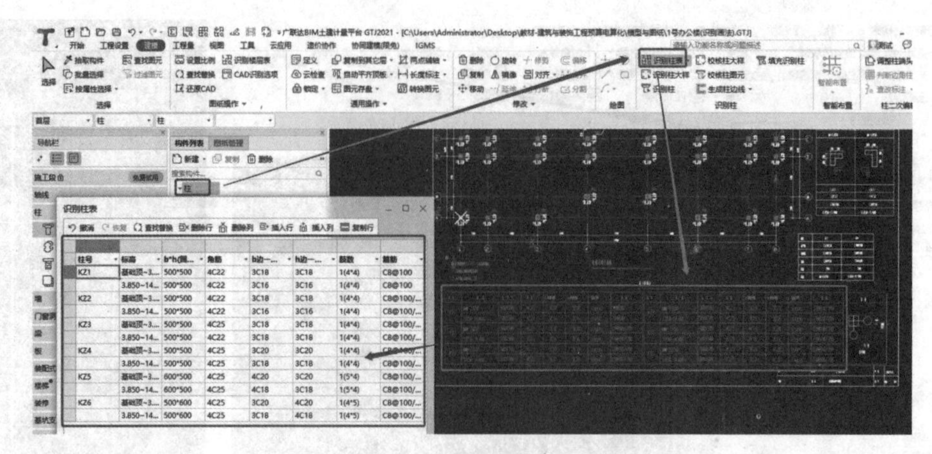

图 3-13　识别框架柱柱表

2. 识别柱大样

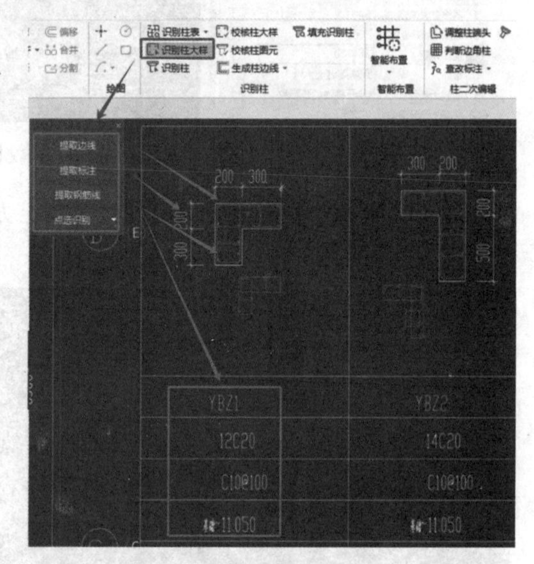

图 3-14　识别柱大样

剪力墙暗柱以柱大样图的形式提供结构信息，所以采用“识别柱大样”功能来进行定义，选择“识别柱大样”，按照“提取边线”“提取标注”“提取钢筋线”和“点选识别”的顺序，依次点选剪力墙大样图的外轮廓线、尺寸标注和钢筋标高信息及红色的纵筋和箍筋钢筋线，完成剪力墙暗柱的定义(图 3-14)。

单击“属性列表”中的“编辑截面”按钮，通过对比截面图与结构图纸的结构信息校核识别生成的框架柱和暗柱，如图 3-15 所示。

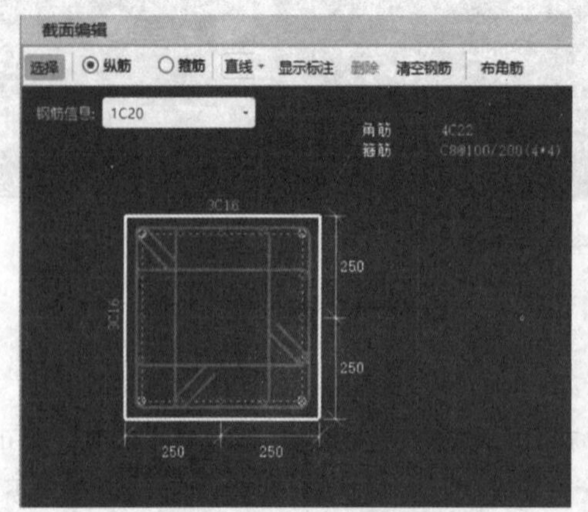

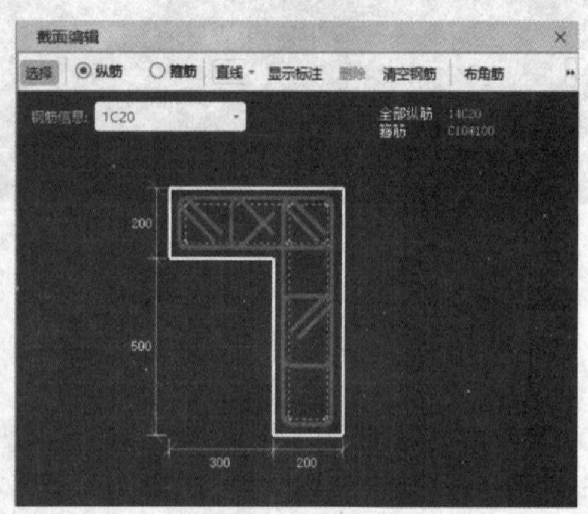

图 3-15　校核 KZ2 及 YBZ2 大样图

3. 识别绘制柱

在二层将框架柱结构平面布置图调取出来，单击“识别柱”按钮，依次按照“提取边线”“提取标注”“点选识别”的顺序单击 CAD 底图的柱轮廓线、柱的尺寸标注信息(图 3-16)，提取完信息后，在“图层管理”面板勾选“已提取的 CAD 图层”复选框，检查校核提取的图纸信息，对于多提取的信息选择图纸操作面板的“还原 CAD”命令去除，对于漏提取的信息重复之前的提取操作进行补充(图 3-17)。单击“自动识别”按钮后，二层所有的柱构件就自动生成了，其三维模型如图 3-18 所示。

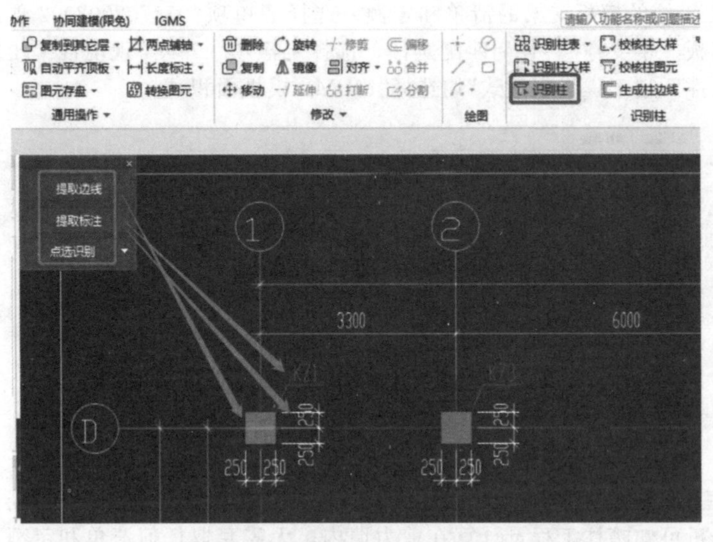

图 3-16　柱构件的自动识别

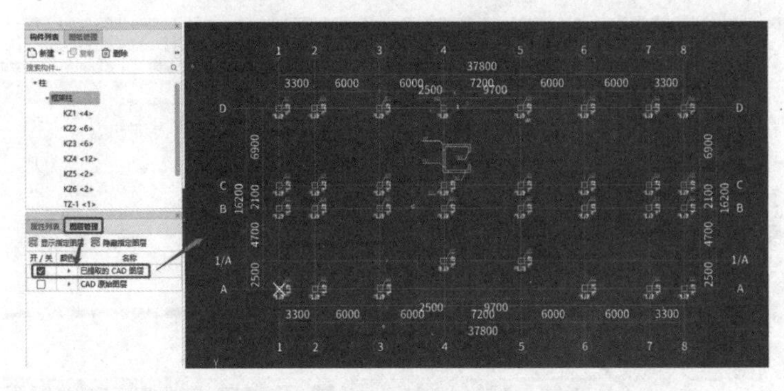
图 3-17　已提取图层的检查校核

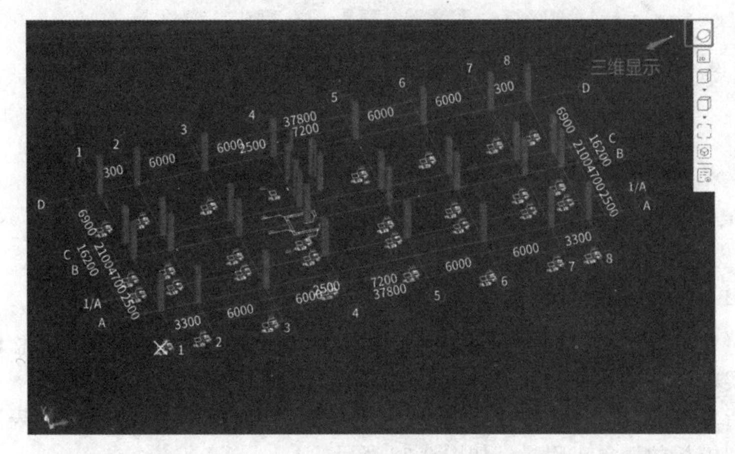

图 3-18　二层柱构件三维模型

(三)柱构件清单定额套取

在“构件列表”面板中双击 KZ1 柱构件名称，进入“构件做法”界面。查询清单库，选择清单项“010502001001 现浇混凝土柱—矩形柱”，根据清单规则录入项目特征。查询匹配定额，选择定额项“5-12 现浇混凝土柱—矩形柱”，“工程量表达式”均选择“TJ(体积)”(图 3-19)。

然后套取 KZ1 柱的模板支架的清单和定额。选择清单项“011702002002 现浇混凝土模板—矩形柱—复合模板—钢支撑”，查询匹配定额，选择定额项“17-174 现浇混凝土模板—矩形柱—复核模板—钢支撑”，“工程量表达式”均选择“MBMJ(模板面积)”。

构件列表：新建 · 复制；搜索构件...；柱 / 框架柱：KZ1 <4>，KZ2 <6>，KZ3 <6>，KZ4 <12>，KZ5 <2>，KZ6 <2>

截面编辑 | 构件做法：添加清单 · 添加定额 · 删除 · 查询 · 项目特征 · 换算 · 做法刷 · 做法查询 · 提取做法 · 当前构件自动套做法 · 参与自动套

	编码	类别	名称	项目特征	单位	工程量表达式	表达式说明
1	010502001001	项	现浇混凝土柱 矩形柱	1.混凝土种类：商品混凝土 2.混凝土强度等级：C30	m3	TJ	TJ<体积>
2	5-12	定	现浇混凝土柱 矩形柱		m3	TJ	TJ<体积>
3	011702002002	项	现浇混凝土模板 矩形柱 复合模板 钢支撑	1.名称：矩形柱模板 2.材质：复合模板、钢支撑	m2	MBMJ	MBMJ<模板面积>
4	17-174	定	现浇混凝土模板 矩形柱 复合模板 钢支撑		m2	MBMJ	MBMJ<模板面积>

图 3-19　柱构件混凝土及模板清单定额套取

选择 KZ1 框架柱的全部清单和定额，单击“做法刷”按钮，勾选首层和二层其余的框架柱，经过前述任务分析可知暗柱工程量计算在剪力墙内，无需套取任何清单和定额，仅计算其钢筋工程量，因此，在应用“做法刷”命令时，不能勾选 YBZ1 和 YBZ2 构件(图 3-20)。

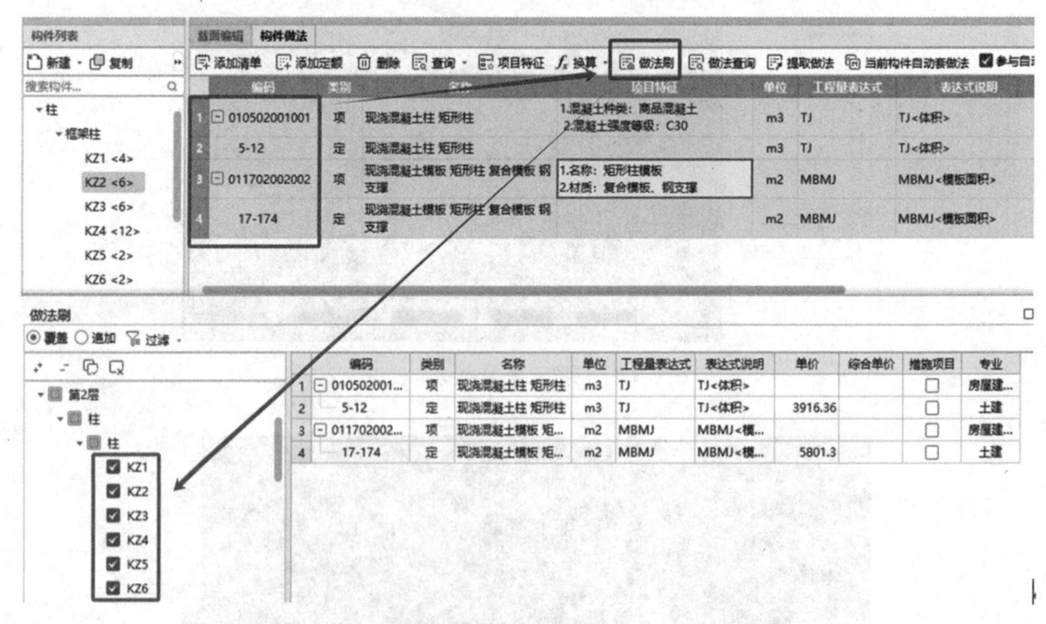

图 3-20　首层及二层其余柱构件清单定额做法刷套取

(四)柱构件工程量的汇总计算

单击菜单栏“工程量”按钮，在“汇总”面板中单击“汇总计算”按钮，在“汇总计算”对话框中选择首层及二层，勾选所有框架柱构件，单击“确定”按钮，如图 3-21 所示。

计算成功后单击“查看报表”按钮，选择“土建报表量”面板中的“清单汇总表”，便可查看框架柱的混凝土和模板的清单工程量，如图 3-22 所示。

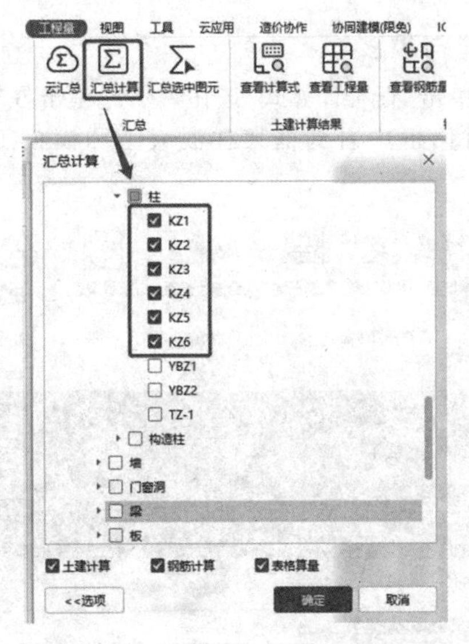

图 3-21　汇总计算柱构件工程量

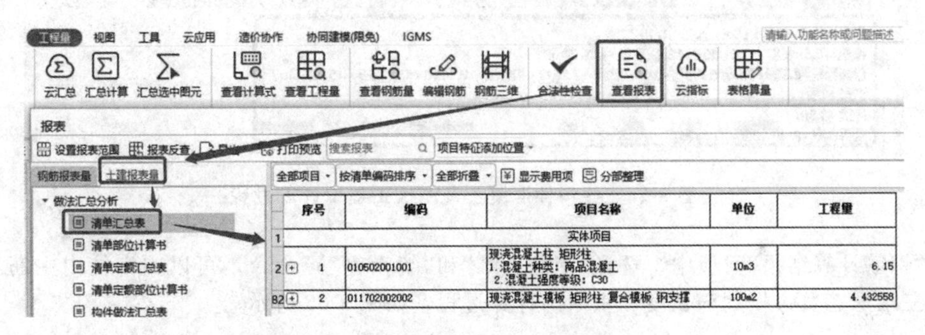

	序号	编码	项目名称	单位	工程量
1			实体项目		
2	1	010502001001	现浇混凝土柱 矩形柱 1.混凝土种类：商品混凝土 2.混凝土强度等级：C30	10m3	6.15
82	2	011702002002	现浇混凝土模板 矩形柱 复合模板 钢支撑	100m2	4.432558

图 3-22　框架柱混凝土及模板支架清单工程量

在“钢筋报表量”面板中选择“汇总表”下拉菜单中的“楼层构件类型级别直径汇总表”，便可得到框架柱及暗柱的钢筋工程量，如图 3-23 所示。

	楼层名称	构件类型	钢筋总重 kg	HRB400						
				8	10	16	18	20	22	25
1	首层	暗柱/端柱	881.521		404.16			477.361		
2		柱	7193.356	2011.988			1478.4	1936.552	458.92	1307.496
3		合计	8074.877	2011.988	404.16		1478.4	2413.913	458.92	1307.496
4	第2层	暗柱/端柱	608.07		270.174			337.896		
5		柱	4487.376	1871.872		229.904	926.4		572.16	887.04
6		合计	5095.446	1871.872	270.174	229.904	926.4	337.896	572.16	887.04
7	全部层汇总	暗柱/端柱	881.521		404.16			477.361		
8		柱	7193.356	2011.988			1478.4	1936.552	458.92	1307.496
9		暗柱/端柱	608.07		270.174			337.896		
10		柱	4487.376	1871.872		229.904	926.4		572.16	887.04
11		合计	13170.323	3883.86	674.334	229.904	2404.8	2751.809	1031.08	2194.536

图 3-23　框架柱及暗柱钢筋构件工程量

（五）柱构件工程量的检查与校核

在“土建计算结果”面板中单击“查看计算式”按钮，然后单击柱构件图元，以 KZ5 为例，可以在弹出的“查看工程计算式”对话框中看到框架柱混凝土和模板工程量的计算过程，如图 3-24 所示。

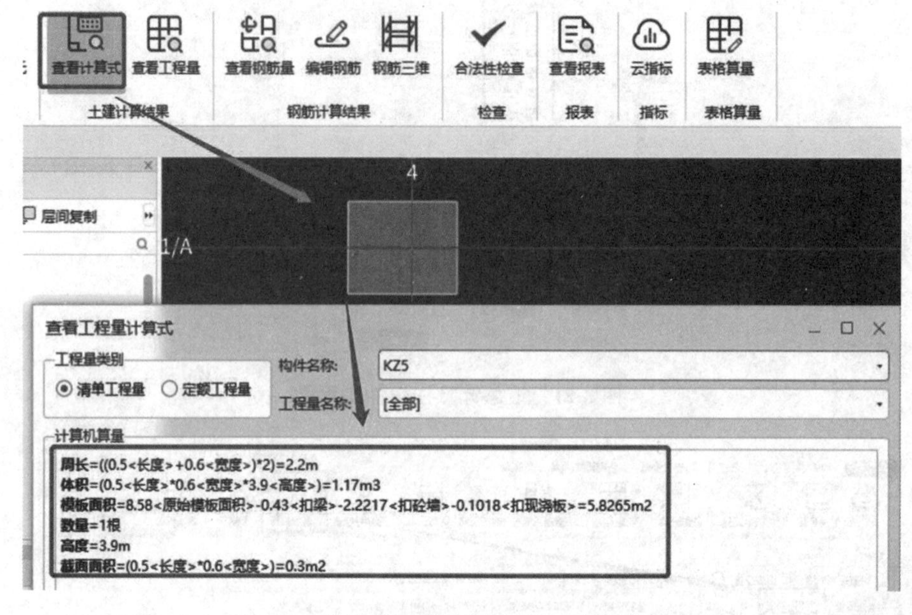

图 3-24　柱构件混凝土及模板工程量计算过程

在“钢筋计算结果”面板中，选择“钢筋三维”和“编辑钢筋”命令，可以查询柱内主筋和箍筋的空间三维形态及每根钢筋长度和重量的计算过程，如图 3-25 所示。

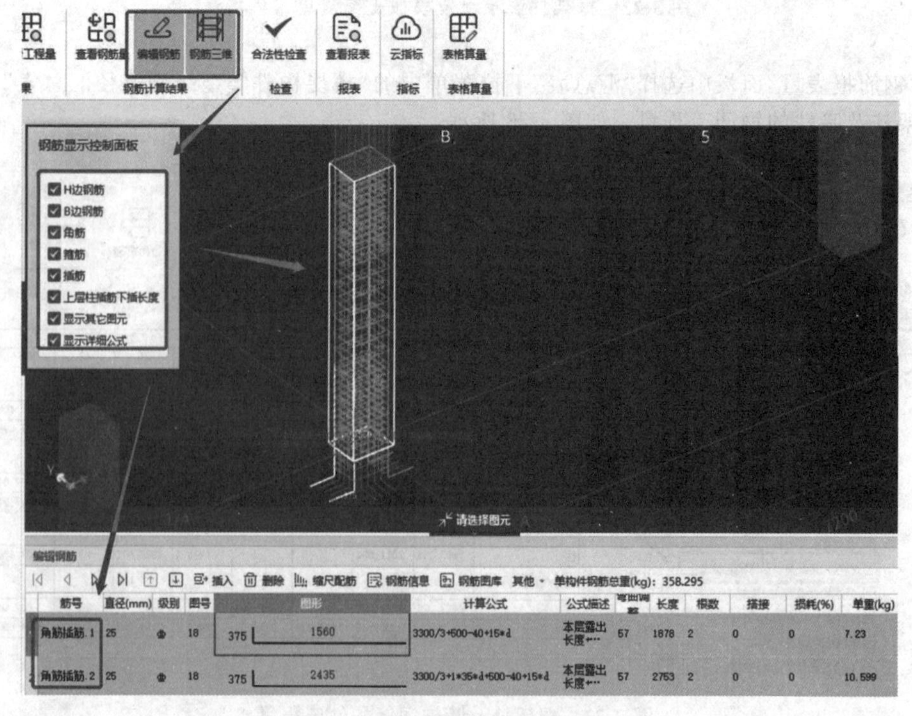

图 3-25　柱构件钢筋工程量计算过程

四、任务结果

其余楼层的柱构件综合采用识别绘制和手动绘制完成，然后套取清单和定额。1 号办公楼框架柱混凝土及模板清单工程量见表 3-5，框架柱及构造柱的钢筋构件工程量见表 3-6。

表 3-5　1 号办公楼框架柱混凝土及模板支架清单工程量

项目编码	项目名称	项目特征	计量单位	工程量
010502001001	矩形柱	1. 混凝土种类：商品混凝土； 2. 混凝土等级：C30	m^3	150.47
011702001025	矩形柱模板	1. 名称：矩形柱模板； 2. 材质：复合模板、钢支撑	m^2	1 038.36

表 3-6　1 号办公楼框架柱及构造柱钢筋构件工程量

构件类型	钢筋总质量/t	HPB300	HRB335	HRB400							
		10	16	8	10	12	16	18	20	22	25
矩形柱	34.983	0.041	0.075	9.752	—	—	0.715	7.881	7.759	2.658	6.099
暗柱/端柱	4.206	—	—	0.279	1.609	0.197	—	—	2.121	—	—
合计/t	39.190	0.041	0.075	1.003	1.609	0.197	0.715	7.881	9.881	2.658	6.099

单元二　剪力墙建模与工程量计算

工作任务目标

1. 能够识读剪力墙的结构施工图，提取建模的关键信息。
2. 能够定义和绘制剪力墙的三维算量模型。
3. 能够套取剪力墙的清单和定额，正确提取其混凝土、模板和钢筋的工程量。

教学微课

微课：剪力墙建模与工程量计算

职业素质目标

培养遵循规律，以及按规律思考问题和办事能力。

思政故事

庖丁解牛

《庄子·养生主》中记载了一个“庖丁为梁文惠君解剖牛”的故事。庖丁的每一刀都能把牛肉和牛骨分开，其动作和刀子出入筋骨缝隙的声音无不完美，像古代桑林的妙舞。文惠君对他的技术赞不绝口，问他是如何做到的。庖丁答道他最初解剖牛的时候看到的就是一头牛，但是三年中解剖的牛多了，看到的是牛身上筋骨脉络，刀锋只在牛身上的筋骨缝隙间游走，这把刀用了19年还是锋利无比。文惠君感叹道：“做事掌握了规律，才能游刃有余长长久久啊。”

庖丁解牛

剪力墙的建模和算量工作就像梁国庖丁解牛一样，多做实际工程项目，用心掌握其工作的原理脉络和技术要点，就能不断提高工作的效率。

一、工作任务布置

分析1号办公楼工程剪力墙结构施工图，绘制剪力墙构件的三维算量模型，套取剪力墙构件的清单和定额，并统计其混凝土、模板的清单工程量及钢筋工程量。

二、任务分析

(一)图纸分析

剪力墙构件由墙身、暗柱(或端柱)、连梁和暗梁组成，对于暗柱已经在单元一中介绍了其建模和算量方法，本单元介绍的是剪力墙墙身的绘制，连梁和暗梁将在单元三中进行介绍。虽然在不同的单元进行讲解，但是剪力墙的墙身、墙柱和墙梁是一个组合构件，是一个整体，统称为剪力墙，本单元中剪力墙特指剪力墙墙身。

本工程中剪力墙共有三种类型，分别为Q1、Q2、Q3和Q4。查阅1号办公楼结施－02“基础结构平面图”中的剪力墙大样图，可以查询到Q1和Q2的结构信息。Q1为地下室外墙，起到止水挡土的作用，从－3.950 m(基础顶)至－0.050 m(地下室顶)，Q2为地下室外墙和地下室采光井墙身，外墙从－3.950 m(基础顶)至－0.050 m(地下室顶)，采光井从－3.950 m(基础顶)至0.6 m(高出室外地坪采光兼防雨水浸入)。查阅结施－04“柱墙结构平面图”中的剪力墙配筋表，可以得到Q3和Q4的结构信息。Q3和Q4均为电梯井墙身，其中Q3从－3.950 m(基础顶)至11.050 m(三层顶)，Q4从11.050 m(三层顶)至15.900 m(电梯井屋顶)。剪力墙具体结构信息见表3-7。

表3-7 剪力墙结构信息

名称	墙厚	水平筋	竖向筋	拉筋	标高/m
Q1	300	⌀12@180	⌀14@150	⌀6@300	－3.950～－0.050
Q2	300	⌀12@180	⌀14@200	⌀6@300	－3.950～－0.050(0.600)
Q3	200	⌀12@150	⌀14@150	⌀8@450	－3.950～11.050
Q4	200	⌀10@200	⌀10@200	⌀8@600	11.050～15.900

(二)清单计算规则分析

查阅《房屋建筑与装饰工程工程量计算规范》(GB 50854—2013)，现浇混凝土剪力墙清单工程量计算规则见表3-8。

表 3-8 现浇混凝土剪力墙清单工程量计算规则

项目编码	项目名称	项目特征	计量单位	工程量计算规则
010504001	直形墙	1. 混凝土种类； 2. 混凝土强度等级	m^3	按设计图示尺寸以体积计算，扣除门窗洞口及单个面积＞0.3 m^2 的孔洞所占体积，墙垛及突出墙面部分并入墙体积计算内
010504002	弧形墙			
010504003	短肢剪力墙			
010504004	挡土墙			
注：短肢剪力墙是指截面厚度不大于 300 mm，各肢截面高度与厚度之比的最大值大于 4 但不大于 8 的剪力墙，各肢截面高度与厚度之比的最大值不大于 4 的剪力墙按柱项目编码列项。				

现浇混凝土剪力墙模板清单工程量计算规则见表 3-9。

表 3-9 现浇混凝土剪力墙模板清单工程量计算规则

项目编码	项目名称	项目特征	计量单位	工程量计算规则
011702011	直形墙模板	1. 名称； 2. 材质	m^2	按模板与现浇混凝土构件的接触面积计算： 1. 现浇钢筋混凝土墙、板单孔面积≤0.3 m^2 的孔洞不予扣除，洞侧壁模板亦不增加；单孔面积＞0.3 m^2 时应予扣除，洞侧壁模板面积并入墙、板工程量内计算； 2. 柱、梁、墙、板相互连接的重叠部分，均不计算模板面积
011702012	弧形墙模板			
011702013	短肢剪力墙、电梯井井壁模板			

在计算剪力墙工程量的过程中，暗柱和暗梁的混凝土和模板工程量均包含在墙身中，不予扣除，暗柱和暗梁的混凝土与模板工程量也无须计算，但是均需计算暗柱与暗梁的钢筋工程量。在计算剪力墙工程量的过程中，端柱和连梁的混凝土、模板和钢筋工程量都需单独计算，剪力墙与端柱、连梁相重叠部分的工程量要扣除，暗柱和暗梁无需套取任何清单和定额，连梁套取剪力墙的清单定额，端柱由于截面尺寸大于墙身，要套取矩形柱的清单和定额。

三、任务实施

（一）手动绘制首层及二层剪力墙

1. 剪力墙的定义

以首层 Q3 剪力墙为例，选择导航栏构件，将目标构件定位至“首层”，单击“剪力墙”按钮，在“构件列表”面板中单击“新建”按钮，新建内墙，名称输入“Q3”，墙厚输入“200”，水平分布钢筋输入“⏀12@150”，垂直分布钢筋输入“⏀14@150”，拉筋输入“⏀8@450×450”，墙体属于线性构件，因此，其标高分为起点顶底标高和终点顶底标高，由于绘制的是首层的 Q3 墙体，起点和终点顶标高选择“层顶标高”，起点和终点的底标高选择“层底标高”。如图 3-26 所示。

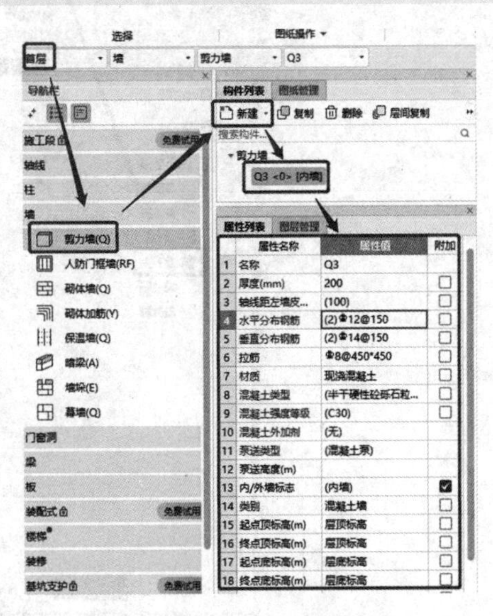

图 3-26 剪力墙的定义

2. 剪力墙的绘制

在“图层管理”面板双击“柱墙结构施工图”，调出 CAD 底图，在“构件列表”面板中选择“Q3”，单击工具栏“绘图”面板中的“直线”按钮，沿着 CAD 底图绘制 Q3，注意在绘制时与暗柱重叠绘制，覆盖暗柱的图元位置，如图 3-27 所示。

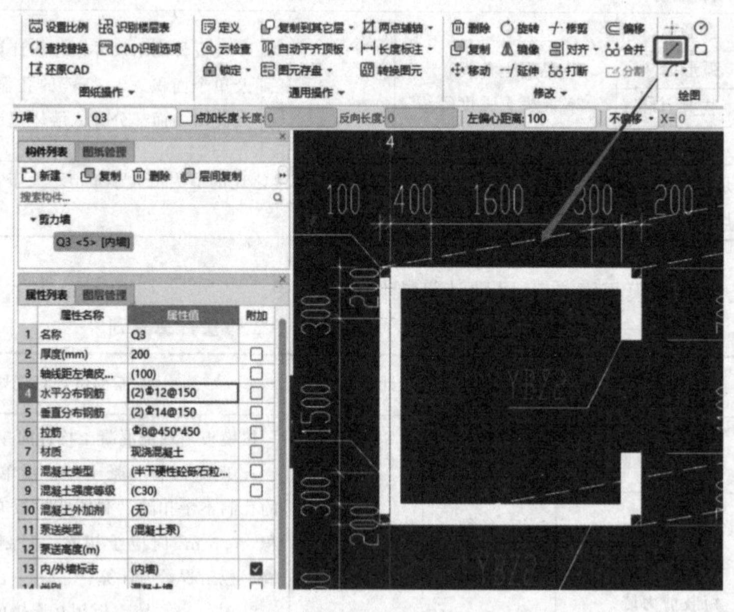

图 3-27　剪力墙的直线绘制

3. 剪力墙图元的层间复制

通过分析图纸可知，二层 Q3 剪力墙与首层完全一致，因此采取复制的方式绘制。框选所有的 Q3 墙体，在“通用操作”面板中选择“复制到其他层”(注：为便于读者学习，本书正文中提到的所有命令名称均与软件界面中命令名称保持一致)，在弹出的“复制到其他层”对话框中勾选“第 2 层”复选框，单击“确定”按钮，便可将二层的剪力墙 Q3 快速绘制完毕(图 3-28)。

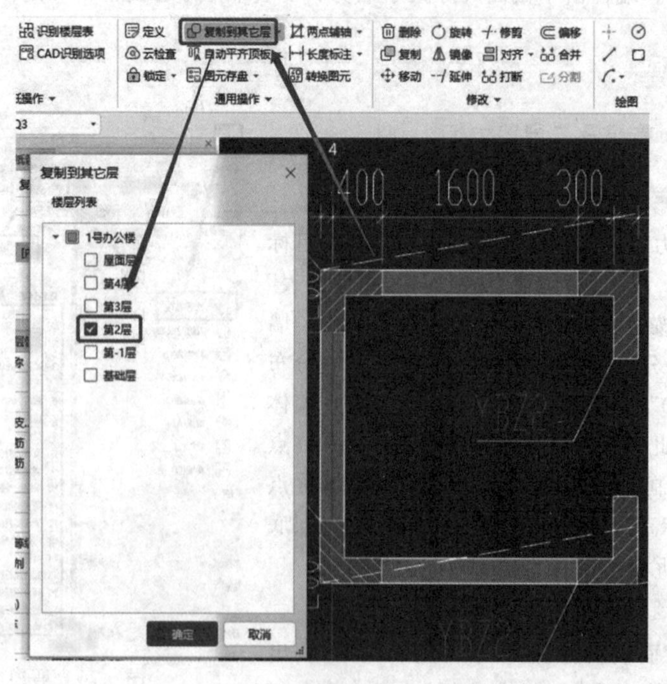

图 3-28　剪力墙图元的层间复制

(二)识别法绘制地下室剪力墙

在“图纸管理”面板中双击“基础结构平面图”，将剪力墙 CAD 图纸调取出来。单击“识别剪力墙”按钮，按照“提取剪力墙边线”“提取墙标识”“识别剪力墙”的顺序以“B 提取 CAD 图层”的方式提取 CAD 底图剪力墙的边线和墙体名称 Q1、Q2。在弹出的“识别剪力墙”对话框中输入 Q1 的水平分布筋为“C12@180”，输入垂直分布筋为“C14@150”以及拉筋“C6@300 * 300”；继续输入 Q2 的水平分布筋为“C12@180”，垂直分布筋为“C14@200”，拉筋为“C6@300 * 300”。由于地下室的 CAD 图纸没有标注 Q3 墙体的图名，所以软件为 Q3 默认生成了图名“JLQ-1”，将其修改为“Q3”，单击“确定”按钮，生成剪力墙图元，如图 3-29 所示。

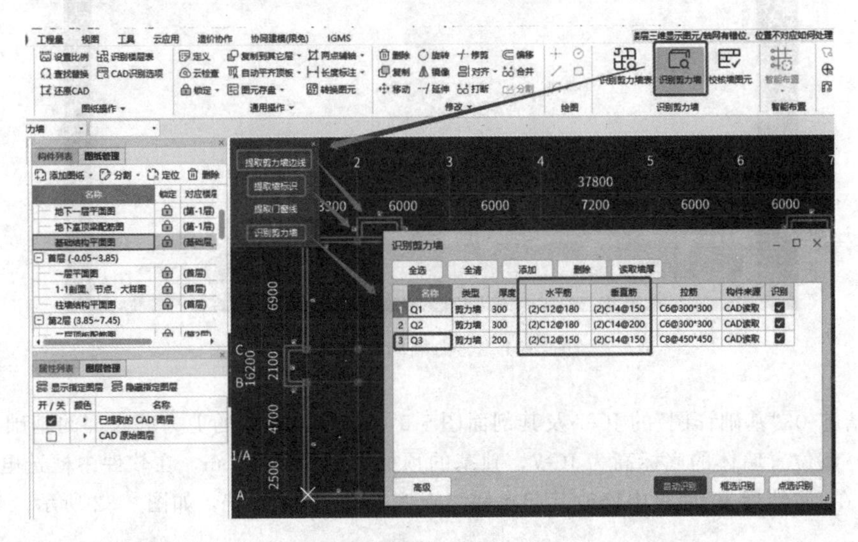

图 3-29　剪力墙识别绘制

经过检查，发现为Ⓓ号轴线上的墙体都生成了 Q1，但是根据图纸位于④轴和⑤轴之间的位置是 Q2 墙体，选择Ⓓ号轴线上的 Q1，在“修改”面板选择“打断”命令，用鼠标左键分别单击图 3-30 所示的两个打断点位置后，单击鼠标右键确定，这样就将 Q2 墙体图元分割出来，但是图元类型仍旧为 Q1，选择打断分割出来的图元，单击鼠标右键，在快捷菜单中选择“转换图元”，在弹出的“转换图元”对话框中选择“Q2[内墙]”单击“确定”按钮，此时这部分墙体就换成了 Q2 的结构信息(图 3-31)。

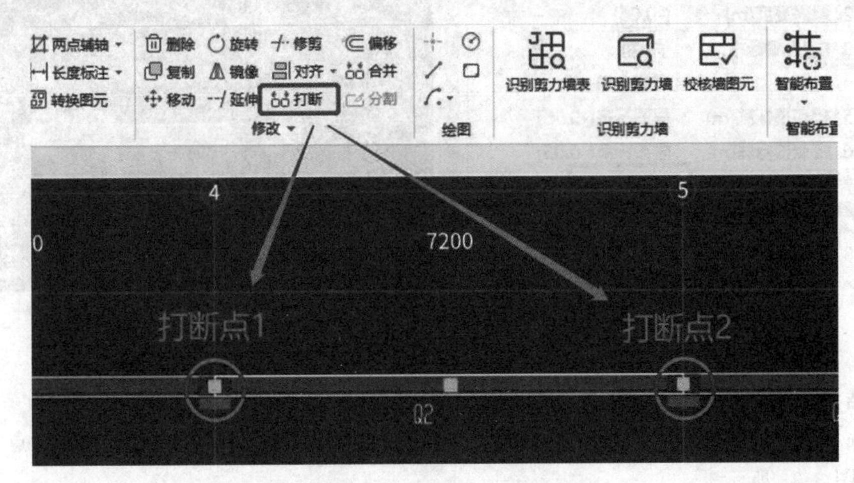

图 3-30　剪力墙图元的打断

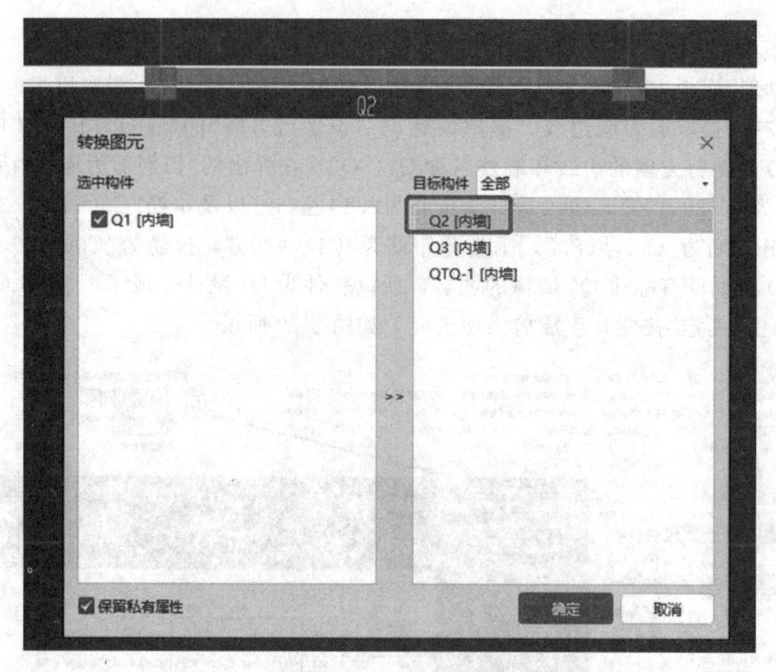

图 3-31　剪力墙的图元转换

查阅结施-03“基础详图”的 JC-7 及其剖面图 5-5 可知，电梯井的剪力墙底部的基础为 JC-7 独基，因此，该位置墙体的底标高为 JC-7，独基的顶标高为－6.300 m，在软件中框选电梯井处的 Q3 图元，在“属性列表”面板中修改其起点和终点底标高为“－6.3”，如图 3-32 所示。

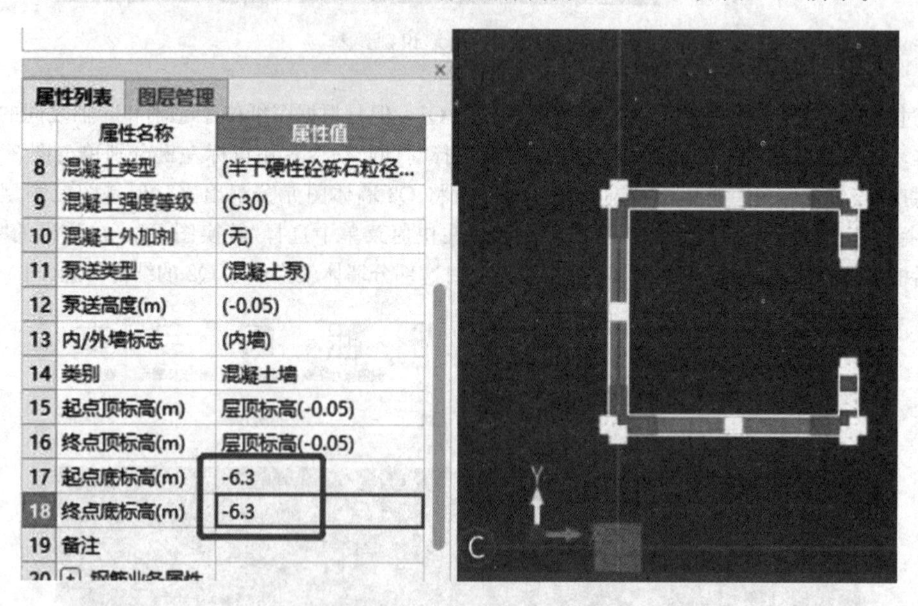

图 3-32　电梯井剪力墙底标高修改

查阅结施－05“地下室顶梁配筋图”可知，位于采光井处的剪力墙 Q2 的顶标高为－0.600 m，在软件中选择所有的采光井处的剪力墙 Q2，在“属性列表”面板中修改其起点和终点顶标高为“0.6”，如图 3-33 所示。

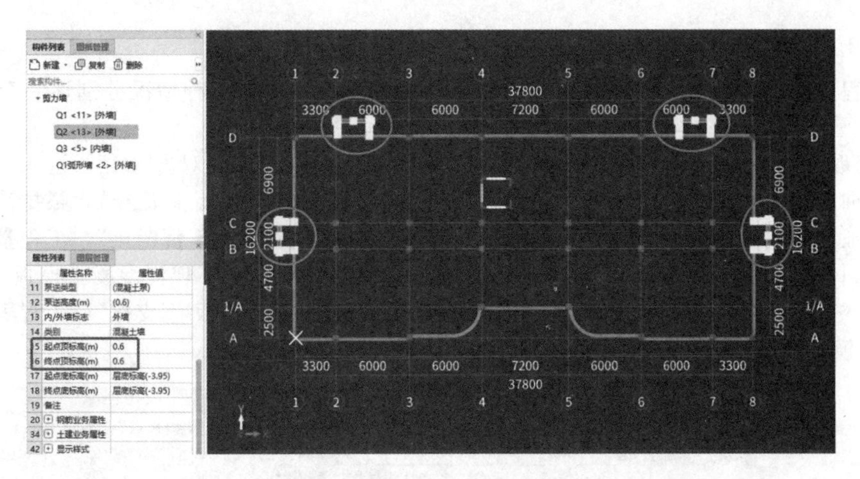

图 3-33　采光井剪力墙顶标高修改

Q1 墙体中有一段为弧形墙，为了方便后期套取清单和定额，需将其单独定义出来。在“构件列表”面板中选择 Q1，单击鼠标右键，在快捷菜单中选择“复制”，名称修改为“Q1 弧形墙”，在绘图区选中两端弧形墙图元，单击鼠标右键，在快捷菜单中选择“转换图元”，在弹出的“转换图元”对话框中选择“Q1 弧形墙[内墙]”，完成图元转换，如图 3-34 所示。

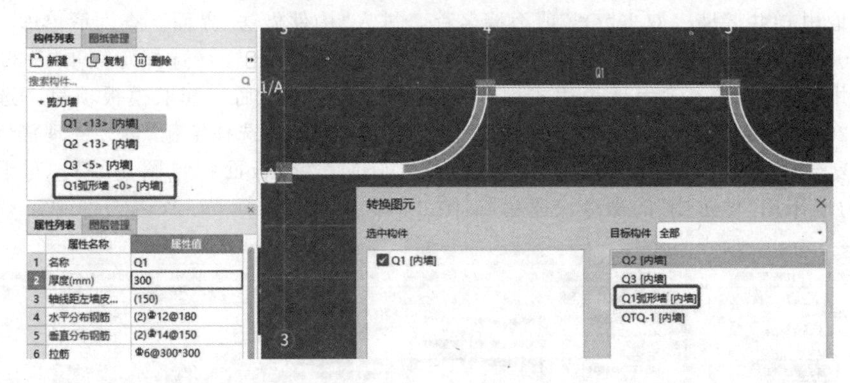

图 3-34　弧形墙的复制及图元转换

按快捷键 F3 批量选择 Q1、Q2 和 Q1 弧形墙，在“属性列表”中将其内外墙标识改为“外墙”，Q3 默认为内墙不需要修改，识别绘制完成的地下室层剪力墙三维模型，如图 3-35 所示。

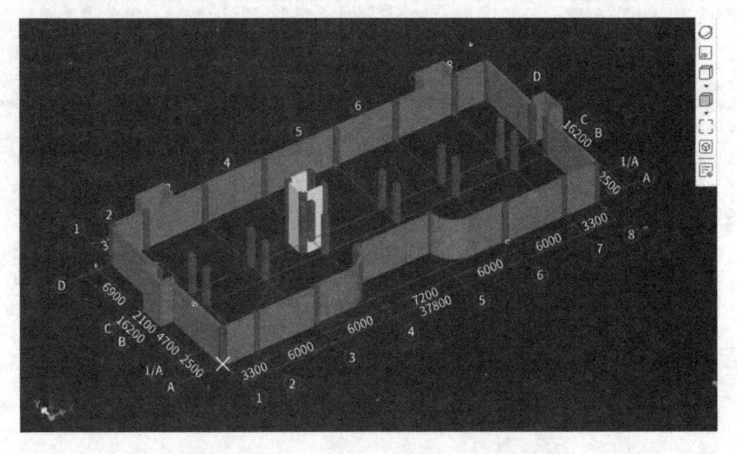

图 3-35　地下室层剪力墙三维算量模型

(三)剪力墙清单定额套取

本工程中存在直形墙、电梯井壁墙和弧形墙三种情况，对这三种情况分别逐一套取清单和定额。

(1)套取直形墙。在“构件列表”面板中的“剪力墙”下拉列表中，双击“Q1”，进入“构件做法”界面。查询清单库，选择清单项“010504001002 现浇混凝土墙 直形墙 混凝土”，根据清单规则录入项目特征。查询匹配定额，选择定额项“5-25 现浇混凝土墙 直形墙 混凝土”，工程量表达式均选择“TJ”(体积)。然后，套取模板项目，选择清单项“011702011002 现浇混凝土模板 直形墙 复合模板 钢支撑”，选择定额“17-197 现浇混凝土模板 直形墙 复合模板 钢支撑”，工程表达式选择“MBMJ”(模板面积)如图 3-36 所示。Q2 墙体采用同样的方法套取。

构件列表：新建 · 复制；搜索构件...；剪力墙：Q1 <11> [外墙]、Q2 <13> [外墙]、Q3 <5> [内墙]、Q1弧形墙 <2> [外墙]

构件做法：添加清单 · 添加定额 · 删除 · 查询 · 项目特征 · 换算 · 做法刷 · 做法查询 · 提取做法 · 当前构件自动套做法 · 参与自动套

	编码	类别	名称	项目特征	单位	工程量表达式	表达式说明
1	010504001002	项	现浇混凝土墙 直形墙 混凝土	1.混凝土类型：商品混凝土 2.混凝土标号：C30	m3	TJ	TJ<体积>
2	5-25	定	现浇混凝土墙 直形墙 混凝土		m3	TJ	TJ<体积>
3	011702011002	项	现浇混凝土模板 直形墙 复合模板 钢支撑	1.名称：直形墙模板 2.材质：复合模板、钢支撑	m2	MBMJ	MBMJ<模板面积>
4	17-197	定	现浇混凝土模板 直形墙 复合模板 钢支撑		m2	MBMJ	MBMJ<模板面积>

图 3-36 直形墙清单定额套取

(2)套取电梯井壁墙。双击“Q3”剪力墙名称，进入“构件做法”界面。查询清单库，选择清单项“010504005001 现浇混凝土墙 电梯井壁直形墙”，查询匹配定额，选择定额项“5-29 现浇混凝土墙 电梯井壁直形墙”，工程量表达式均选择“TJ”(体积)。然后，套取模板项目，选择清单项“011702013004 现浇混凝土模板 电梯井壁 复合模板 钢支撑”，选择定额“17-204 现浇混凝土模板 电梯井壁 复合模板 钢支撑”，工程量表达式选择“MBMJ”(模板面积)(图 3-37)。对于首层的电梯井壁剪力墙采用“做法刷”的命令快速套取(图 3-38)。

构件列表：新建 · 复制 · 删除；搜索构件...；剪力墙：Q1 <11> [外墙]、Q2 <13> [外墙]、Q3 <5> [内墙]、Q1弧形墙 <2> [外墙]

构件做法：添加清单 · 添加定额 · 删除 · 查询 · 项目特征 · 换算 · 做法刷 · 做法查询 · 提取做法 · 当前构件自动套做法 · 参与自动套

	编码	类别	名称	项目特征	单位	工程量表达式	表达式说明
1	010504005001	项	现浇混凝土墙 电梯井壁直形墙	1.混凝土类型：商品混凝土 2.混凝土标号：C30	m3	TJ	TJ<体积>
2	5-29	定	现浇混凝土墙 电梯井壁直形墙		m3	TJ	TJ<体积>
3	011702013004	项	现浇混凝土模板 电梯井壁 复合模板 钢支撑	1.名称：电梯井壁模板 2.材质：复合模板、钢支撑	m2	MBMJ	MBMJ<模板面积>
4	17-204	定	现浇混凝土模板 电梯井壁 复合模板 钢支撑		m2	MBMJ	MBMJ<模板面积>

图 3-37 电梯井壁直形墙清单定额套取

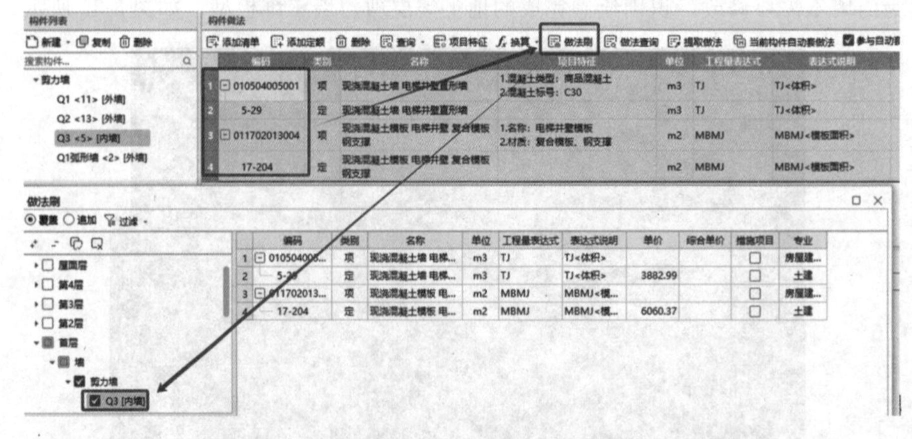

图 3-38 电梯井壁直形墙清单定额采用“做法刷”复制

(3)套取弧形墙。双击“Q1 弧形墙”剪力墙名称，进入“构件做法”界面。查询清单库选择清单项“010504002001 现浇混凝土墙 弧形墙”，查询匹配定额，选择定额项“5-26 现浇混凝土墙 弧形墙”，工程量表达式均选择“TJ”(体积)。然后，套取模板项目，选择清单项“011702012001 现浇混凝土模板 弧形墙 木模板 钢支撑”，选择定额“17-199 现浇混凝土模板 弧形墙 木模板 钢支撑”，工程量表达式选择“MBMJ”(模板面积)，如图 3-39 所示。

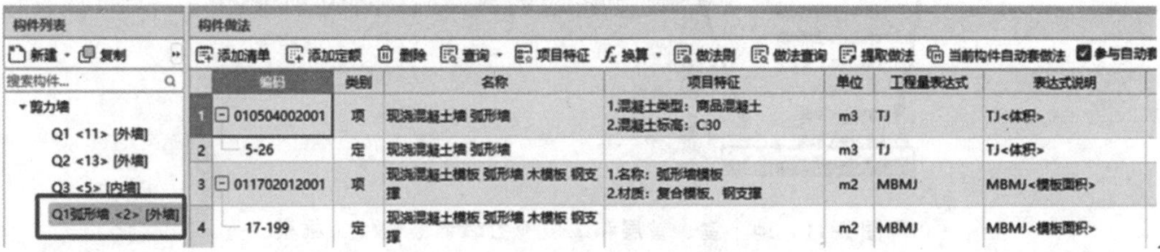

	编码	类别	名称	项目特征	单位	工程量表达式	表达式说明
1	010504002001	项	现浇混凝土墙 弧形墙	1.混凝土类型：商品混凝土 2.混凝土标高：C30	m3	TJ	TJ<体积>
2	5-26	定	现浇混凝土墙 弧形墙		m3	TJ	TJ<体积>
3	011702012001	项	现浇混凝土模板 弧形墙 木模板 钢支撑	1.名称：弧形墙模板 2.材质：复合模板、钢支撑	m2	MBMJ	MBMJ<模板面积>
4	17-199	定	现浇混凝土模板 弧形墙 木模板 钢支撑		m2	MBMJ	MBMJ<模板面积>

图 3-39　弧形墙清单定额套取

(四)剪力墙工程量的汇总计算

单击“工程量”清单选项卡，在“汇总面板”中选择“汇总计算”，选择地下室、首层和二层，勾选剪力墙构件，单击“确定”按钮。计算成功后单击“查看报表”按钮，选择“土建报表量”面板中的“清单汇总表”，查看地下室、首层和二层剪力墙的混凝土和模板的清单工程量，如图 3-40 所示。

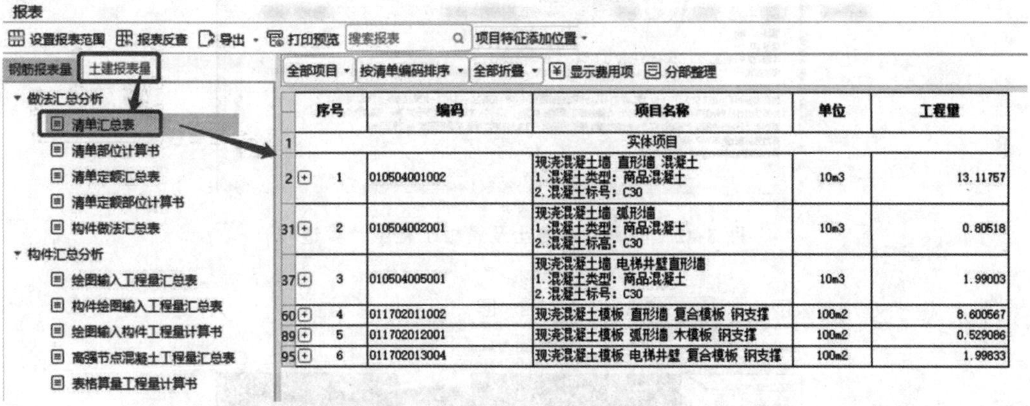

	序号	编码	项目名称	单位	工程量
1			实体项目		
2	1	010504001002	现浇混凝土墙 直形墙 混凝土 1.混凝土类型：商品混凝土 2.混凝土标号：C30	10m3	13.11757
31	2	010504002001	现浇混凝土墙 弧形墙 1.混凝土类型：商品混凝土 2.混凝土标高：C30	10m3	0.80518
37	3	010504005001	现浇混凝土墙 电梯井壁直形墙 1.混凝土类型：商品混凝土 2.混凝土标号：C30	10m3	1.99003
60	4	011702011002	现浇混凝土模板 直形墙 复合模板 钢支撑	100m2	8.600567
89	5	011702012001	现浇混凝土模板 弧形墙 木模板 钢支撑	100m2	0.529086
95	6	011702013004	现浇混凝土模板 电梯井壁 复合模板 钢支撑	100m2	1.99833

图 3-40　地下室、首层和二层剪力墙混凝土及模板支架清单工程量

在“钢筋报表量”面板中的“汇总表”下拉列表中单击“楼层构件类型级别直径汇总表”，得到地下室、首层和二层剪力墙的钢筋工程量，如图 3-41 所示。

(五)剪力墙工程量的检查与校核

在“土建计算结果”面板中，单击“查看计算式”按钮，单击柱构件图元，以 KZ5 为例，可以在弹出的“查看工程量计算式”对话框中看到框架柱混凝土和模板工程量的计算过程，如图 3-42 所示。

在“钢筋计算结果”面板中，选择“钢筋三维”和“编辑钢筋”，可以查询剪力墙内水平钢筋、垂直钢筋和拉筋的空间三维形态及每根钢筋长度和重量的计算过程，如图 3-43 所示。

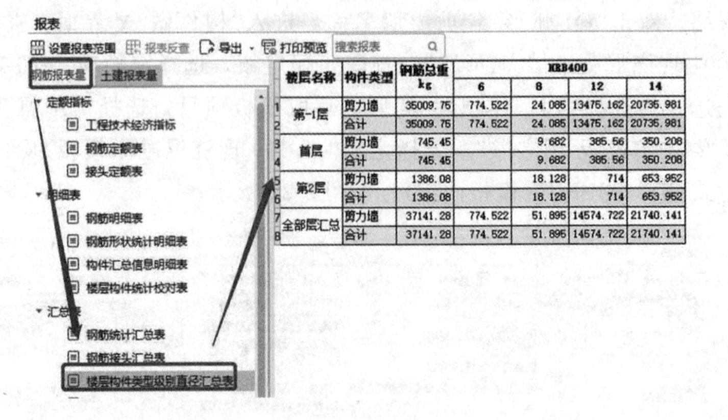

楼层名称	构件类型	钢筋总重 kg	HRB400			
			6	8	12	14
第-1层	剪力墙	35009.75	774.522	24.085	13475.162	20735.981
	合计	35009.75	774.522	24.085	13475.162	20735.981
首层	剪力墙	745.45		9.682	385.56	350.208
	合计	745.45		9.682	385.56	350.208
第2层	剪力墙	1386.08		18.128	714	653.952
	合计	1386.08		18.128	714	653.952
全部层汇总	剪力墙	37141.28	774.522	51.895	14574.722	21740.141
	合计	37141.28	774.522	51.895	14574.722	21740.141

图 3-41　地下室、首层和二层剪力墙钢筋构件工程量

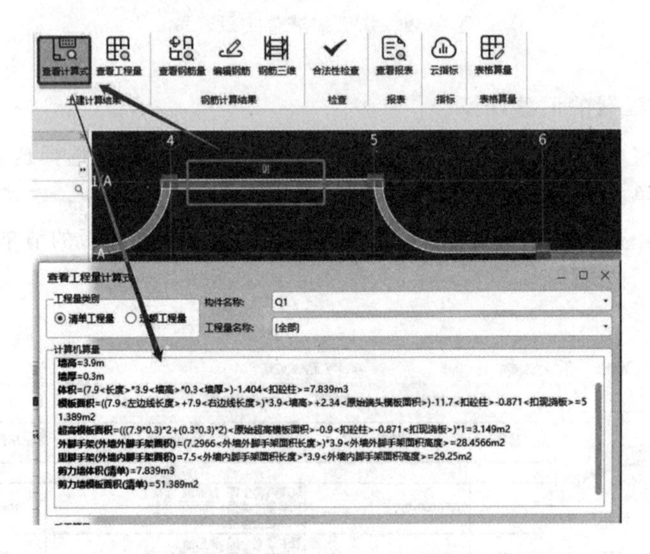

图 3-42　剪力墙混凝土及模板工程量计算过程

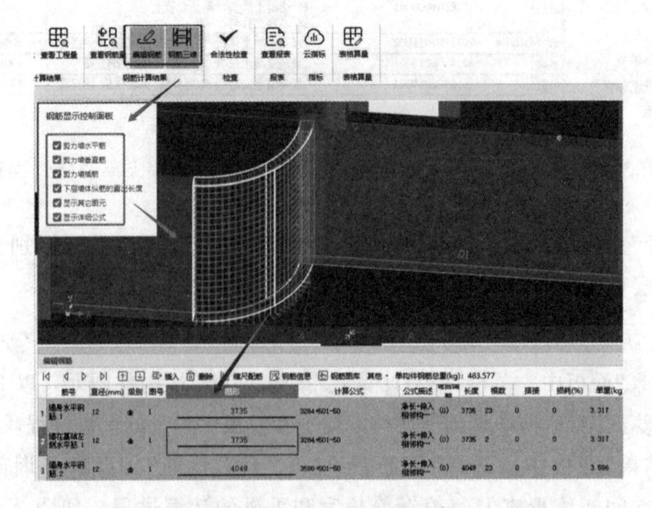

图 3-43　剪力墙钢筋三维模型及工程量计算过程

四、任务结果

其余层的剪力墙综合采用识别绘制和手动绘制完成，然后套取清单和定额。1 号办公楼剪力墙混凝土及模板清单工程量见表 3-10，框架柱及暗柱的钢筋构件工程量见表 3-11。

表 3-10　1 号办公楼剪力墙混凝土及模板支架清单工程量

项目编码	项目名称	项目特征	计量单位	工程量
010504001002	直形墙	1. 混凝土种类：商品混凝土； 2. 混凝土等级：C30	m^3	131.18
010504002001	弧形墙	1. 混凝土种类：商品混凝土； 2. 混凝土等级：C30	m^3	8.05
010504005001	电梯井壁直形墙	1. 混凝土种类：商品混凝土； 2. 混凝土等级：C30	m^3	32.75
011702011002	直形墙模板	1. 名称：直形墙模板； 2. 材质：复合模板、钢支撑	m^2	860.06
011702012001	弧形墙模板	1. 名称：弧形墙模板； 2. 材质：复合模板、钢支撑	m^2	529.09
011702013004	电梯井壁模板	1. 名称：电梯井模板； 2. 材质：复合模板、钢支撑	m^2	325.90

表 3-11　1 号办公楼剪力墙钢筋构件工程量

构件类型	钢筋总质量/t	HRB400				
		6	8	10	12	14
剪力墙	22.068	0.391	0.059	0.404	8.978	12.236
工程量合计/t	22.068	0.391	0.059	0.404	8.978	12.236

单元三　梁建模与工程量计算

工作任务目标

1. 能够识读梁构件的结构施工图，提取建模的关键信息。
2. 能够定义和绘制梁构件的三维算量模型。
3. 能够套取梁构件的清单和定额，正确提取其混凝土、模板和钢筋的工程量。

教学微课

微课：梁构件手动建模与工程量计算

微课：梁构件识别法建模与工程量计算

职业素质目标

有梦想、有荣誉感且具备独当一面的工作能力。

思政故事

“钢铁脊梁”詹天佑

“钢铁脊梁”詹天佑

1905年，清政府决定自主修建一条铁路，任命从海外留学归来的詹天佑为京张铁路局会办兼总工程师，主持修建京张铁路。当时，一些外国人挖苦说：“中国能够修筑这条铁路的工程师还在娘胎里没出世呢！中国人想自己修铁路，就算不是梦想，至少也得50年。”面对压力，詹天佑用自己坚实的脊梁扛起重担，亲自带队，背着标杆、经纬仪，跋山涉水，日夜奔波在崎岖的山岭上，抛洒心血和汗水，使整个工程提前两年完成，节省经费28万两白银。其间，詹天佑独具匠心，创造性地运用“折返线”原理，在山多坡陡的青龙桥地段设计了一段“人”字形线路，为中国百年铁路史留下了传世的点睛之笔。

如同支撑建筑物重力的框架梁，詹天佑是中华大地的“钢铁脊梁”，连接起历史与未来，承载着光荣与梦想，是我们工程造价人学习的楷模。

一、工作任务布置

分析1号办公楼工程梁结构施工图，绘制梁构件的三维算量模型，套取梁构件的清单和定额，并统计其混凝土、模板的清单工程量及钢筋工程量。

二、任务分析

(一)图纸分析

本工程梁的类型有楼层框架梁，屋面框架梁、非框架梁，剪力墙的连梁和暗梁。楼层框架梁是以柱或墙为支座的非顶层梁构件，屋面框架梁支座类型同楼层框架梁但是位于屋顶，其钢筋锚固构造与楼层框架梁也有区别，具体可查询《混凝土结构施工图平面整体表示方法制图规则和构造详图(现浇混凝土框架、剪力墙、梁、板)》(22G101-1)，非框架梁是以框架梁为支座的次梁，连梁和暗梁都属于剪力墙的一部分。本工程梁的结构施工图主要通过两种方式进行表达，分别是平面注写方式和截面注写方式。

以结施-05“地下室顶梁配筋图”中位于Ⓒ号轴线上的KL5、位于⑤号轴线上的KL10、剪力墙连梁LL1和结施-06“一、三层顶梁配筋图”中位于Ⓐ轴向上的弧形梁KL1为例分析平面注写的梁的结构信息。平面注写方式包括集中标注和原位标注，集中标注通常在梁的第一跨用引线引出注写，表达梁的通用数值，见表3-12。原位标注通常分散写在梁的每一跨的上部或下部，表达梁的特殊数值，在设计和施工中原位标注的优先等级高于集中标注，原位标注的结构信息见表3-13。

表3-12 框架梁及连梁集中标注结构信息

名称	跨数	截面($b\times h$)/mm	上通筋	下通筋	侧面筋	箍筋	箍筋肢数/根
KL5	3	300×500	2Φ25	—	G2Φ12	Φ10@100/200	2
KL10	3	300×600	2Φ25	—	G2Φ12	Φ10@100/200	2
LL1	1	300×1 000	4Φ22	4Φ22	G12@200	Φ10@100	2
KL1	1	250×500	2Φ25	—	N2Φ16	Φ10@100/200	2

表 3-13　框架梁及连梁原位标注信息

名称	第 1 跨				第 2 跨				第 3 跨			
	左	中	右	下部钢筋	左	中	右	下部钢筋	左	中	右	下部钢筋
KL5	6Φ25 4/2	—	6Φ25 4/2	4Φ25	—	—	6Φ25 4/2	4Φ25	—	6Φ25 4/2	—	2Φ20
KL10	5Φ25 3/2	—	5Φ25 3/2	3Φ25	—	5Φ25 3/2	—	2Φ20	6Φ25 4/2	—	6Φ25 4/2	5Φ25 2/3
KL1	6Φ25 4/2	—	6Φ25 4/2	4Φ25	—	—	—	—	—	—	—	—

暗梁属于剪力墙的一部分，通常位于剪力墙的顶部，属于剪力墙的加强配筋区域。本工程暗梁采用截面注写方式表达结构信息，即在梁截面图上注写截面尺寸信息和配筋的具体数值，查阅结施-02“基础结构平面图”中 Q1 墙和 Q2 墙的大样图，在墙体顶部区域的暗梁配筋图可得暗梁的结构信息，见表 3-14。

表 3-14　暗梁结构信息

名称	截面($b\times h$)/mm	上通筋	下通筋	侧面筋	箍筋	箍筋肢数/根
AL	300×500	4Φ20	4Φ20		Φ10@200	2

(二)清单计算规则分析

查阅《房屋建筑与装饰工程工程量计算规范》(GB 50854—2013)可知，现浇混凝土梁清单工程量计算规则见表 3-15。

表 3-15　现浇混凝土梁清单工程量计算规则

项目编码	项目名称	项目特征	计量单位	工程量计算规则
010503002	矩形梁	1. 混凝土种类； 2. 混凝土强度等级	m^3	按设计图示尺寸以体积计算。伸入墙内的梁头、梁垫并入梁体积内。其中梁长的定义为： 1. 梁与柱连接时，梁长算至柱侧面； 2. 主梁与次梁连接时，次梁算至主梁侧面
010503006	弧形、拱形梁			

现浇混凝土梁模板清单工程量计算规则见表 3-16。

表 3-16　现浇混凝土梁模板清单工程量计算规则

项目编码	项目名称	项目特征	计量单位	工程量计算规则
011702006	矩形梁模板	1. 名称； 2. 材质； 3. 支撑高度	m^2	按模板与现浇混凝土构件的接触面积计算： 1. 现浇钢筋混凝土墙、板单孔面积≤0.3 m^2 的孔洞不予扣除，洞侧壁模板亦不增加；单孔面积>0.3 m^2；时应予扣除，洞侧壁模板面积并入墙、板工程量内计算 2. 柱、梁、墙、板相互连接的重叠部分，均不计算模板面积
011702010	弧形、拱形梁模板	1. 名称； 2. 材质； 3. 截面形状； 4. 支撑高度		
注：当现浇混凝土梁支撑高度超过 3.6 m 时，项目特征应描述支撑高度。				

连梁的工程量计算规则与框架梁相同，但是在需要套取剪力墙的相关定额，可参照表 3-15 和 3-16 相关内容套取。暗梁工程量包含在剪力墙内，无须计算混凝土体积和模板面积，仅计算其钢筋工程量。

梁构件的工程量计算内容

三、任务实施

(一)手动绘制地下室梁构件

1. 框架梁的定义

以地下室 KL5 和 KL10 为例。选择建模，在“导航栏”中单击“梁”按钮，在“构件列表”中单击“新建”按钮，选择新建“矩形梁”，通过读取 5 号框架梁结构施工图的集中标注内容，填写“属性列表”中的内容。在“名称”输入框输入“KL5”，跨的数量为“3”，截面宽度为“300”，截面高度为“500”，箍筋为“ф10@100 /200”，肢数为“2”，上部通长筋为“2ф25”，没有下部通长筋，此处无须输入。侧面构造腰筋或受扭腰筋为“G2ф12”，拉筋根据图集规定默认为“Φ6”，梁构件属于线性构件，需要填写起点和终点两个位置的标高，起点顶标高和终点顶标高均选择“层顶标高”。KL10 的定义方法与 KL5 相同，在“属性”列表中替换成 KL5 的集中标注的结构信息，如图 3-44 所示。

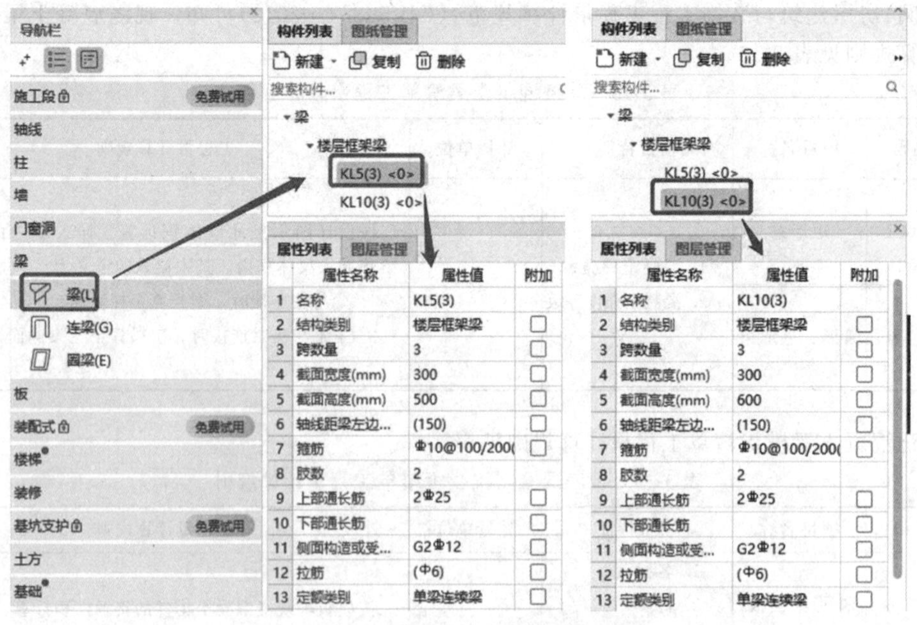

图 3-44　框架梁构件的定义

2. 框架梁的绘制

框架梁的绘制方法有“直线绘制”和“智能布置”等，并综合利用二次修改命令，如“偏移”“对齐”和“镜像”等，完成框架梁的手动建模。

(1)直线绘制。直线绘制梁的时候要按照一定的方向，这个方向的规则是水平方向绘制梁从左向右画，垂直方向绘制梁从下向上画，原因是《混凝土结构施工图平面整体表示方法制图规则和构造详图(现浇混凝土框架、剪力墙、梁、板)》(22G101—1)中规定：水平方向最左侧的跨为梁的第一跨，垂直方向最下方的一跨为梁的第一跨。直线绘制的起点可以选择在柱中心，也可以选择在柱边，但最终得到的梁的工程量是一样的，由于软件当中已经内置了计算规则，柱会将和梁重复的部分进行扣除。为了绘图方便通常选择捕捉到柱中心。在绘图区双击“地下室顶梁配筋图”，在“图层管理”面板中勾选“CAD原始图层”复选框调出CAD底图，在“构件列表”中选择“KL5”，在“绘图”面板中选择“直线”命令，捕捉柱子中心为起点，从左向右完成KL5梁的绘制，如图3-45所示。

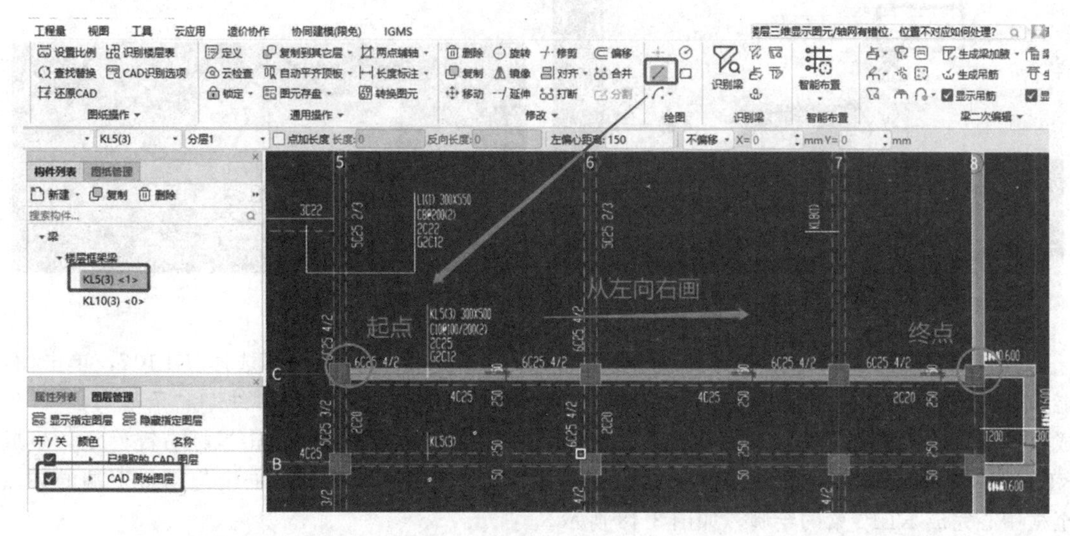

图3-45 框架梁的直线绘制

此时，发现绘制的梁与底图不对齐，在“修改”面板选择“对齐”命令，首先单击目标线，再单击要移动的梁构件的边线，单击鼠标右键确定。这时，KL5这根框架梁就与底图对齐了，如图3-46所示。

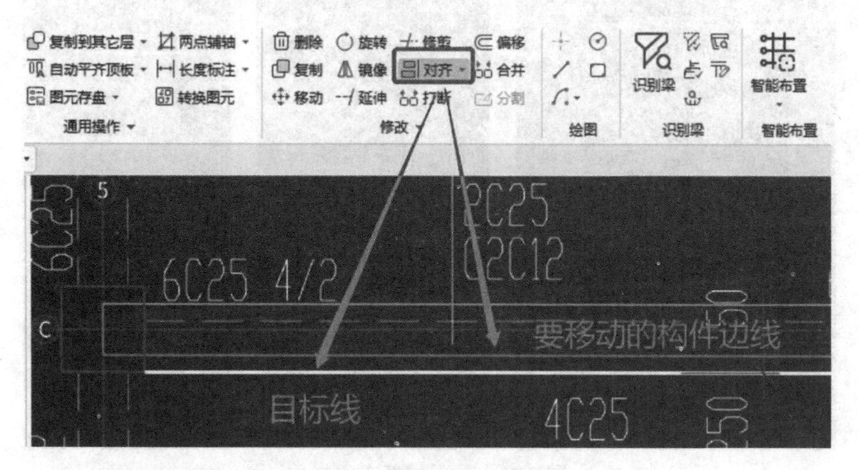

图3-46 梁与底图的对齐操作

此外，还可以用“偏移”命令实现上述对齐布置，以Ⓑ轴线上的KL5梁为例，选择“直线”命令，在单击KL5底图下边线的同时按住Shift键，“X”表示左右偏移，“Y”表示上下偏移，需要将梁的起点向上偏移，所以“X”输入框内输入“0”，“Y”输入框内输入梁宽的一半为“150”，单击“确定”按钮，这样绘制的KL5框架梁直接与底图对齐，如图3-47所示。

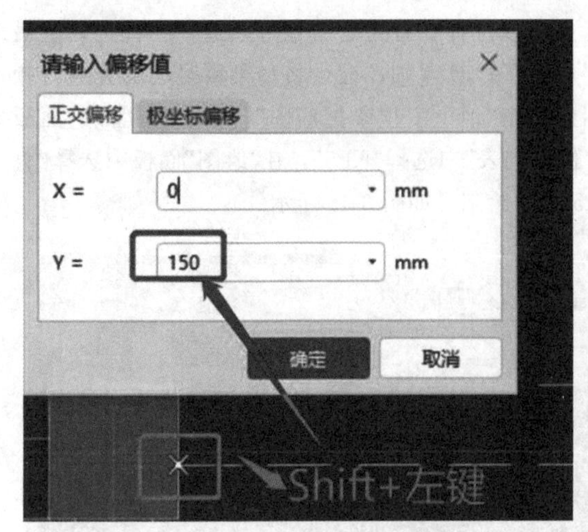

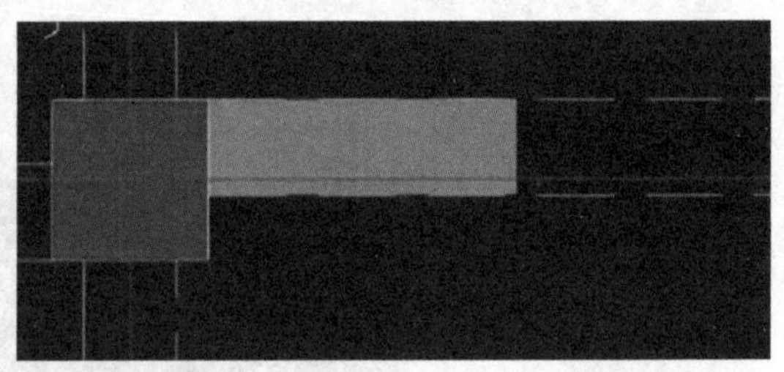

图 3-47　梁起点的偏移操作

(2)智能布置。以 KL10 梁为例讲解智能布置的操作。在“构件列表”选择“KL10”，单击“智能布置”按钮，梁的智能布置可以按照“轴线”“墙轴线”“墙中心线”“条基轴线”和“条基中心线”生成梁图元，本次工程采用按轴线生成。选择“轴线”，单击⑤号轴线，单击鼠标右键确定，生成 KL5 梁。与底图相比，该梁在下端多出一个悬挑段，单击 KL10 图元，向上拖动最下端的夹点至柱中心完成 KL10 梁的绘制，如图 3-48 所示。

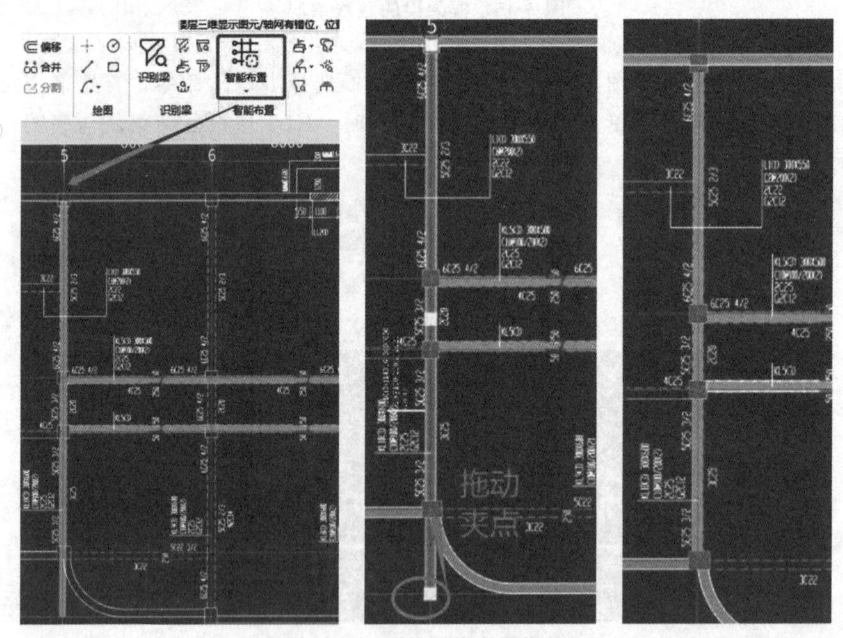

图 3-48　梁的智能布置操作

(3)镜像布置。本工程地下室顶梁配筋图左右对称，可以使用“镜像”命令快速完成对称侧梁的绘制。框选两根 KL5 梁和一根 KL10 梁，在“修改”面板选择“镜像”命令，在④号和⑤号轴线间利用中点捕捉功能绘制对称轴线。此时，软件会提示“是否删除原来图元”按钮，单击“否”按钮，完成对称侧 KL5 和 KL10 框架梁的绘制，如图 3-49 所示。

3. 框架梁的原位标注注写

梁绘制完毕后，其信息只包含集中标注的内容，还需将图纸中梁原位标注的信息进行输入。

未进行原位标注的梁的颜色是粉色。此时，不能进行梁工程量的计算，需要进行原位标注后，使梁的颜色由粉色变为绿色后才能进行下一步的计算操作。GTJ 软件中，梁的原位标注主要有绘图区图元“原位标注”和“平法表格”两种方式。

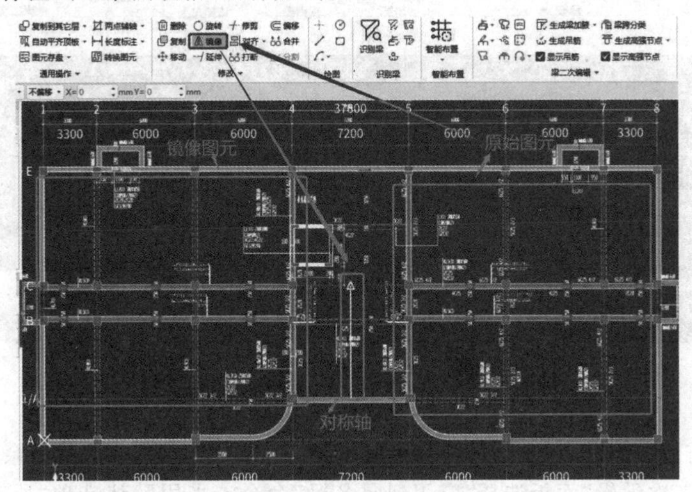

图 3-49　框架梁的镜像操作

(1)绘图区图元“原位标注”。绘图区图元“原位标注”功能可与“应用到同名梁”和“梁跨数据复制”进行综合应用。在“梁二次编辑”面板单击“原位标注”，单击 KL5 框架梁，依据 CAD 底图依次将原位标注的信息填到对应的方框内，如第一跨左支座输入“6C25 4/2”，按 Enter 键后，鼠标光标自动移到第一跨下部，输入“4C25”，按 Enter 键后光标自动弹到第一跨右支座，输入“6C25 4/2”，完成 KL5 第一跨原位标注的录入(图 3-50)。第二跨梁的原位标注与第一跨梁的原位标注的内容完全相同，采用“梁跨数据复制”命令进行操作，在“梁二次编辑”面板单击该命令，然后单击第一跨梁，梁变为红色后，单击鼠标右键确定，然后单击第二跨梁，变为黄色后单击鼠标右键，这样第二跨梁就把第一跨梁的原位标注信息复制过来了。第三跨梁继续采用“原位标注”命令，在绘图区输入第三跨的上部中间钢筋“6C25 4/2”以及下部钢筋“2C20”，这样 KL5 框架梁的原位标注就录入完成了(图 3-51)。

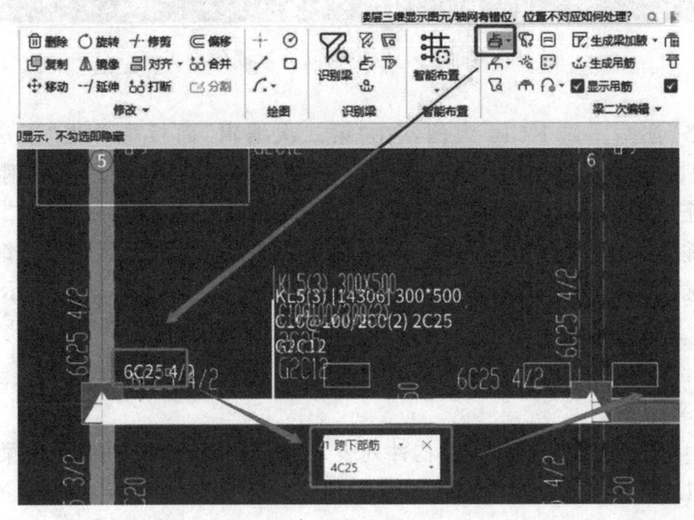

图 3-50　框架梁的绘图区原位标注录入操作

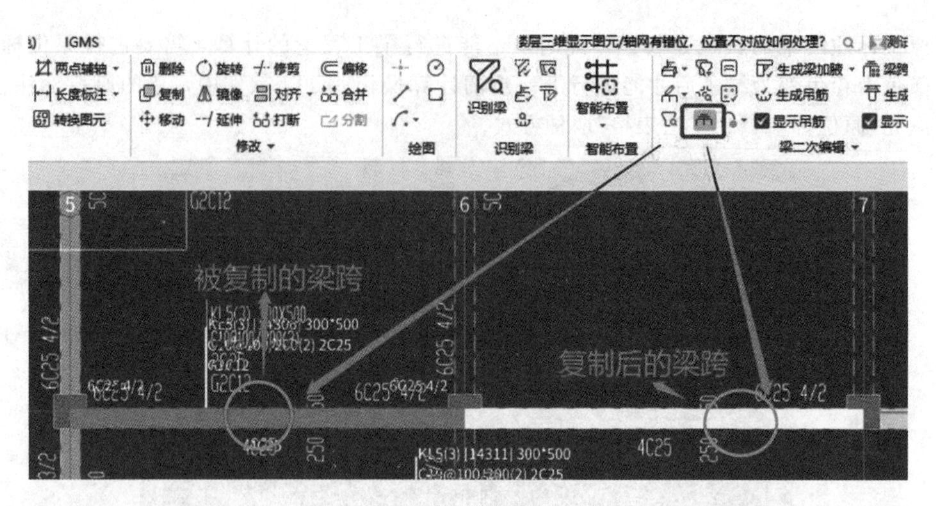

图 3-51　梁跨数据复制操作

由于本层中有 4 根 KL5 框架梁，可以使用“应用到同名梁”功能，完成其余 3 根 KL5 梁原位标注的录入。“梁二次编辑”面板选择“应用到同名梁”命令，采用默认选项“所有同名称梁”，单击已完成原位标注录入的 KL5 梁后，单击鼠标右键确定，系统会提示“3 道同名梁应用成功”。如图 3-52 所示。

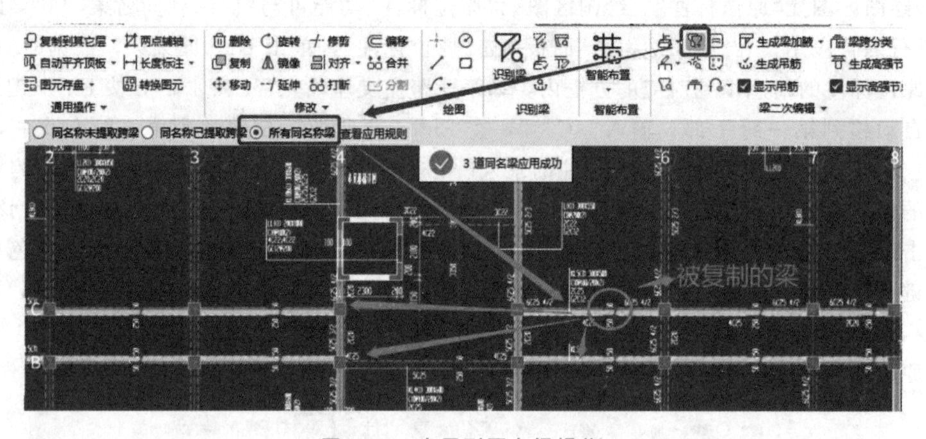

图 3-52　应用到同名梁操作

(2)“平法表格”注写。以 KL10 为例，在“梁二次编辑”面板中单击“平法表格”按钮，将 KL10 原位标注的内容输入到“梁平法表格”面板中。其中，第一跨左支座钢筋输入“5C25 3/2”，第一跨右支座钢筋输入“5C25 3/2”，第一跨下部钢筋输入“3C25”；第二跨是短跨，在上部钢筋跨中钢筋输入“5C25 3/2”，下部钢筋输入“2C20”；第三跨上部左支座钢筋输入“6C25 4/2”，右支座钢筋输入“6C25 4/2”，下部钢筋输入“5C25 2/3”，如图 3-53 所示。表格输入法需要熟练掌握《混凝土结构施工图平面整体表示方法制图规则和构造详图(现浇混凝土框架、剪力墙、梁、板)》(22G101-1)中梁平面整体表示方法。

4. 连梁的定义与绘制

在“导航栏”中单击“连梁”按钮，在“构件列表”中单击“新建”按钮新建连梁，在“属性列表”面板中输入名称“LL1”，将连梁集中标注的结构信息输入到属性面板对应的位置中，截面宽度输入“200”，截面高度输入“1000”，上部纵筋输入“4C22”，下部纵筋输入“4C22”，箍筋输入“C10@100(2)”，拉筋采用默认的“A6”，侧面纵筋输入“GC12@200”。定义完成后，在“绘图”面板选择“直线”命令，沿着底图从下向上绘制 LL1 图元，如图 3-54 所示。

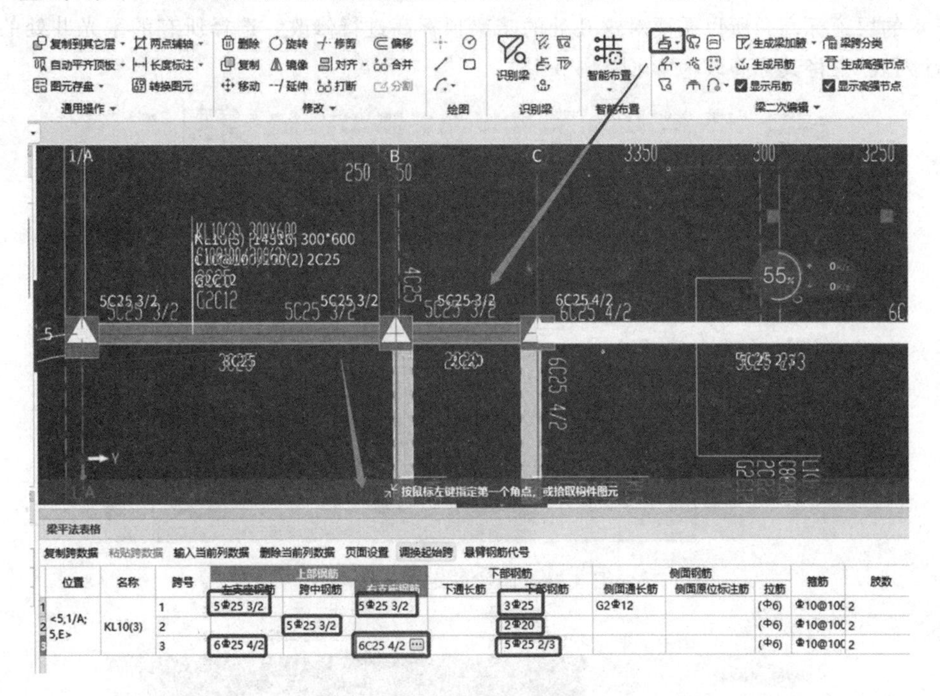

图 3-53　梁平法表格输入原位标注操作

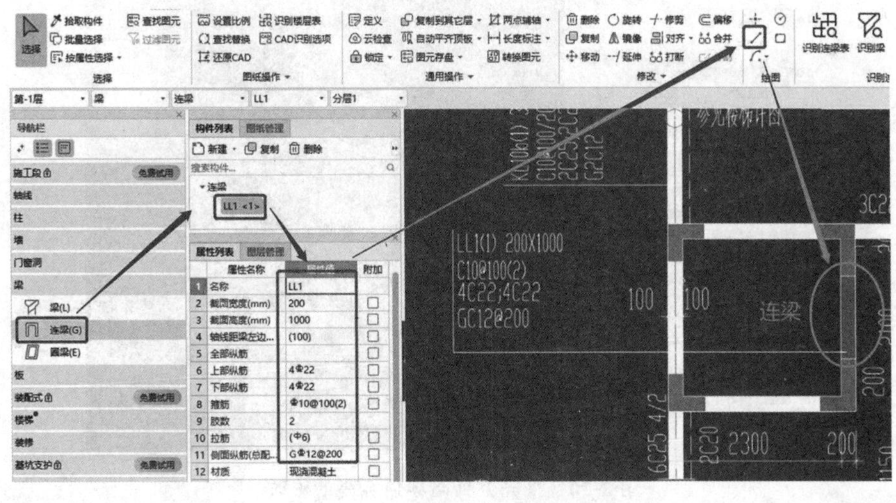

图 3-54　连梁的定义与绘制

5. 暗梁的定义与绘制

在“导航栏”中单击“墙”按钮，在下拉列表中选择“暗梁”，注意暗梁属于剪力墙的一部分，因此它的定义位置在“墙”的下拉列表中。新建暗梁，输入名称“AL”，将暗梁截面大样图的结构信息输入到“属性列表”中，截面宽度为“300”，截面高度为“500”，上部钢筋为“4C20”，下部钢筋为“4C20”，箍筋为“C10@200(2)”。暗梁定义完成后选择“智能布置”，单击“剪力墙”按钮，按 F3 键批量选择暗梁所处的剪力墙“Q1”“Q2”和“Q1 弧形墙”，单击“确定”按钮，生成“暗梁”，如图 3-55 所示。

由于采光井处的剪力墙的暗梁顶标高为“0.6”，而智能布置生成的暗梁的顶标高为剪力墙所处地下室的层顶标高，所以需要对这几处的暗梁顶标高进行修改，选择所有的采光井处的暗梁，在“属性列表”中将其标高改为“0.6”(图 3-56)。

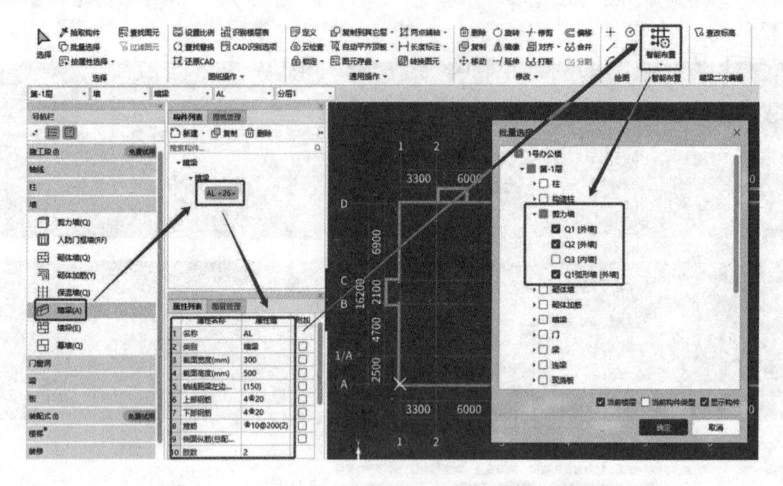

图 3-55　暗梁的定义与绘制

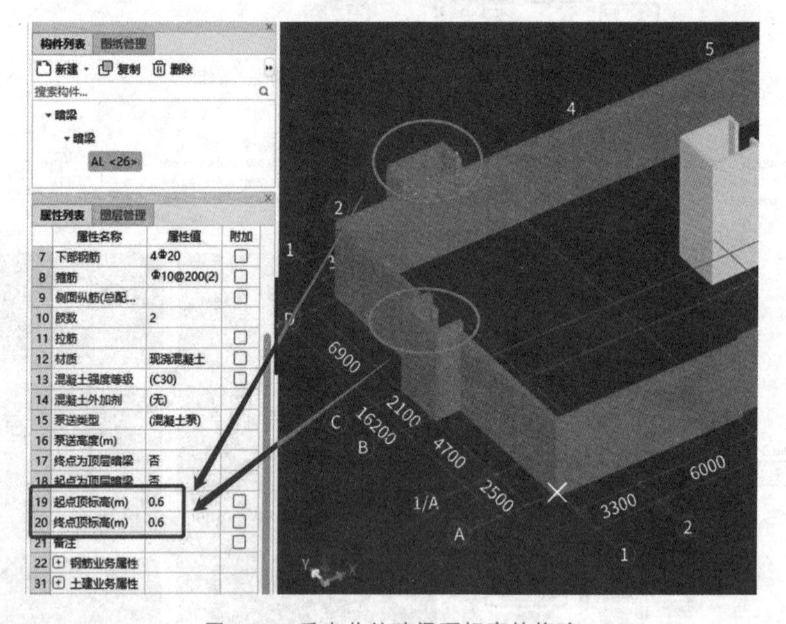

图 3-56　采光井处暗梁顶标高的修改

(二)识别绘制首层框架梁

在“图层管理”面板中双击一三层顶梁配筋图，调出首层梁结构施工图，在“构件列表”面板中选择“梁”，单击“识别梁”按钮，首先选择“提取边线”，选择方式通常有两种：一种是“单图元选择”；另一种是“按图层选择”。此处选择“按图层选择”，然后对于个别没有提取的 CAD 图线使用“单图元选择”进行查漏补缺提取。鼠标左键单击选择 CAD 底图梁的任一根边线，单击鼠标右键 CAD 梁边线消失，证明已经提取成功。可以通过单击“图层管理”面板中的“已提取的图层”按钮来检查，如图 3-57 所示。

梁的标注包括集中标注和原位标注。如果两者在 CAD 施工图中画在一个图层上，可以一次性提取完成；如果两者画在不同的图层，则需要提取两次。单击“自动提取标注”按钮，选择梁的任一标注，单击鼠标右键，标注消失后证明提取成功，同样可以通过“已提取的图层”命令进行检查校核(图 3-58)。

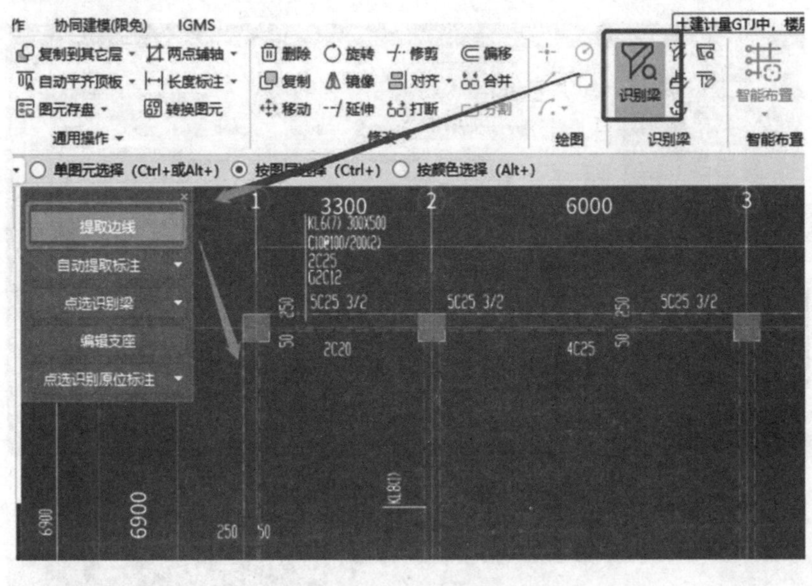

图 3-57　提取梁边线操作

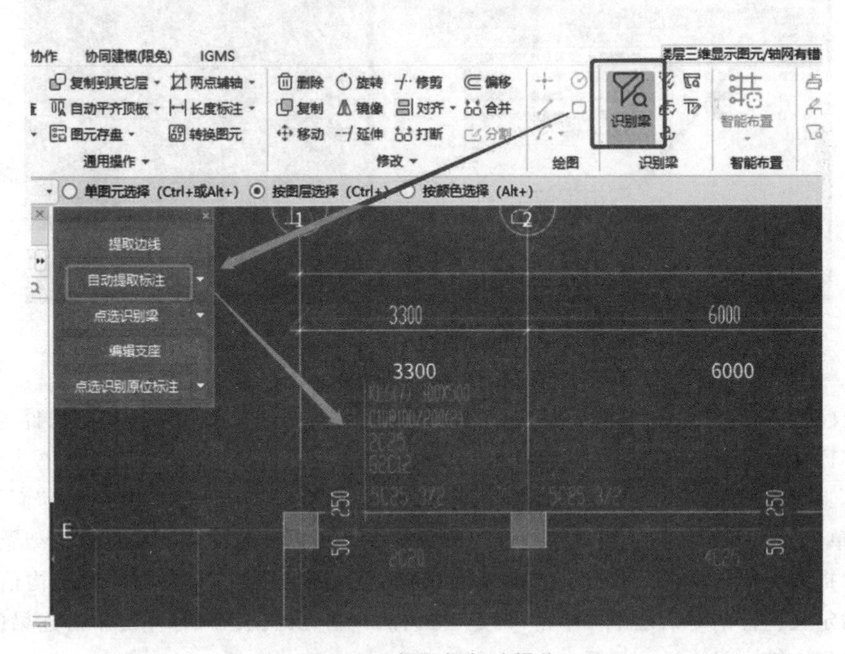

图 3-58　提取梁标注操作

单击“点选识别梁”后的下拉按钮，选择“自动识别”选项，弹出的“识别梁选项”对话框是对要识别的梁图元进行校核。鼠标左键双击梁的名称，定位到绘图区的 CAD 底图位置进行结构信息校核，逐一检查完毕后单击“确定”按钮，自动生成梁图元，如图 3-59 所示。

在生成梁图元的同时，弹出“校核梁图元”对话框。鼠标左键双击梁的名称，定位到绘图区生成的梁图元，对提示的问题进行逐一检查修改至校核通过(图 3-60)。

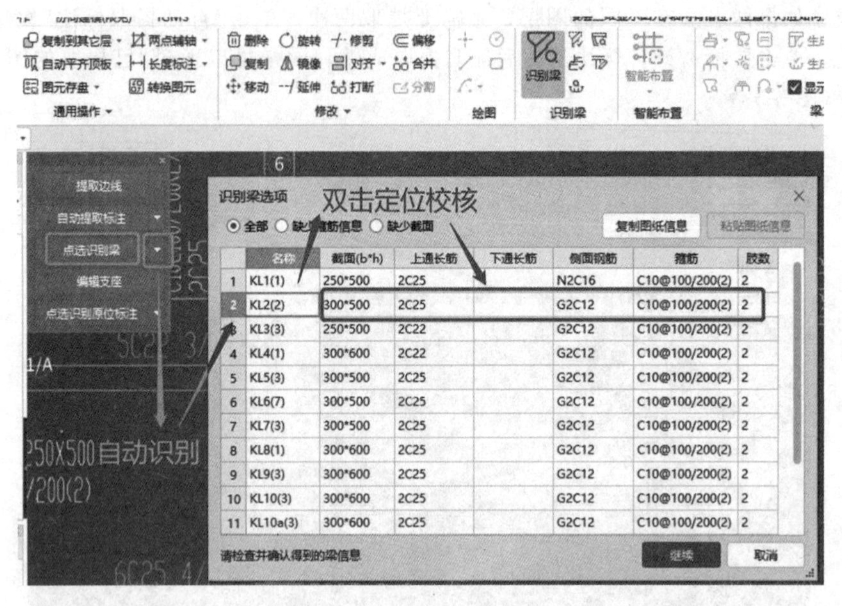

图 3-59　自动识别梁操作

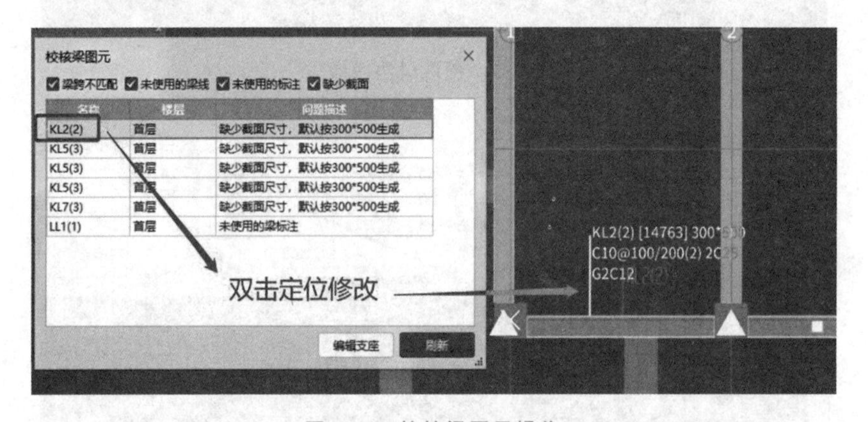

图 3-60　校核梁图元操作

单击“自动识别原位标注”按钮，一次性提取识别首层所有框架梁和非框架梁构件的原位标注信息(图 3-61)，梁的颜色也由粉色变为绿色。原位标注也要进行校核，与梁图元校核方法相似。

由于本工程首层只存在一根连梁，使用“点选识别”的方法绘制。在“构件列表”面板选择“连梁”选项，单击“识别梁”按钮，提取边线和提取标注命令无需重复操作，在提取框架梁信息的时候已经一起提取完成。单击“点选识别”按钮，识别左键点选连梁的集中标注，结构信息直接进入到弹出的定义构件的对话框中。单击“确定”按钮后，再在绘图区鼠标左键单击连梁的 CAD 图元，单击鼠标右键生成连梁，如图 3-62 所示。

根据结构设计说明第 5 条第(3)款，主次梁相交处，需要在主梁上次梁两侧各设计 3 根附加箍筋，箍筋的肢数、直径同梁箍筋。在“梁二次编辑”面板中选择“生成吊筋”命令，在弹出的对话框中的“次梁加筋”输入框中输入“6C10(2)”，勾选“选择图元”复选框，单击“确定”按钮后框选首层全部梁图元，单击鼠标右键确定，有两处主次梁相交处生成次梁加筋(图 3-63)。

当首层所有梁构件生成后，单击“三维观察”按钮，观察首层梁构件的三维算量模型，如图 3-64 所示。

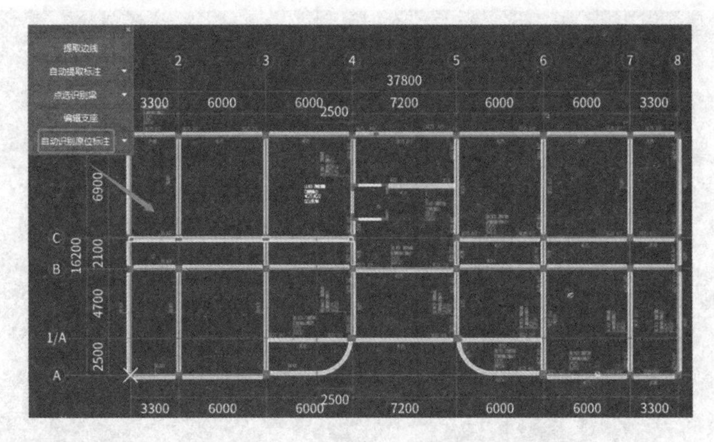

图 3-61　自动识别原位标注操作

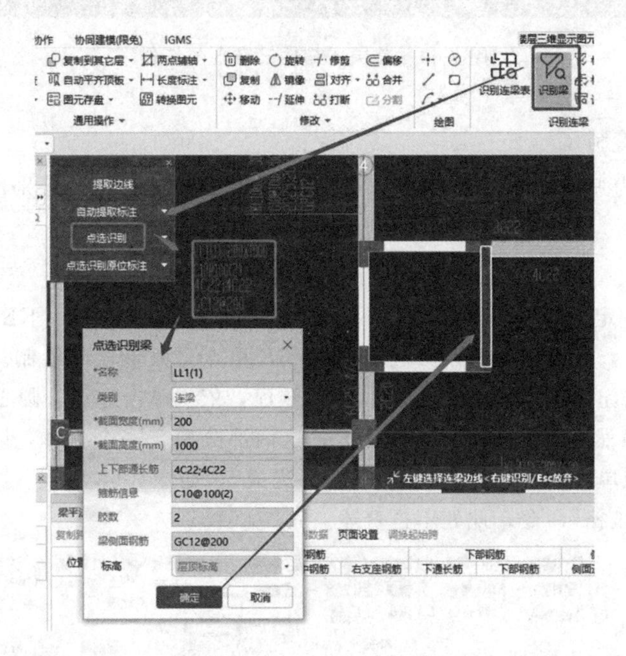

图 3-62　连梁的点选识别

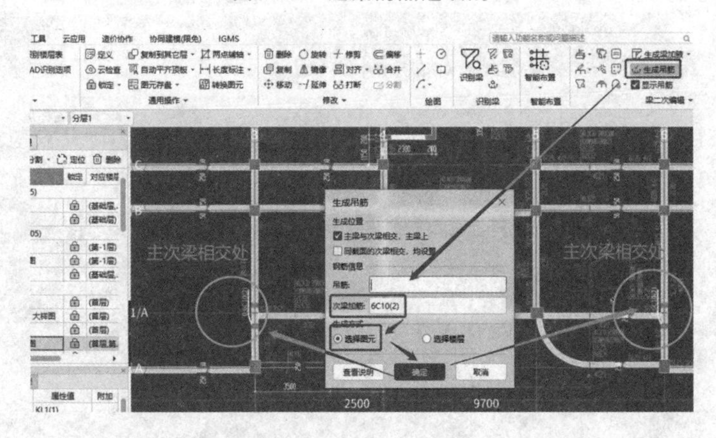

图 3-63　附加箍筋绘制操作

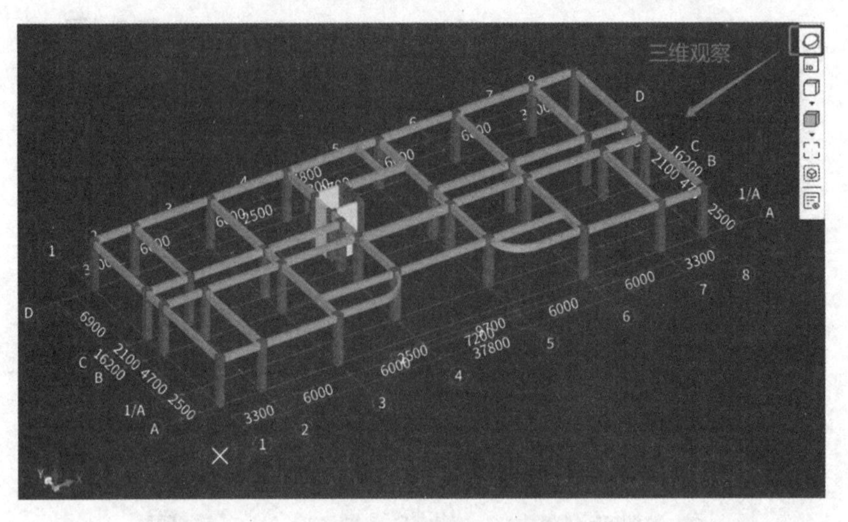

图 3-64　首层梁构件三维观察操作

（三）弧形梁的绘制

本工程中 KL1 为弧形梁，对于这种非直线的梁，单独绘制时可以分别使用手动或自动识别进行绘制。

1. 手动绘制

首先定义 KL1，定义的方法同 KL5，不再赘述，重点是绘制 KL1。KL1 由两段组成，一段是直线，一段是圆弧，直线段的绘制方法也同 KL5，重点是弧形段的绘制。在“绘图”面板单击“起点圆心终点弧”按钮，按图 3-65 所示的位置和顺序，依次单击起点、圆心和终点完成 KL1 弧形段的绘制。KL1 虽然有直线段和弧线段，但是这两部分属于一个整体，因此单击鼠标选择这两段后在“修改”面板单击“合并”按钮，提示“合并完成”，如图 3-66 所示。原位标注方法可采用“原位标注”或“平法表格”命令，此处不再赘述。

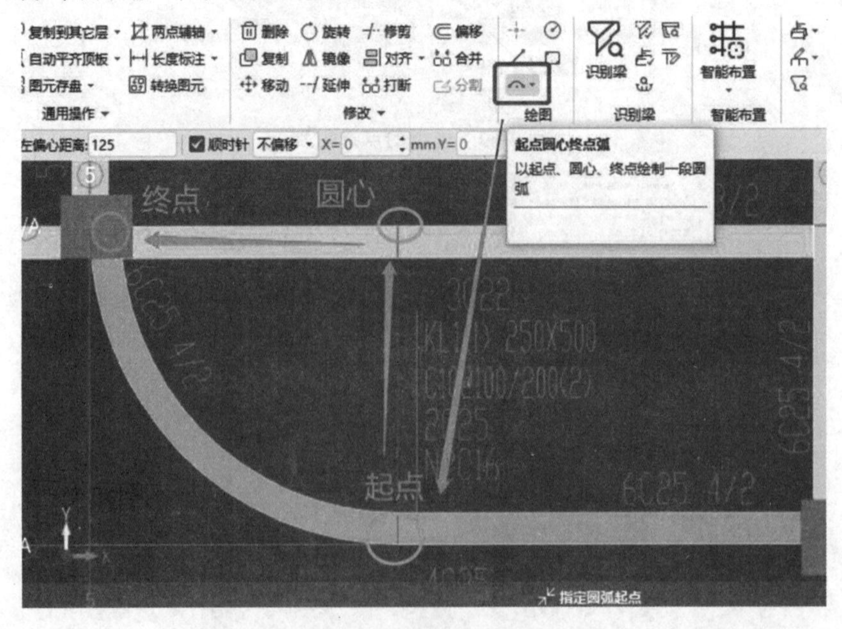

图 3-65　KL1 弧形段的绘制操作

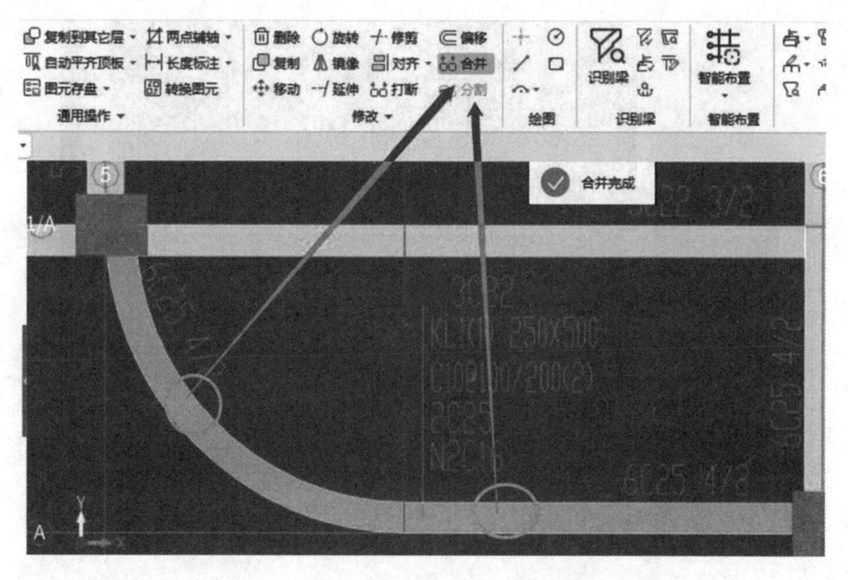

图 3-66　KL1 直线段和弧形段的合并操作

2. 点选识别

单击“构件列表”选择“KL1”，单击“识别梁”按钮，依次选择“提取边线”“自动提取标注”命令。然后，选择“点选识别梁”选项，鼠标左键单击 CAD 底图集中标注内容，自动录入弹出的“点选识别梁”对话框中，单击“确定”按钮，分别单击直线段和弧线段，单击鼠标右键确定，完成弧形梁 KL1 的点选识别绘制(图 3-67)。点选识别生成的是一个整体，无需合并操作。

继续单击“点选识别原位标注”按钮，单击 KL1 梁图元后，鼠标左键单击 CAD 底图原位标注信息，单击鼠标右键确定，自动录入指定的红色方框内，依次完成所有原位标注的点选识别后，单击鼠标右键确定(图 3-68)。

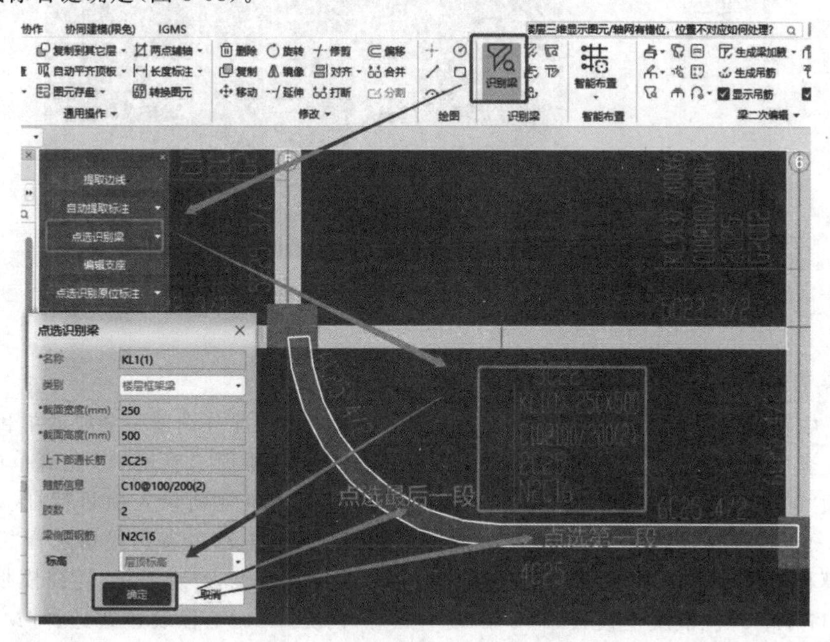

图 3-67　KL1 的点选识别绘制操作

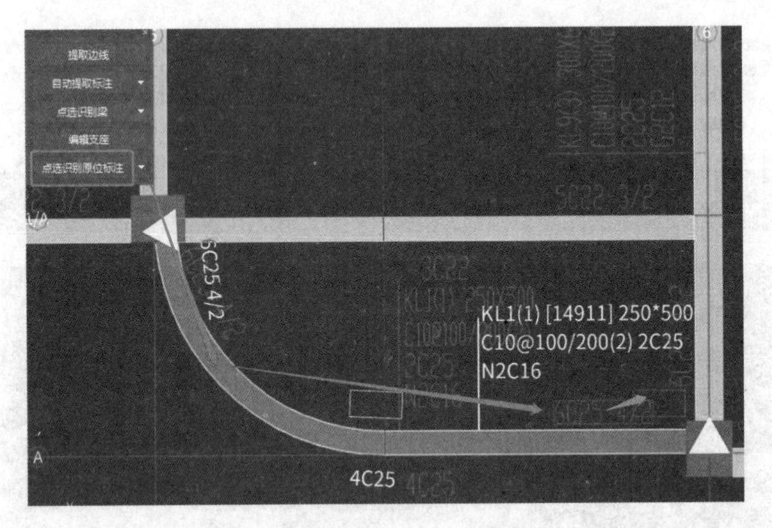

图 3-68　KL1 点选识别原位标注操作

(四)梁构件的层间复制

分析图纸后可知，三层梁与首层梁完全一致，因此采取复制的方式进行绘制，按快捷键 F3 批量选择首层所有的梁，在“通用操作”面板中选择“复制到其他层”选项，在弹出的对话框中勾选“第 3 层”，单击“确定”按钮，三层的梁构件就快速绘制完成了，如图 3-69 所示。

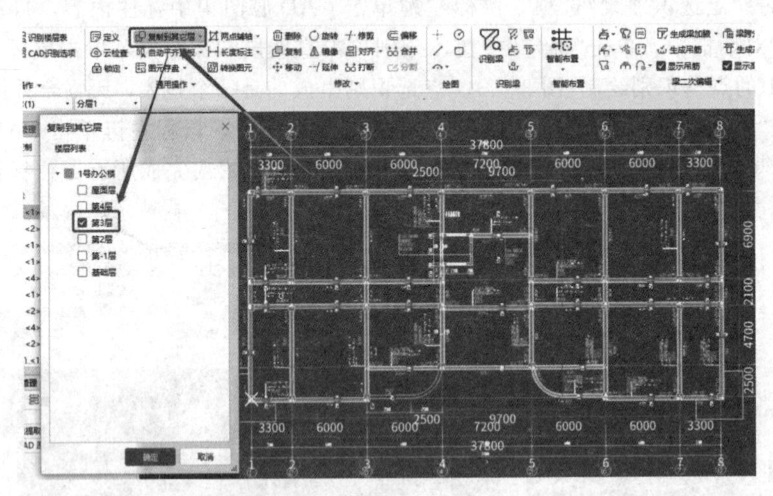

图 3-69　梁图元的层间复制

(五)梁构件清单定额套取

本工程中存在矩形梁、弧形梁和连梁三种情况，对三种情况分别逐一套取清单和定额。

首先，套取矩形梁。双击“KL2”名称，进入“构件做法”界面。单击“查询清单库”选项卡，选择清单项“010503002001 现浇混凝土梁 矩形梁”，根据清单规则录入项目特征。单击“查询定额库”选项卡，选择定额项“5-18 现浇混凝土梁 矩形梁”，工程量表达式均选择“TJ”(体积)。然后套取模板项目，选择清单项“011702006002 现浇混凝土模板 矩形梁 复合模板 钢支撑”，选择定额“17-185 现浇混凝土模板 矩形梁 复合模板 钢支撑”，工程表达式选择“MBMJ”(模板面积)。采用“做法刷”命令为地下室层、首层及三层其他框架梁和非框架梁套取相同的清单和定额，如图 3-70 所示。

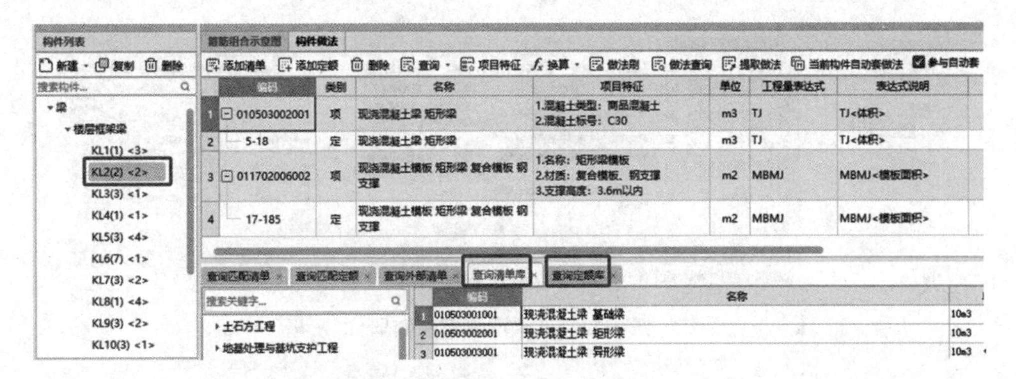

图 3-70　矩形梁清单定额套取

然后，套取弧形梁。双击“KL1”名称，进入“构件做法”界面。单击“查询清单库”选项卡，选择清单项“010503006001 现浇混凝土梁 弧形、拱形梁”，根据清单规则录入项目特征。单击“查询定额库”选项卡，选择定额项“5-22 现浇混凝土梁 弧形、拱形梁”，工程量表达式均选择“TJ”(体积)。然后套取模板项目，选择清单项“011702010002 现浇混凝土模板 弧形梁 木模板 钢支撑”，选择定额“17-194 现浇混凝土模板 弧形梁 木模板钢支撑”，工程表达式选择“MBMJ”(模板面积)。采用“做法刷”命令为地下室层、首层及三层的弧形梁套取清单和定额，如图 3-71 所示。

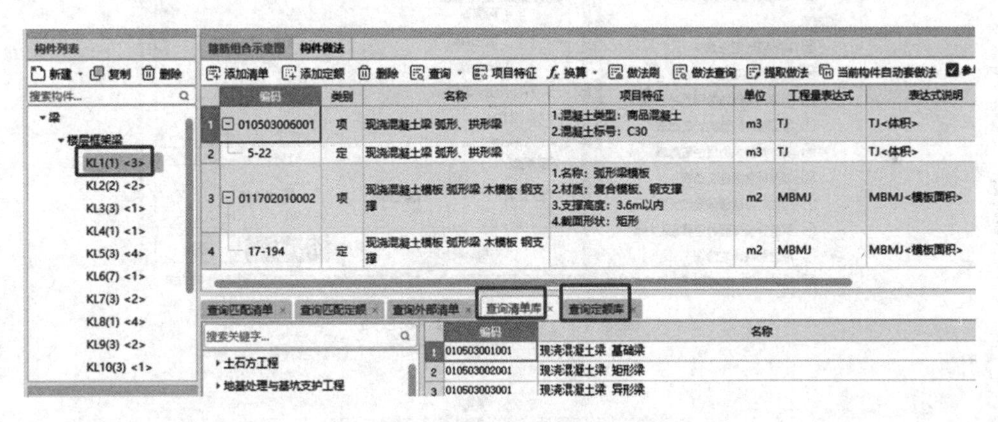

图 3-71　弧形梁清单定额套取

最后，套取连梁的清单定额。双击“LL1”名称，进入“构件做法”界面。单击“查询清单库”选项卡，选择清单项“010504005001 现浇混凝土墙 电梯井壁直形墙”，根据清单规则录入项目特征。单击“查询定额库”选项卡，选择定额项“5-29 现浇混凝土墙 电梯井壁直形墙”，工程量表达式均选择“TJ”(体积)。然后套取模板项目，选择清单项“011702013004 现浇混凝土模板 电梯井壁 复合模板 钢支撑”，选择定额“17-204 现浇混凝土模板 电梯井壁 复合模板 钢支撑”，工程表达式选择“MBMJ”(模板面积)。采用“做法刷”命令为地下室层、首层及三层的连梁套取清单和定额，如图 3-72 所示。

(六)梁构件工程量汇总计算

单击“工程量”清单选项卡，选择“汇总计算”选项，选择地下室、首层和三层，勾选梁和连梁，单击“确定”按钮，如图 3-73 所示。计算成功后单击“查看报表”按钮，选择“土建报表量”面板中的“清单汇总表”选项，设置查看报表范围为地下室、首层和三层的梁及连梁，查看其混凝土和模板的清单工程量，如图 3-74 所示。

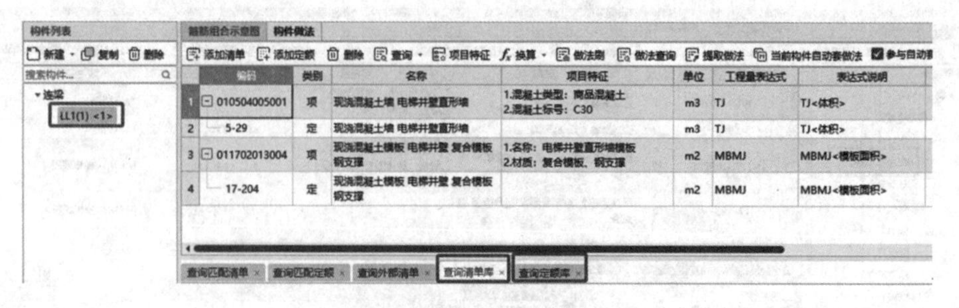

图 3-72 连梁清单定额套取

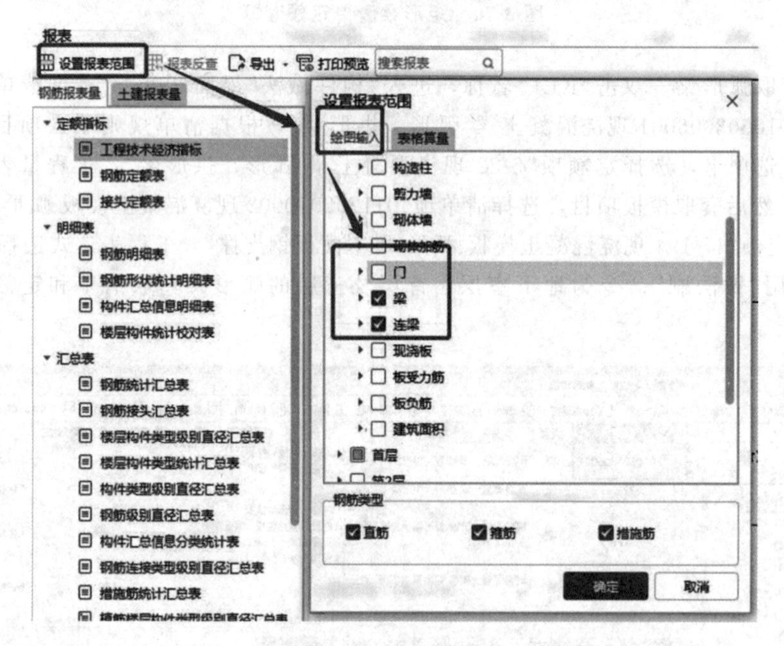

图 3-73 设置查看报表范围

	序号	编码	项目名称	单位	工程量
1			实体项目		
2	1	010503002001	现浇混凝土梁 矩形梁 1.混凝土类型：商品混凝土 2.混凝土标号：C30	10m3	9.93284
89	2	010503006001	现浇混凝土梁 弧形、拱形梁 1.混凝土类型：商品混凝土 2.混凝土标号：C30	10m3	0.25238
101	3	010504005001	现浇混凝土墙 电梯井壁直形墙 1.混凝土类型：商品混凝土 2.混凝土标号：C30	10m3	0.06602
112	4	011702006002	现浇混凝土模板 矩形梁 复合模板 钢支撑	100m2	7.098614
199	5	011702010002	现浇混凝土模板 弧形梁 木模板 钢支撑 1.截面形状：矩形	100m2	0.228861
211	6	011702013004	现浇混凝土模板 电梯井壁 复合模板 钢支撑	100m2	0.067344

图 3-74 地下室、首层和三层梁混凝土及模板清单工程量

选择“钢筋报表量”中的“楼层构件类型级别直径汇总表”选项，得到地下室、首层和三层梁的钢筋工程量，如图 3-75 所示。

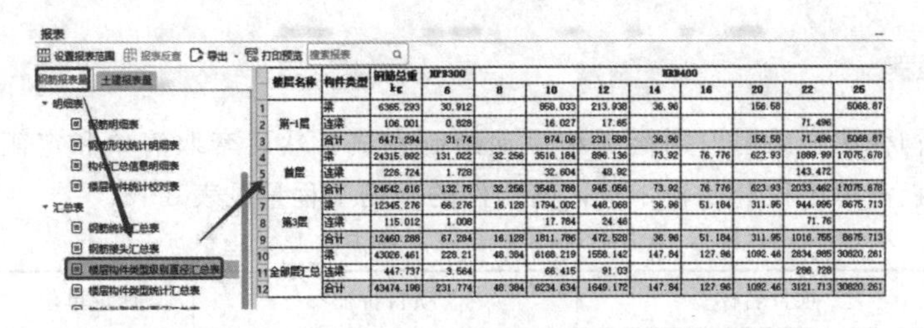

图 3-75　地下室、首层和三层梁钢筋工程量

(七)梁工程量检查与校核

在“土建计算结果”面板中，单击“查看计算式”按钮，单击“梁”构件图元，以 KL5 为例，可以在弹出的“查看工程量计算式”对话框中看到框架梁混凝土和模板工程量的计算过程，如图 3-76 所示。

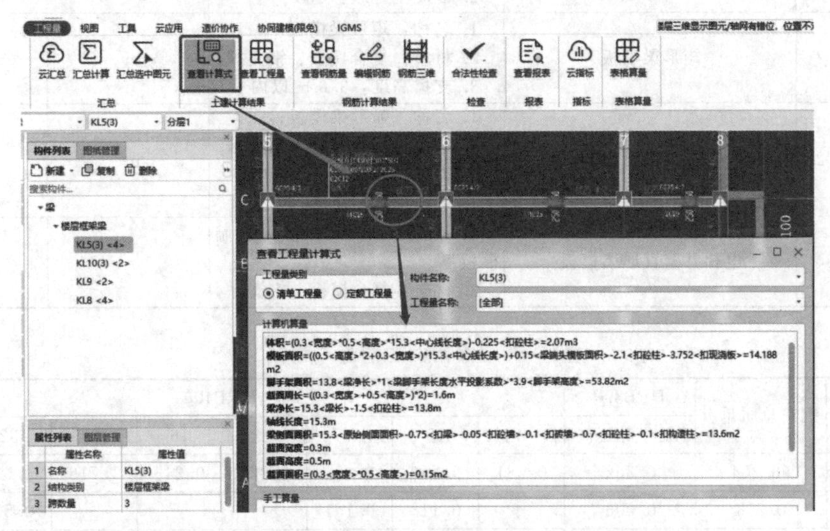

图 3-76　梁构件混凝土及模板工程量计算过程

在“钢筋计算结果”面板中，单击“钢筋三维”和“编辑钢筋”按钮，可以查询梁构件内纵筋和箍筋的空间三维形态及每根钢筋长度和质量的计算过程，如图 3-77 所示。

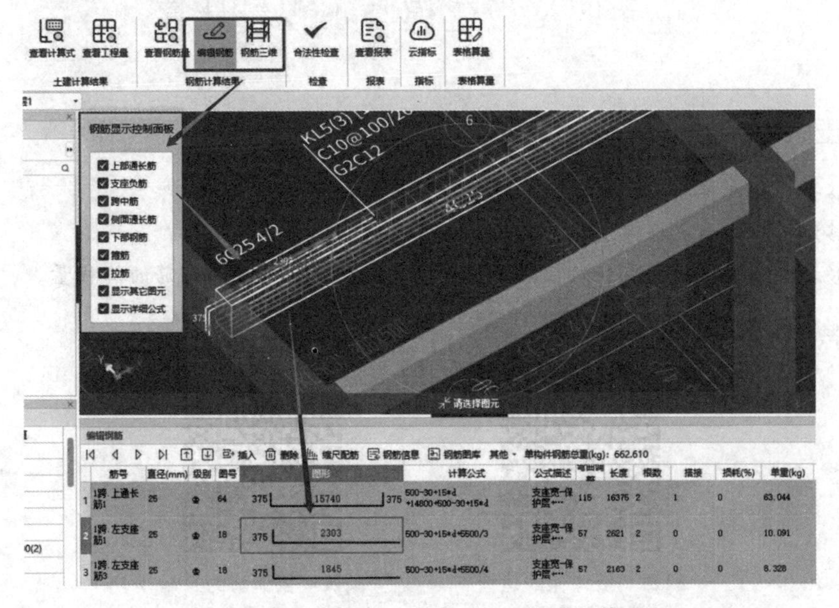

图 3-77　梁构件钢筋三维模型及工程量计算过程

四、任务结果

其余层的梁构件综合采用识别绘制和手动绘制完成，然后套取清单和定额。1号办公楼梁构件混凝土及模板清单工程量见表3-17，梁构件的钢筋工程量见表3-18。

表3-17 梁构件混凝土及模板清单工程量

项目编码	项目名称	项目特征	计量单位	工程量
10503002001	矩形梁	1. 混凝土种类：商品混凝土； 2. 混凝土等级：C30	m^3	179.83
010503006001	弧形梁	1. 混凝土种类：商品混凝土； 2. 混凝土等级：C30	m^3	6.62
010504005001	电梯井壁直形墙	1. 混凝土种类：商品混凝土； 2. 混凝土等级：C30	m^3	1.10
011702006002	矩形梁模板	1. 名称：矩形梁模板； 2. 材质：复合模板、钢支撑； 3. 支撑高度：3.6 m以内	m^2	1 266.13
011702010002	弧形梁模板	1. 名称：弧形梁模板； 2. 材质：复合模板、钢支撑； 3. 支撑高度：3.6 m以内； 4. 截面形状：矩形	m^2	58.19
011702013004	电梯井壁直形墙模板	1. 名称：电梯井壁直形墙模板 2. 材质：复合模板、钢支撑	m^2	11.13

表3-18 梁构件的钢筋工程量

构件类型	钢筋总质量/t	HPB300	HRB400							
		6	8	10	12	14	16	20	22	25
梁	68.204	0.362	0.081	9.880	2.454	0.222	0.243	1.716	4.538	48.720
连梁	0.788	0.006	—	0.118	0.161	—	—	—	0.502	—
工程量合计/t	68.992	0.368	0.091	9.998	2.615	0.222	0.243	1.716	5.040	48.720

单元四 板建模与工程量计算

工作任务目标

1. 能够识读板构件的结构施工图，提取建模的关键信息。
2. 能够定义和绘制板构件及其钢筋的三维算量模型。
3. 能够套取板构件的清单和定额，正确提取其混凝土、模板和钢筋的工程量。

教学微课

微课：板构件的建模与工程量计算

微课：板钢筋的绘制与工程量计算

职业素质目标

具备适应和遵守各地定额的规定及相关政策的能力。

思政故事

南橘北枳

南橘北枳

春秋时期，齐国的晏婴要出使楚国，楚王为树立楚国的威信，让手下人出主意为难晏婴，经过谋划，君臣就想出一条妙计。晏婴到达楚国后，楚王设宴款待，酒浓之时，差役押着一个被缚之人来见楚王，楚王装模作样地问："这人犯了什么罪?"差役连忙回答说："这个人来自齐国，到我们楚国偷东西被我们抓到了。"楚王回过头去看着晏婴，故意装作很惊讶地说："啊，难道齐国人都喜欢偷东西吗?"晏婴站起来，对楚王说："我听说橘树生长在淮河以南时就结出甘甜的橘子，如果将其移栽到淮河以北，结的果实就变成又酸又苦的枳了。同种植物所结果实的味道却大不相同，这是为什么呢? 这就是因为水土不同的缘故啊! 大王殿上的这个人在齐国时不偷盗，到了楚国后却学会了偷盗，莫非是楚国的水土会使人变成盗贼吗?"一席话噎得楚王张口结舌、面红耳赤，最终只好赔笑收场。

在工程造价工作中，各省的定额表面上一样，但由于不同省份的人工、材料、机械单价及相关规费的区别，其综合单价还是不同的。如果在外省工作时仍采用本省定额，得到的结果就"南橘北枳"，不能中标了。

一、工作任务布置

分析1号办公楼工程板结构施工图，绘制板构件及其钢筋的三维算量模型，套取板构件的清单和定额，并统计其混凝土、模板的清单工程量及钢筋工程量。

二、任务分析

(一)图纸分析

本工程板的类型有平板和悬挑板。板内的钢筋类型主要包括底部或顶部贯通筋，支座负筋(非贯通筋)，支座负筋的分布筋，温度控制筋。在读取板的结构施工图时要分为两个单元进行分析，首先是板块，以支座(梁或墙)围成的区域为一个板块单元，读取梁的底部贯通筋、顶部贯通筋和跨板受力筋，然后以支座(梁或墙)为单元，读取沿支座布置的支座负筋的结构信息。分布筋与支座负筋垂直布置，作用是固定负筋的位置只起构造作用，不在结构施工图中绘制，只在设计说明中指出分布筋的钢筋规格型号和布置间距，温度控制筋是控制屋面板混凝土开裂而设置的钢筋，根据设计说明和《混凝土结构施工图平面整体表示方法制图规则和构造详图(现浇混凝土框架、剪力墙、梁、板)》(22G101-1)(以下简称"22G101-1 平法图集")的相关规定确定，也不在图纸中绘出。

在结构施工图中，通常梁和柱构件严格按照22G101-1平法图集的规定进行注写，但是板构件的注写方法多样，融合了22G101-1平法图集和以前版本图集的相关方法。当采用以前版本图集方法注写的时候，只需注意绘制的钢筋弯钩不是锚固构造而是钢筋所处位置的标识，弯钩朝上和朝左为底部钢筋，弯钩朝下和朝右为顶部钢筋。本案例工程的板块结构信息和板支座负筋结构信息见表3-19和表3-20。

表 3-19　板块结构信息

名称	类型	厚度/mm	位置	X 下部贯通筋	Y 下部贯通筋	跨板受力筋
B-120	平板	120	①②ⒸⒹ	Φ10@200	Φ10@200	—
B-120	平板	120	③④ⒷⒸ	Φ10@200	Φ10@150	—
B-130	平板	130	③④ⒶⒷ	Φ10@180	Φ10@180	—
B-160	平板	160	②③ⒶⒷ	Φ10@150	Φ10@150	—
B-140	悬挑板	140	西南角	—	—	Φ12@100

表 3-20　板支座负筋结构信息

名称	类型	左支座负筋	右支座负筋	上支座负筋	下支座负筋	分布筋
B-120	平板	Φ8@200	Φ12@200	Φ8@200	—	ϕ8@200
B-120	平板	—	Φ12@150	—	—	ϕ8@200
B-130	平板	Φ12@180	Φ10@200	—	—	ϕ8@200
B-160	平板	—	—	—	—	ϕ8@200
B-140	悬挑板	—	—	—	—	ϕ8@200

(二)清单计算规则分析

查阅《房屋建筑与装饰工程工程量计算规范》(GB 50854—2013)可知，板的混凝土清单工程量计算规则见表 3-21。

表 3-21　现浇混凝土板清单计算规则

项目编码	项目名称	项目特征	计量单位	工程量计算规则
010505001	有梁板	1. 混凝土种类； 2. 混凝土强度等级	m^3	按设计图示尺寸以体积计算，不扣除单个面积≤0.3 m^2 的柱、垛以及孔洞所占体积
010505003	平板			
010505008	雨篷、悬挑板、阳台板		m^3	按设计图示尺寸以墙外部分体积计算，包括伸出墙外的牛腿和雨篷反挑檐的体积

其模板清单工程量计算规则见表 3-22。

表 3-22　现浇混凝土板模板与支架清单工程量计算规则

项目编码	项目名称	项目特征	计量单位	工程量计算规则
011702014	有梁板模板	1. 名称； 2. 材质； 3. 支撑高度	m^2	按模板与现浇混凝土构件的接触面积计算； 1. 现浇钢筋混凝土板单孔面积≤0.3 m^2 的孔洞不予扣除，洞侧壁模板亦不增加；单孔面积>0.3 m^2 时应予扣除，洞侧壁模板面积并入板工程量内计算； 2. 柱、梁、墙、板相互连接的重叠部分，均不计算模板面积
011702017	平板模板			
011702023	雨篷、悬挑板、阳台板模板			按图示外挑部分尺寸的水平投影面积计算，挑出墙的悬臂梁及板边不另计算
注：当现浇混凝土板支撑高度超过 3.6 m 时，项目特征应描述支撑高度。				

有的省份定额中，梁和板作为一个整体套取有梁板的清单和定额，如北京市；有的省份梁和板需要分别套取各自的清单及定额，板套取平板的清单和定额，如辽宁省。因此，要根据项目所在地选择正确的套取方法。

板构件的
工程量计算

三、任务实施

(一)手动绘制首层板及板钢筋

1. 板构件的定义与绘制

以位于①②ⒸⒹ轴线围成的 B-120 板为例，单击“构件列表”按钮，新建“现浇板”，在“属性列表”中输入板的结构信息，名称为“B-h120”，厚度为“120”(图 3-78)。其余 B-130、B-140、B-160 板均以此方法进行定义。

板的绘制方法有“点布置”“直线绘制”“矩形绘制”和“智能布置”。

(1)板的点布置。在剪力墙或梁等线性构件的封闭区域内绘制板，通常利用点布置，以①②ⒸⒹ轴线围成的 B-120 板为例，“构件列表”中选择“B-h120”，在“绘图”面板单击“点”按钮，单击封闭区域，如图 3-79 所示。

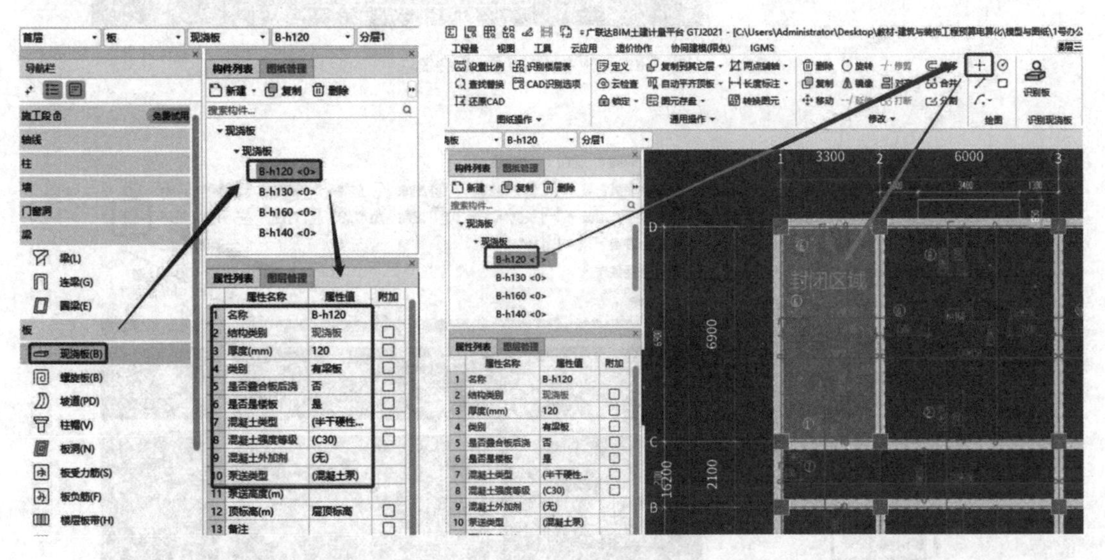

图 3-78　板构件的定义　　　　图 3-79　板构件的点布置

(2)板的直线绘制和矩形绘制。板的直线绘制和矩形绘制为“围画法”，顾名思义就是围着板 CAD 结构底图的边线进行绘制，该方法通常用于板处于非封闭区域内时使用。以西南角位置处的 B-140 悬挑板为例，在“图层管理”面板双击“一三层顶板配筋图”，勾选“CAD 原始图层”复选框，在“构件列表”中选择“B-h140”，在“绘图”面板单击“直线绘制”按钮，沿着悬挑板的 CAD 外边线描图绘制，单击鼠标右键完成闭合，如图 3-80 所示。

“直线绘制”通常适用于板的平面形状不规则的情况，如悬挑板平面形状为“L”形，“矩形绘制”则适用于绘制板的平面形状是规则矩形的情况，在“构件列表”中选择“B-h160”，单击“绘图”面板中的“矩形绘制”按钮，鼠标左键捕捉第一点拉框至对角的第二点，单击鼠标右键确定，完成绘制，如图 3-81 所示。

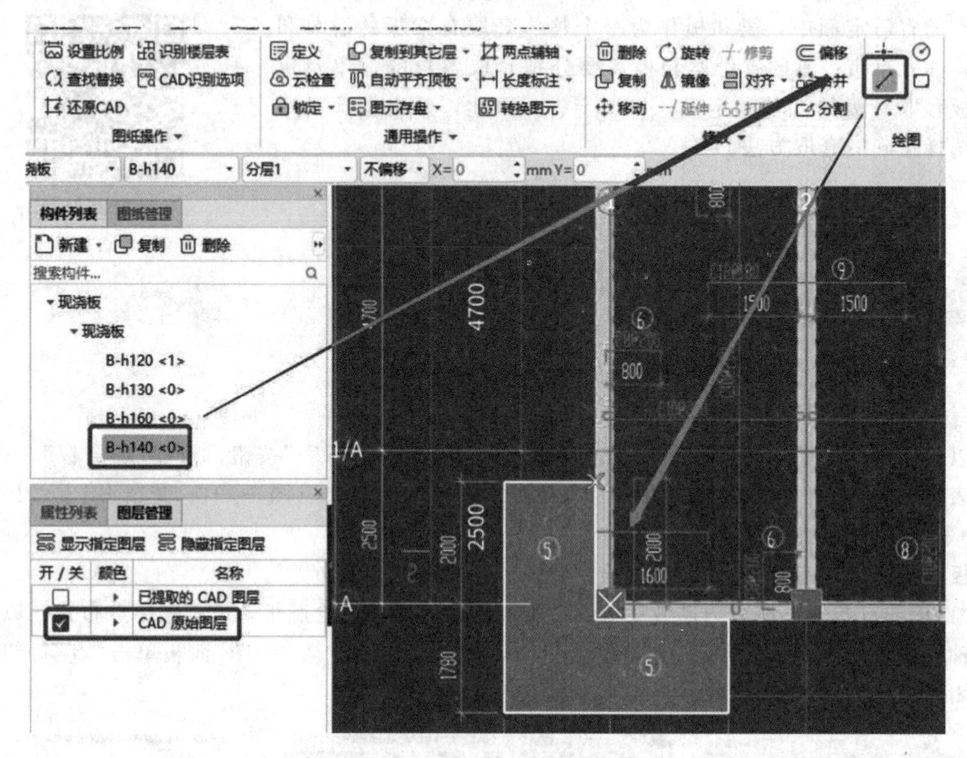

图 3-80　板构件的直线绘制

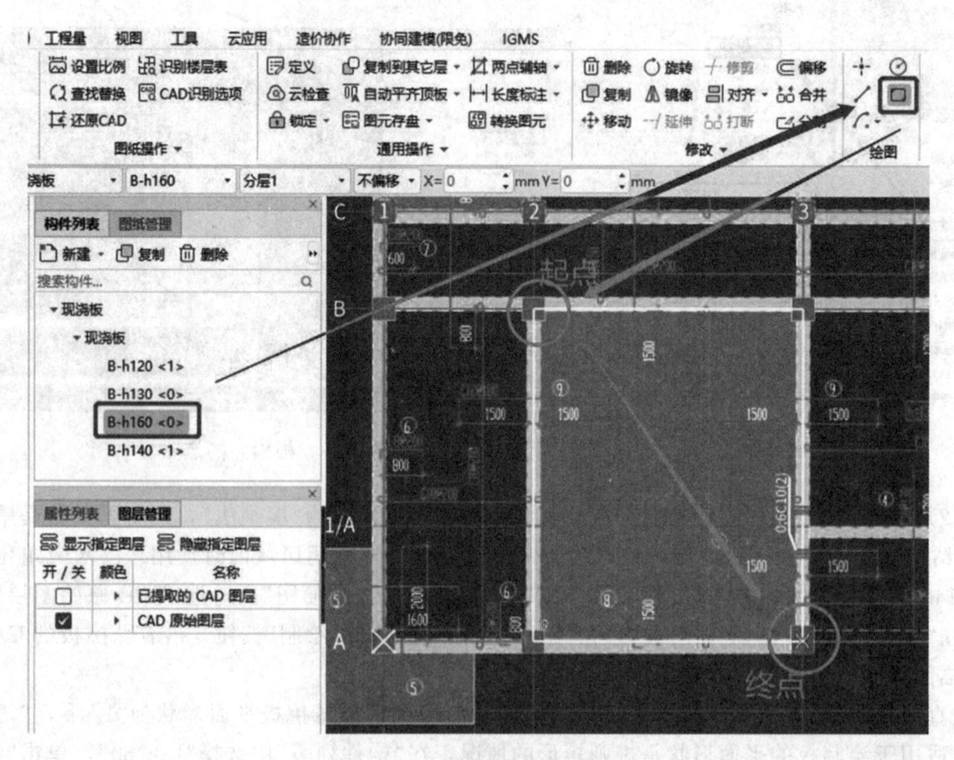

图 3-81　板构件的矩形绘制

(3)板智能布置。板的智能布置通常使用在某区域内板块边缘的墙或梁已经布置完毕的情况。在“构件列表”中选择“B-h130”，单击“智能布置”下的“墙梁轴线”按钮(图 3-82)，依次单击三处梁，单击鼠标右键确定，完成 B-130 板的绘制。

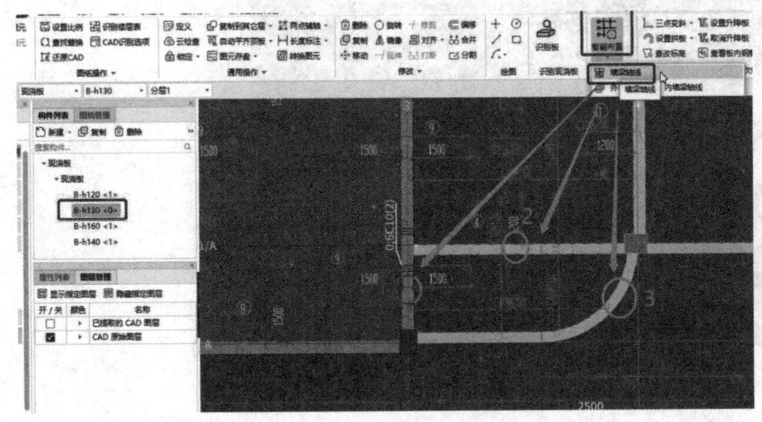

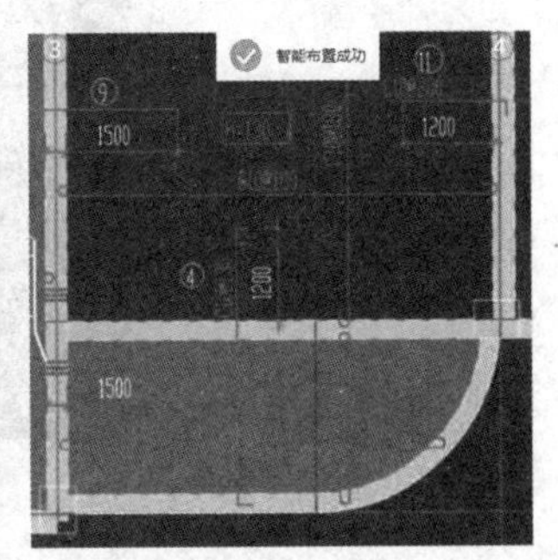

图 3-82　板构件的智能布置绘制

2. 板受力筋的定义与绘制

以位于①②ⒸⒹ轴线围成的 B-120 板的底部受力筋为例。在导航栏中，将目标构件定位至“板”，在“构件列表”中选择“板受力筋”，新建受力筋，名称自动命名为“SLJ-1”，输入钢筋信息“C10@200”，勾选“钢筋信息”后面的“附加”复选框，使该受力筋名称出现“C10@200”的钢筋信息；然后，选择“布置受力筋”，在弹出的“智能布置”对话框中勾选“XY 向布置”，在“X 方向”和“Y 方向”下拉列表中分别选择“SLJ-1(C10@200)”；最后，在指定的板图元上单击鼠标进行布置(图 3-83)。

以相同的操作完成②③ⒶⒷ轴线围成的 B-160 板底部贯通筋的绘制。图 3-83 中有多块 B-160 板块，而且其底部贯通筋配置相同，因此可以采用“应用同名板”功能快速布置受力筋(图 3-84)，注意如果板的名称一致，但是配筋不同，则不可采用此功能，如 B-120 板。同时，也要注意“应用同名板”功能智能快速复制受力筋不能应用于支座负筋，因为负筋的绘制单元是支座。

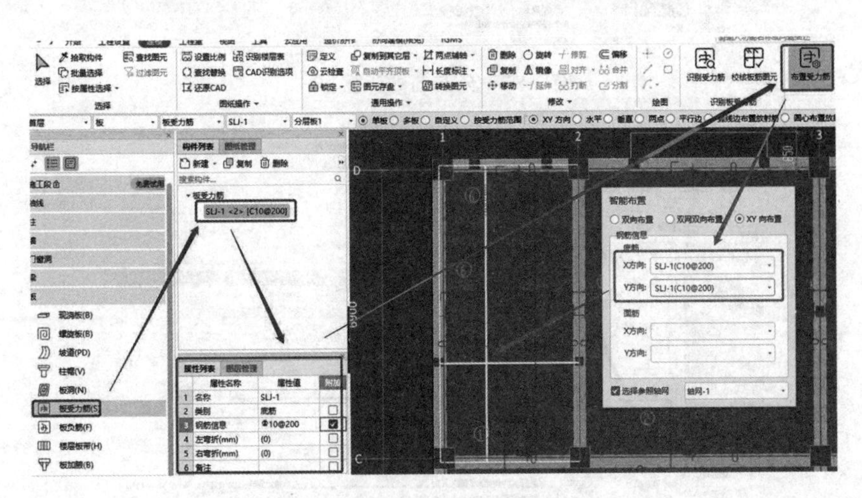

图 3-83　板受力筋布置操作

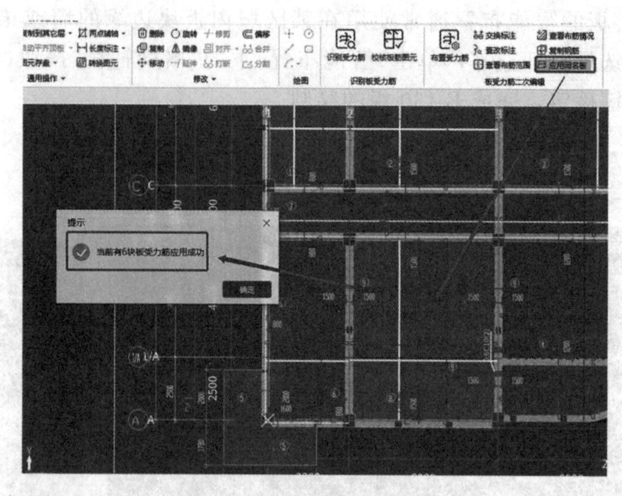

图 3-84 “应用同名板”操作

3. 板支座负筋的定义与绘制

在定义和绘制板负筋前，需要调整一些计算设置，先单击“工程设置”按钮，在“钢筋设置”面板中选择“计算设置”选项，在弹出的“计算设置”对话框“计算规则”选项卡中单击“板/坡道”按钮，在“类型名称”中找到“分布筋配置”栏，根据结构设计说明第 4 条第(7)款输入“A8@200”，如图 3-85 所示。继续选择“板/坡道”选项，将“跨板受力筋长度标注位置”改为“支座外边线”，将“板中间支座负筋是否含支座”改为“否”、将“单边标注支座负筋长度位置”改为“支座内边线”，如图 3-86 所示。

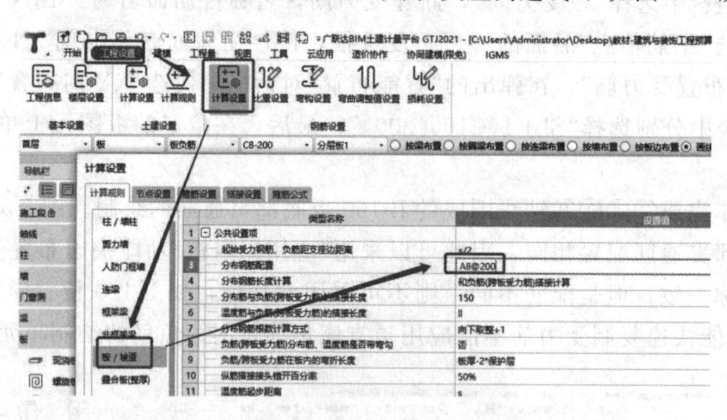

图 3-85 分布筋的设置操作

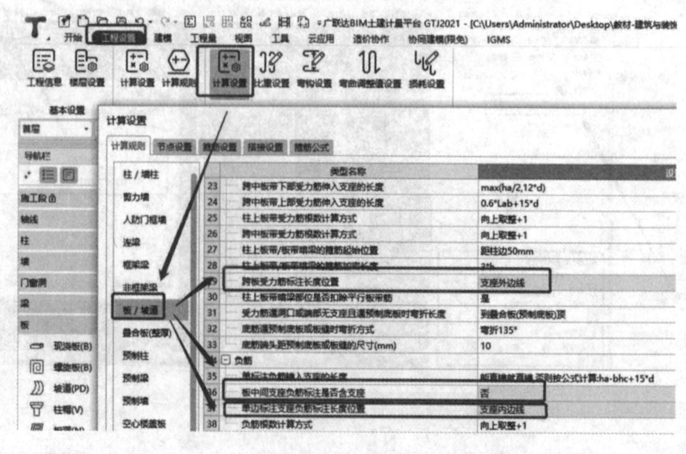

图 3-86 负筋和跨板受力筋尺寸标注设置操作

以位于①②ⒸⒹ轴线围成的B-120板的支座负筋为例，先定义和绘制左支座负筋，在“构件列表”中选择“板负筋”，新建负筋，自动命名为“FJ-1”，在“属性列表”中输入钢筋信息“C8@200”，并勾选其后的“附加”复选框，“左标注”输入“0”，“右标注”输入“800”。单击“布置负筋”按钮，勾选“按梁布置”复选框，单击左支座梁图元后，选定一个位置，再次单击鼠标左键完成左侧单边支座的绘制，如图3-87所示。

新建负筋“FJ-2”，勾选“画线布置”复选框，分别选择右侧梁支座的第一点和第二点确定负筋的分布范围后，选择合适位置，单击鼠标左键确定右侧中间支座负筋的布置位置，如图3-88所示。

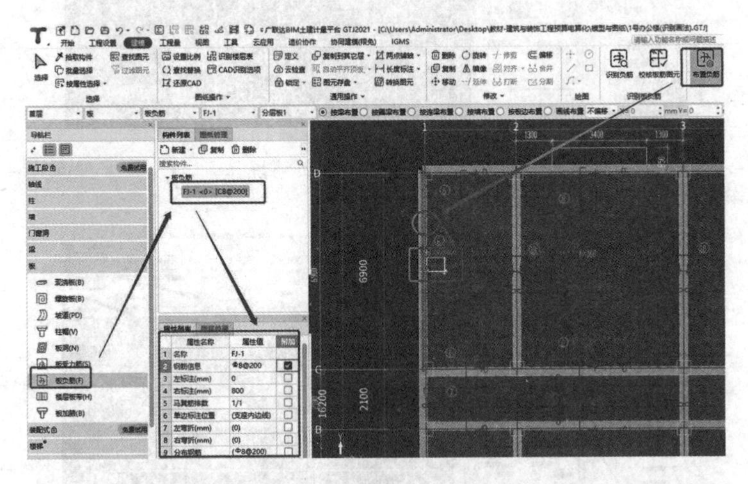

图3-87　按梁布置负筋操作

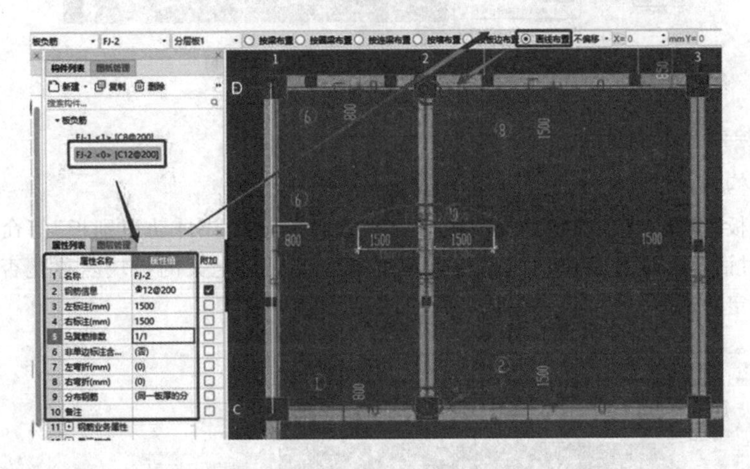

图3-88　画线布置负筋操作

在“构件列表”中选择“FJ-1”，勾选“按板边布置”复选框，单击板块的上侧板边，选择好位置后单击鼠标左键确定，如图3-89所示。

4. 跨板受力筋的定义与绘制

跨板受力筋是一种特殊的负筋，受力上属于承受负弯矩的负筋，但是在定义的时候需要在受力筋菜单下进行定义，布置方法也同板的贯通筋以板块为单元进行布置。以③④ⒷⒸ围成的B-120板为例，在“构件列表”中选择“板受力筋”，新建跨板受力筋，自动命名为“KBSLJ-1”，在“属性列表”中输入钢筋信息”“C10@200”，“左标注”输入“1 200”，“右标注”输入“1 500”，单击“布置受力筋”按钮，勾选“垂直”复选框，单击指定板块选择合适位置，单击鼠标左键确定，如图 3-90 所示。

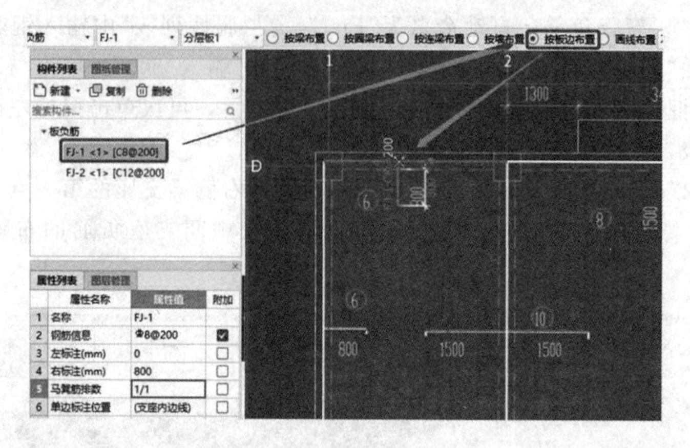

图 3-89　按板边布置负筋操作

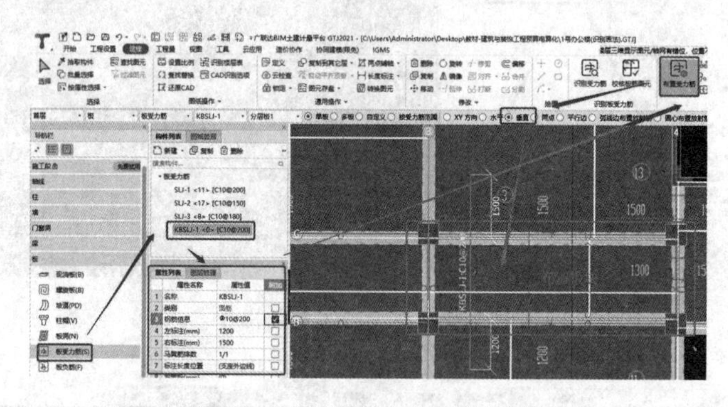

图 3-90　跨板受力筋的定义与绘制

(二)识别绘制二层板及板钢筋

1. 识别板构件

单击“识别板”按钮，依次执行“提取板标识”“提取板洞线”“自动识别板”等命令，随后弹出“识别板选项”对话框，通过定位功能来检查图纸中的板块与定义的板块名称是否一致。待检查无误后单击“确定”按钮，便可自动生成各板块图元(图 3-91)。

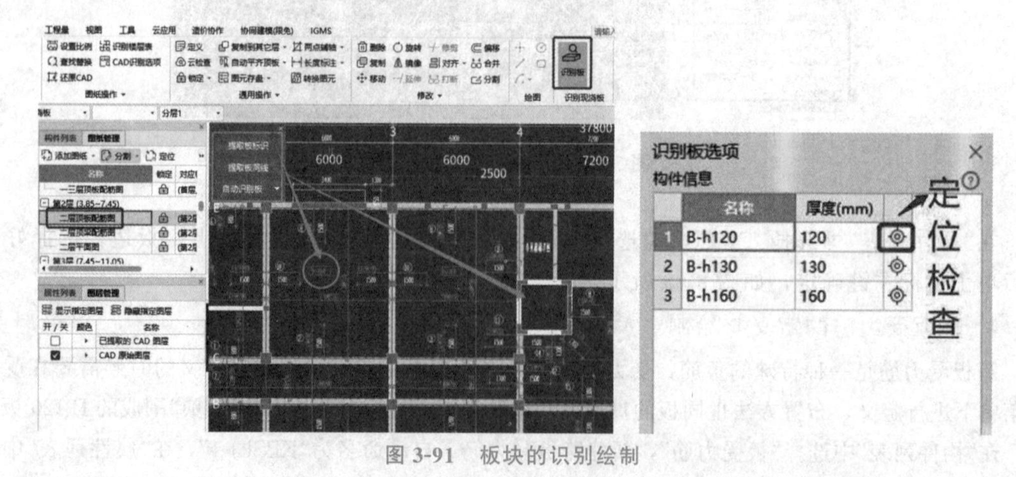

图 3-91　板块的识别绘制

2. 识别板受力筋、跨板受力筋及支座负筋

在“图纸管理”中双击“二层顶板配筋图”，调出二层板结构施工图。在“构件列表”中选择“板”，选择“识别受力筋”依次按照“提取板筋线”“提取板筋标注”的顺序单击板筋和板筋标注的CAD图元。应注意的是，虽然是在“识别受力筋”菜单下进行操作，但是本操作可以连通板的支座负筋和跨板受力筋一起识别生成。只要在执行“提取板筋线”和“提取板筋标注”的时候，将负筋和跨板受力筋的图元和标注一起提取完成就可以。通过“已提取的CAD图层”命令检查提取信息情况，确认没有问题之后，单击“自动识别”按钮，如图 3-92 所示。

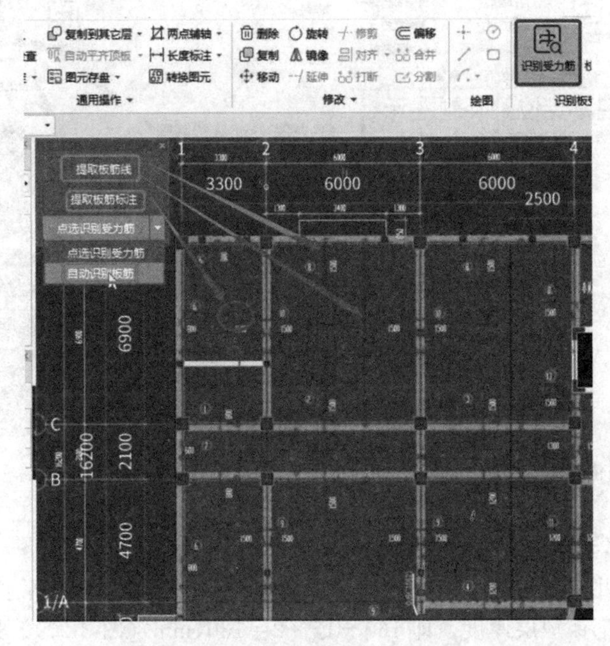

图 3-92　板钢筋的识别绘制操作

单击“自动识别”按钮后，在弹出的“识别板筋选项”对话框中，根据结施-11 说明中的第 2 条，将未标注的钢筋信息都输入“C10@200”，单击“确定”按钮后在弹出的“自动识别板筋”对话框中对识别前板筋的信息进行核对，通过定位标志定位到 CAD 图纸，与钢筋的名称、钢筋的类型进行对比，修改无误后单击“确定”按钮，自动生成所有的板内钢筋，包括受力筋、负筋和跨板受力筋。如图 3-93 和图 3-94 所示。

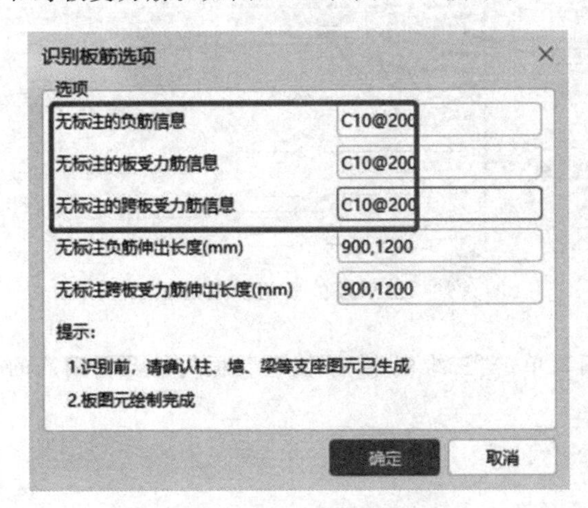

图 3-93　无标注钢筋信息补充

自动识别板筋

	名称	钢筋信息	钢筋类别	
1	FJ-C8@200	C8@200	负筋	
2	FJ-C10@150	C10@150	负筋	
3	FJ-C10@200	C10@200	负筋	
4	FJ-C12@150	C12@150	负筋	
5	FJ-C12@180	C12@180	负筋	
6	FJ-C12@200	C12@200	负筋	
7	KBSLJ-C10@130	C10@130	跨板受力筋	
8	KBSLJ-C10@200	C10@200	跨板受力筋	
9	KBSLJ-C12@100	C12@100	跨板受力筋	
10	KBSLJ-C12@200	C12@200	跨板受力筋	
11		请输入钢筋信息	跨板受力筋	
12	SLJ-C10@150	C10@150	底筋	
13	SLJ-C10@180	C10@180	底筋	
14	SLJ-C10@200	C10@200	底筋	
15		请输入钢筋信息	下拉选择	

定位检查

图 3-94　绘制前的定位检查

3. 板钢筋的校核与调整

板钢筋绘制完成后，单击“校核板筋图元”按钮，对提示的问题可以通过双击名称定位到绘图区的图元上按问题的提示来修改(图 3-95)。本次校核提示的问题为“跨板受力筋布筋范围重叠”。

单击跨板受力筋，拖动其分布的角点使其分布范围如图 3-95 所示。将所有问题调整完毕后，再次单击“校核板筋图元”按钮，便会提示“校核通过”，如图 3-96 所示。

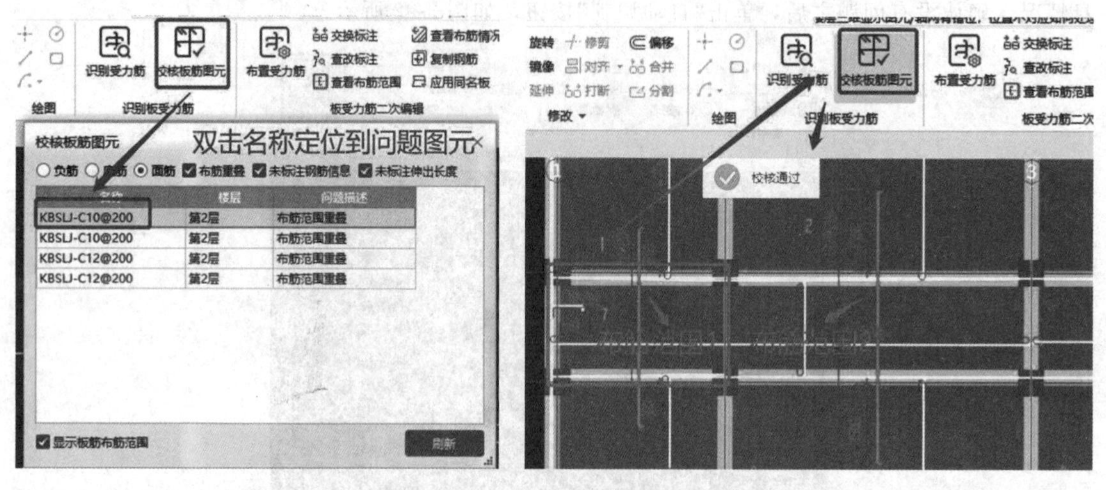

图 3-95　板钢筋的校核操作　　　　图 3-96　跨板受力筋布筋范围调整

4. 放射筋的表格输入

放射筋位于电梯井东南角处，呈放射状布置，钢筋型号为 ф10，水平长度为 1 300 mm，弯钩长度为板厚减去上下保护层厚度，即 160－15×2＝130(mm)(图 3-97)。选择“工程量”菜单下的“表格算量”命令，选择“钢筋”下的“构件”命令，输入名称为“电梯井处楼板放射筋”，输入钢筋的型号、直径，选择钢筋图形为“63 号钢筋”带两个弯折，并输入其水平段尺寸“1 300”和弯钩尺寸“130”，以及钢筋的根数“7”，完成绘制，如图 3-98 所示。

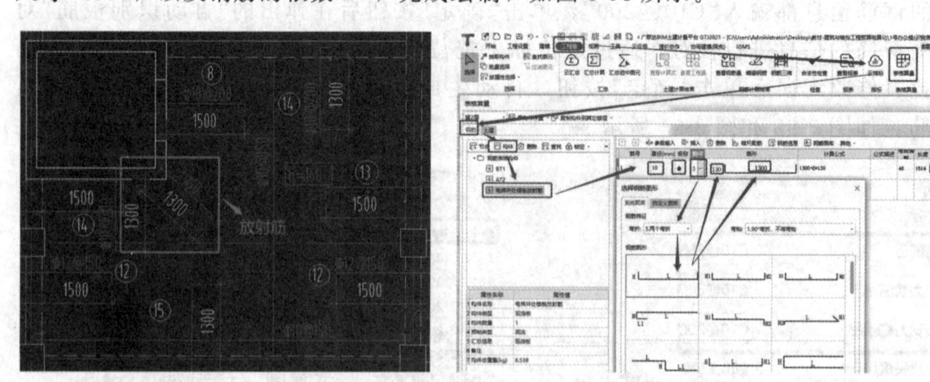

图 3-97　放射筋的位置及结构信息　　　　图 3-98　放射筋的表格输入法操作

识别绘制完成所有的板构件和板筋图元后，单击“三维观察”按钮查看板构件及板钢筋的三维算量模型，如图 3-99 所示。

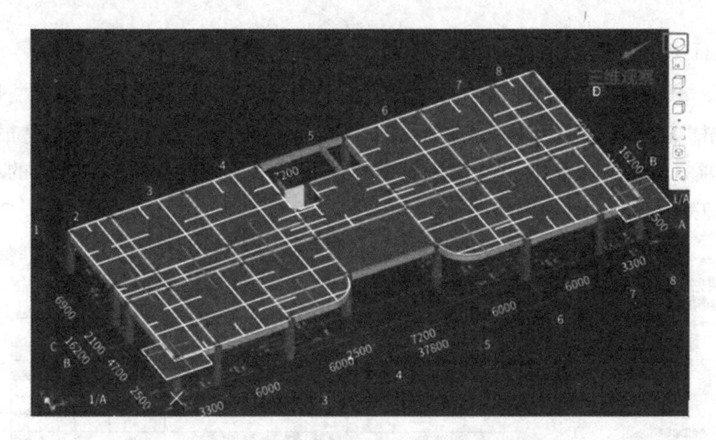

图 3-99　板及板钢筋的三维算量模型

(三)板构件清单定额套取

本工程中存在平板和悬挑板两种情况，对两种情况分别逐一套取清单和定额。

首先，套平板。双击“B-h120”名称，进入“构件做法”界面。查询清单库，选择清单项“010505003001 现浇混凝土板 平板”，根据清单规则录入项目特征。查询定额库，选择定额项“5-33 现浇混凝土板 平板”，工程量表达式均选择“TJ”(体积)。接下来套取模板项目，选择清单项“011702016002 现浇混凝土模板 平板 复合模板 钢支撑”，选择定额“17-209 现浇混凝土模板 平板 复合模板 钢支撑”，工程表达式选择“MBMJ”(模板面积)。最后，采用“做法刷”命令为二层其他平板套取相同的清单和定额，如图 3-100 所示。

新建 · 复制 删除 | 添加清单 添加定额 删除 查询 · 项目特征 换算 · 做法刷 做法查询 提取做法 当前构件自动套做法 参与自动套

搜索构件...
现浇板
现浇板
B-h120 <8>
B-h130 <4>
B-h160 <6>
B-h140 <2>
PTB-1 <1>

	编码	类别	名称	项目特征	单位	工程量表达式	表达式说明
1	010505003001	项	现浇混凝土板 平板	1.混凝土类型：商品混凝土 2.混凝土标号：C30	m3	TJ	TJ<体积>
2	5-33	定	现浇混凝土板 平板		m3	TJ	TJ<体积>
3	011702016002	项	现浇混凝土模板 平板 复合模板 钢支撑	1.名称：平板模板 2.材质：复合模板、钢支撑 3.支撑高度：地下室及首层3.9m，其余层3.6m以内	m2	MBMJ	MBMJ<底面模板面积>
4	17-209	定	现浇混凝土模板 平板 复合模板 钢支撑		m2	MBMJ	MBMJ<底面模板面积>

图 3-100　平板清单定额套取

然后，套悬挑板。双击“B-h140”名称，进入“构件做法”界面。查询清单库，选择清单项“010505008002 现浇混凝土板 悬挑板”，根据清单规则录入项目特征。查询定额库，选择定额项“5-39 现浇混凝土板 悬挑板”，工程量表达式均选择“TJ”(体积)。接下来，套取模板项目，选择清单项“011702023003 现浇混凝土模板 悬挑板 直形 复合模板钢支撑”，选择定额“17-224 现浇混凝土模板 悬挑板 直形 复合模板钢支撑”，工程表达式选择“MBMJ”(模板面积)。最后，采用“做法刷”命令为二层悬挑板套取清单和定额，如图 3-101 所示。

新建 · 复制 删除 | 添加清单 添加定额 删除 查询 · 项目特征 换算 · 做法刷 做法查询 提取做法 当前构件自动套做法 参与自动套

搜索构件...
现浇板
现浇板
B-h120 <8>
B-h130 <4>
B-h160 <6>
B-h140 <2>
PTB-1 <1>
PTB-楼层 <1>

	编码	类别	名称	项目特征	单位	工程量表达式	表达式说明
1	010505008002	项	现浇混凝土板 悬挑板	1.商品砼 2.C30	m3	TJ	TJ<体积>
2	5-39	定	现浇混凝土板 悬挑板		m3	TJ	TJ<体积>
3	011702023003	项	现浇混凝土模板 悬挑板 直形 复合模板钢支撑	1.名称：悬挑板模板 2.材质：复合模板、钢支撑 3.支撑高度：地下室及首层3.9m，其余层3.6m以内	m2水平投影面积	MBMJ	MBMJ<底面模板面积>
4	17-224	定	现浇混凝土模板 悬挑板 直形 复合模板钢支撑		m2水平投影面积	MBMJ	MBMJ<底面模板面积>

图 3-101　悬挑板清单定额套取

(四)板构件工程量汇总计算

在菜单栏中，单击“工程量”选项卡，选择“汇总计算”选项，选择首层和二层的板，勾选受力筋和负筋，单击“确定”按钮。计算成功后选择“查看报表”选项，选择“土建报表量”面板中的“清单汇总表”选项，单击“设置排表范围”选项卡查看报表范围为首层和二层的板，查看其混凝土和模板的清单工程量，如图 3-102 所示。

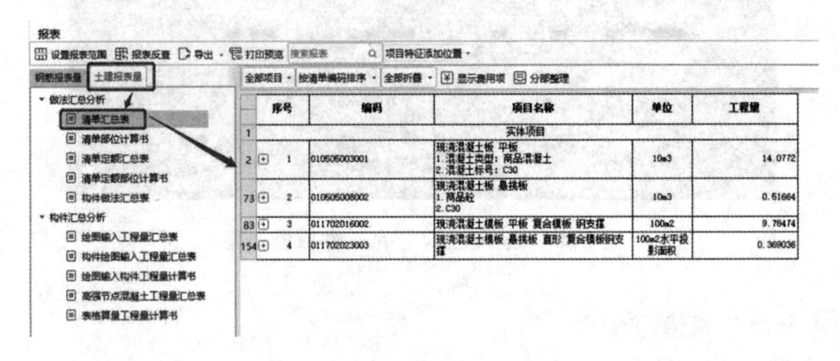

	序号	编码	项目名称	单位	工程量
1	实体项目				
2	1	010505003001	现浇混凝土板 平板 1. 混凝土类型：商品混凝土 2. 混凝土标号：C30	10m3	14.0772
73	2	010505008002	现浇混凝土板 悬挑板 1. 商品砼 2. C30	10m3	0.51664
83	3	011702016002	现浇混凝土模板 平板 复合模板 钢支撑	100m2	9.78474
154	4	011702023003	现浇混凝土模板 悬挑板 直形 复合模板钢支撑	100m2水平投影面积	0.369036

图 3-102　首层和二层板混凝土及模板清单工程量

单击“钢筋报表量”选项卡，选择“楼层构件类型级别直径汇总表”选项，得到首层和二层板钢筋工程量，如图 3-103 所示。

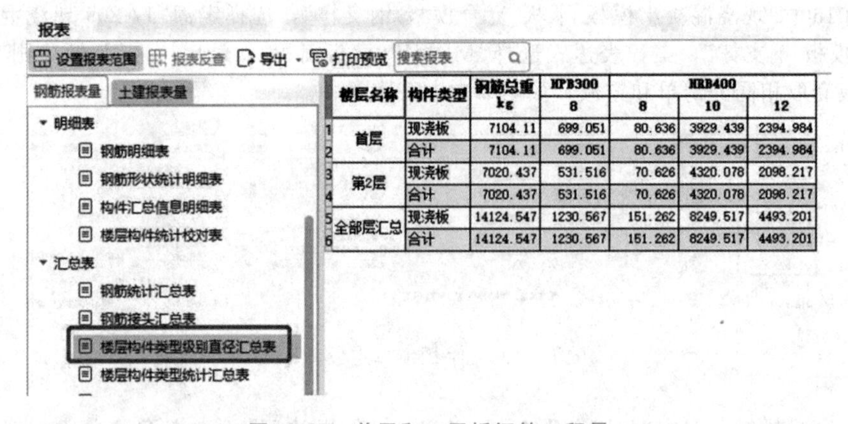

	楼层名称	构件类型	钢筋总重kg	HPB300	HRB400		
				8	8	10	12
1	首层	现浇板	7104.11	699.051	80.636	3929.439	2394.984
2		合计	7104.11	699.051	80.636	3929.439	2394.984
3	第2层	现浇板	7020.437	531.516	70.626	4320.078	2098.217
4		合计	7020.437	531.516	70.626	4320.078	2098.217
5	全部层汇总	现浇板	14124.547	1230.567	151.262	8249.517	4493.201
6		合计	14124.547	1230.567	151.262	8249.517	4493.201

图 3-103　首层和二层板钢筋工程量

(五)板及板钢筋工程量检查与校核

在土建计算结果中，选择“查看计算式”选项，单击板构件图元，以 B-h160 为例，可以在弹出的“查看工程量计算式”对话框中看到板构件混凝土和模板工程量的计算过程，如图 3-104 所示。

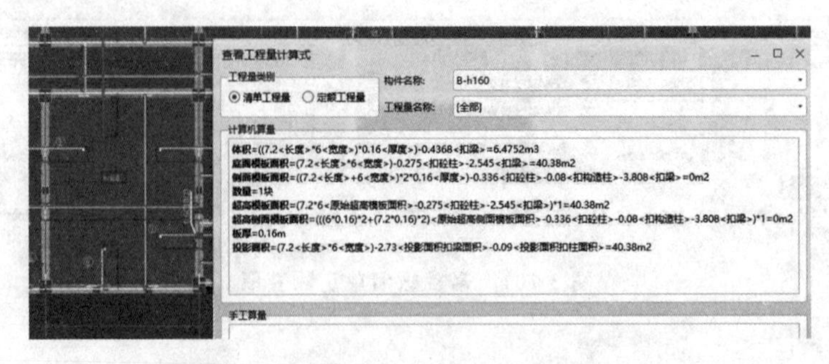

图 3-104　板混凝土及模板工程量计算过程

在“钢筋计算结果”面板中，选择“钢筋三维”和“编辑钢筋”命令，可以查询板构件内受力筋及负筋的空间三维形态及每根钢筋长度和质量的计算过程，如图 3-105 和图 3-106 所示。

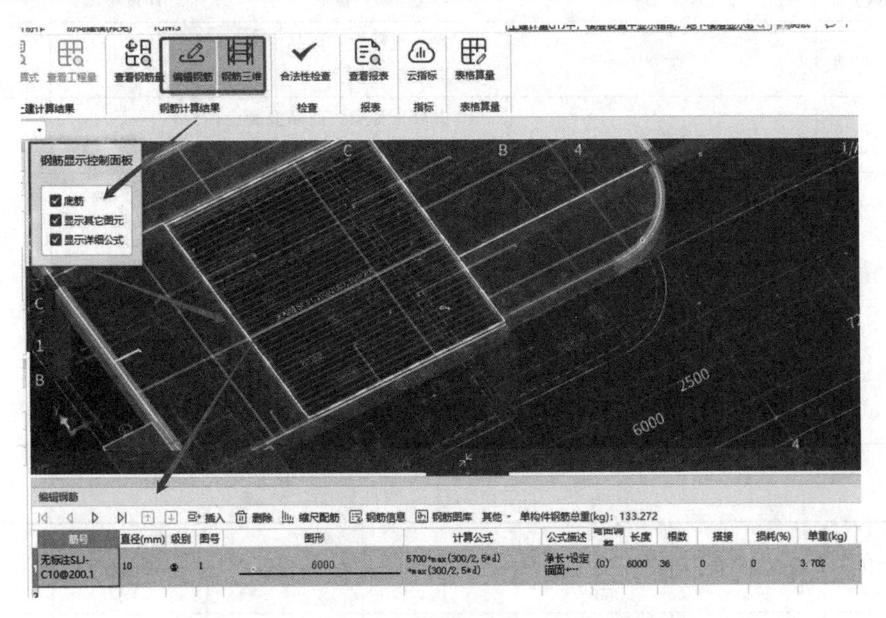

图 3-105　板内受力筋三维模型及工程量计算过程

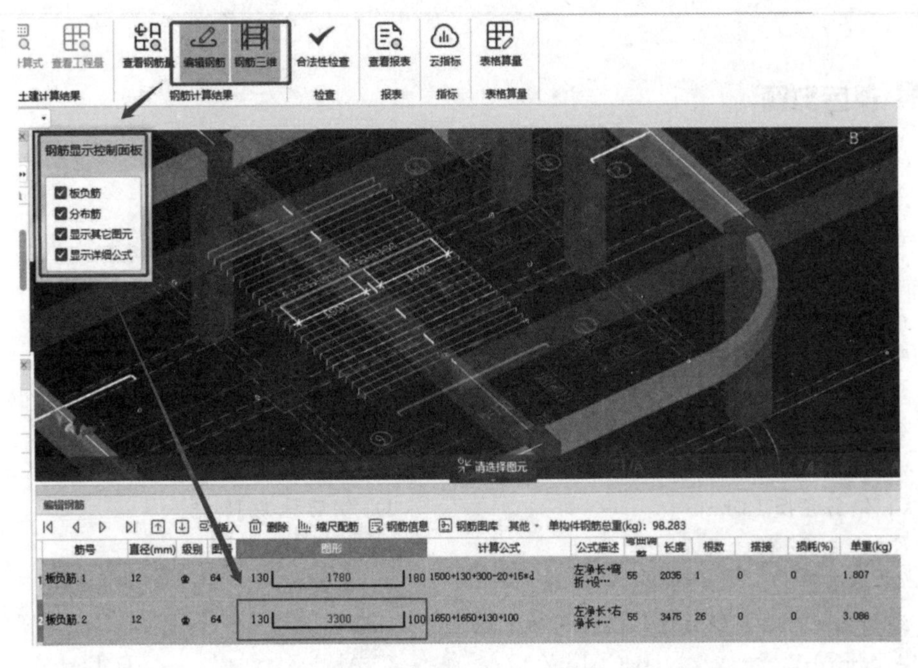

图 3-106　板内负筋三维模型及工程量计算过程

四、任务结果

其余层的板构件和板钢筋综合采用识别绘制和手动绘制完成，然后套取清单和定额。1 号办公楼板构件混凝土及模板清单工程量见表 3-23，板钢筋工程量见表 3-24。

表 3-23　1 号办公楼板构件混凝土及模板清单工程量

项目编码	项目名称	项目特征	计量单位	工程量
010505003001	平板	1. 混凝土种类：商品混凝土； 2. 混凝土等级：C30	m^3	358.07
010505008002	悬挑板	1. 混凝土种类：商品混凝土； 2. 混凝土等级：C30	m^3	10.33
011702016002	平板模板	1. 名称：平板模板； 2. 材质：复合模板、钢支撑； 3. 支撑高度：地下室及首层 3.9 m，其余层 3.6 m 以内	m^2	2 492.70
011702023003	悬挑板模板	1. 名称：悬挑板模板； 2. 材质：复合模板、钢支撑； 3. 支撑高度：地下室及首层；3.9 m，其余层 3.6 m 以内	m^2	73.81

表 3-24　1 号办公楼板构件钢筋工程量

构件类型	钢筋总质量/t	HPB300		HRB400		
		8	10	8	10	12
现浇板	29.844	2.511	0.269	0.940	17.421	8.701
工程量合计/t	29.844	2.511	0.269	0.940	17.421	8.701

课后习题

一、单选题

1. 框架结构首先要绘制的构件是(　　)。
   A. 柱　B. 梁　C. 板　D. 墙
2. 混凝土结构首先绘制的构件是(　　)。
   A. 砌体墙　B. 构造柱　C. 圈梁　D. 板
3. 4B22 中 B 表示的含义是(　　)。
   A. HPB300　B. HRB335　C. HRB400　D. HRB500
4. 4⌀18 中 18 的含义是(　　)。
   A. 18 根纵筋　B. 钢筋长度 18 m
   C. 钢筋直径 18 mm　D. 钢筋种类 18 种
5. KZ-2 中 KZ 的含义是(　　)。
   A. 框支柱　B. 框架柱　C. 构造柱　D. 墙柱
6. 绘制完柱后要显示柱的信息使用的命题是(　　)。
   A. Shift＋Z　B. Ctrl＋Z　C. Alt＋Z　D. Fn＋Z
7. 剪力墙墙身的钢筋不包括(　　)。
   A. 水平筋　B. 垂直筋　C. 拉筋　D. 马凳筋
8. (2)C12@200 的剪力墙中(2)表示(　　)。
   A. 钢筋有 2 根　B. 钢筋有两排　C. 钢筋有 2 m　D. 钢筋有 2 种
9. KL3(3)250×500 中的“KL”表示(　　)。
   A. 框架梁　B. 框支梁　C. 连梁　D. 暗梁

10. KL3(3)250×500 中的“(3)”表示(　　)。

A. 3 根梁　　B. 3 号梁　　C. 3 种梁　　D. 3 跨梁

11. ⌀10@100/200(2)中的“100”表示(　　)。

A. 加密区范围 100 mm　　B. 非加密区范围 100 mm

C. 加密区间距 100 mm　　D. 非加密区间距 100 mm

12. G2⌀12 中“G”的含义是(　　)。

A. 构造腰筋　　B. 抗扭腰筋　　C. 拉筋　　D. 钢筋

13. G2⌀12 中“2”的含义是(　　)。

A. 每侧 2 根　　B. 两侧共 2 根　　C. 上下各 2 根　　D. 上下共 2 根

14. 5⌀22 3/2 中“3”的含义是(　　)。

A. 上排钢筋有 3 根　　B. 上排钢筋有 3 种

C. 下排钢筋有 3 根　　D. 下排钢筋有 3 种

15. 5⌀22 3/2 中“2”的含义是(　　)。

A. 上排钢筋有 2 根　　B. 上排钢筋有 2 种

C. 下排钢筋有 2 根　　D. 下排钢筋有 2 种

16. 梁绘制时用到的命令是(　　)。

A. 点布置　　B. 直线布置　　C. 矩形布置

17. 某些跨标注相同可采用的原位标注快捷操作画法是(　　)。

A. 应用到同名梁　　B. 梁跨数据复制　　C. 智能布置　　D. 重提梁跨

18. 梁对齐命令首先选中的是(　　)。

A. 要移动的梁的边线　　B. 梁中心线

C. 要对齐的目标边线　　D. 轴线

19. 梁彻底绘制完毕后显示的颜色是(　　)。

A. 粉色　　B. 蓝色　　C. 绿色　　D. 白色

20. 汇总计算后查看梁混凝土工程量需要的命令是(　　)。

A. 查看工程量　　B. 查看计算式　　C. 查看钢筋量　　D. 编辑钢筋

21. 连梁属于(　　)的工程量。

A. 框架梁　　B. 剪力墙　　C. 非框架梁　　D. 暗梁

22. 应用到同名称梁时，未提取的梁跨的颜色是(　　)。

A. 绿色　　B. 黄色　　C. 白色　　D. 粉色

23. 附加箍筋的画法有(　　)种。

A. 1　　B. 2　　C. 3　　D. 4

24. 板的基本识图和绘制单元是(　　)。

A. 跨　　B. 根　　C. 板块　　D. 片

25. 板内钢筋线条的弯钩向左和向上绘制表示钢筋(　　)。

A. 在板顶分布　　B. 在板底分布　　C. 在板中分布　　D. 锚固弯钩的方向

26. 对于没有封闭空间构成的板可采用的绘制方法有(　　)。

A. 点画　　B. 线画　　C. 智能布置　　D. 识别

27. 下列钢筋中无需绘制但需要录入到软件中的是(　　)。

A. 底筋　　B. 负筋　　C. 跨板受力筋　　D. 分布筋

28. 下列钢筋中用受力菜单进行定义和绘制的是(　　)。

A. 底筋　　B. 负筋　　C. 跨板受力筋　　D. 分布筋

29. 隐藏板图元的快捷键是(　　)。

A. L　　B. Z　　C. B　　D. Q

30. 对于板内受力底筋XY方向信息一致，面筋XY方向信息一致，但是底筋和面筋信息不一致，采用的布置方式是(　　)。

A. 双向布置　　B. 双网双向布置　　C. XY向布置　　D. 按梁布置

31. 可以采用“应用到同名板”功能快速布筋的是(　　)的钢筋。

A. 受力筋　　B. 负筋　　C. 分布筋　　D. 马凳筋

32. 调整负筋标注类型为“不含中间支座宽度”需要采用(　　)命令。

A. 土建计算设置　　B. 土建计算规则　　C. 钢筋计算设置　　D. 比重设置

33. 跨板受力筋本质上属于(　　)。

A. 受力筋　　B. 负筋　　C. 分布筋　　D. 马凳筋

34. 本工程中KZ柱混凝土套取的清单是(　　)。

A. 矩形柱　　B. 构造柱　　C. 异形柱　　D. 自动为0

35. 框架柱的工程量以(　　)为计算。

A. 长度　　B. 面积　　C. 体积　　D. 重量

36. 暗柱混凝土工程量套取的清单是(　　)。

A. 矩形柱　　B. 构造柱　　C. 剪力墙　　D. 无需套取

37. 连梁混凝土工程量套取的清单是(　　)。

A. 矩形梁　　B. 过梁　　C. 剪力墙　　D. 无需套取

38. 框架梁的工程量以(　　)为计算。

A. 长度　　B. 面积　　C. 体积　　D. 重量

39. 板混凝土工程量以(　　)为计算。

A. 长度　　B. 面积　　C. 体积　　D. 重量

40. 梁和柱的模板工程量以(　　)为计算。

A. 投影面积　　B. 接触面积　　C. 体积　　D. 侧表面积

41. 本工程中B120板套取的清单项是(　　)。

A. 平板　　B. 有梁板　　C. 挑檐板　　D. 悬挑板

42. 本工程中飘窗板套取的清单项是(　　)。

A. 平板　　B. 有梁板　　C. 挑檐板　　D. 悬挑板

43. 悬挑板混凝土工程量以(　　)为计算。

A. 悬挑面积　　B. 体积　　C. 长度　　D. 重量

二、判断题

1. 图纸中柱布置左右对称时可采用镜像命令。(　　)

2. 暗柱采用剪力墙命令绘制，工程量并入剪力墙。(　　)

3. 柱的绘制方法只有“点画”一种。(　　)

4. “YBZ”表示构造边缘墙柱。(　　)

5. 偏移操作中X值负值表示向左偏移。(　　)

6. 偏移操作中Y值表示上下方向的偏移。(　　)

7. 剪力墙在内部必须用内墙来建模。(　　)

8. 暗柱的工程量属于框架柱的，不属于剪力墙。(　　)

9. (1)⌀14@200＋(1)⌀12@200中“＋”前的部分表示剪力墙外侧的一排钢筋。(　　)

10. 剪力墙在逆时针绘制时，图元的左侧是外侧，右边是内侧。(　　)

11. 附加箍筋和吊筋布置在次梁上。 (　　)

12. 两个框架柱之间称为一跨梁。 (　　)

13. 梁的集中标注地位高于原位标注。 (　　)

14. 软件中梁属性的蓝色标注是私有属性。 (　　)

15. ф10@100/200(2)表示箍筋的肢数是2肢。 (　　)

16. 绘制梁时起点和终点的绘制对梁算量结果无影响。 (　　)

17. 偏移梁的快捷键的操作命令是“Shift＋左键”。 (　　)

18. 软件中梁原位标注只能选择在梁空格中抄绘原位标注一种方法。 (　　)

19. 圆弧梁绘制中采用“起点圆心终点”圆弧命令时，起点的选择是按照顺时针方向为正选取。 (　　)

20. 在软件中必须填写梁的跨数。 (　　)

21. 板内支座负筋的钢筋线弯钩向右和向下。 (　　)

22. 马凳筋的参数通过结构施工图获得。 (　　)

23. 软件中分布筋不用绘制，所以工程量汇总中不会计算分布筋的工程量。 (　　)

24. 双网双向布置的受力筋。底筋和面筋钢筋信息一致。 (　　)

25. 负筋和跨板受力筋可采用“应用同名板”功能快速布筋。 (　　)

26. 支座附近标注的长度默认为支座中心线，无需提前调整。 (　　)

27. 跨板受力筋需在负筋菜单中定义和绘制。 (　　)

28. 调整钢筋布置重叠范围首先需要查看布筋情况。 (　　)

29. 板和板筋绘制完毕后即可查看土建量和钢筋量。 (　　)

30. 分布筋在钢筋三维查看中不会显示出来。 (　　)

31. 软件中相同的构件可以用做法刷快速套取清单和定额。 (　　)

32. 本工程首层层高超过3.6 m，模板支架需要考虑超高。 (　　)

33. 本工程首层框架梁砼都套取矩形梁清单项。 (　　)

34. 本工程的板属于有梁板所以混凝土工程量套取有梁板项。 (　　)

35. 悬挑板的模板面积按挑出的投影面积计算，板边接触面积不算。 (　　)

36. 框架梁混凝土清单项项目特征包括混凝土的类型和强度等级。 (　　)

37. 暗柱因为形状特殊混凝土工程量套取异形柱清单项。 (　　)

38. 实际工作中连梁套取的清单可以是剪力墙也可以是框架梁。 (　　)

39. 在软件中使用做法刷只能复制本层同类构件做法，无法跨层复制清单定额做法。 (　　)

40. 实际工作中构造柱采用的是组合钢模板居多。 (　　)

三、实操题

下载活动中心工程图纸和外部清单，完成以下任务。

1. 绘制其柱件的三维算量模型，套取外部清单，计算其混凝土工程量。
2. 绘制其梁构件的三维算量模型，套取外部清单，计算其混凝土工程量。
3. 绘制其板构件的三维算量模型，套取外部清单，计算其混凝土工程量。

微课：实操题1

微课：实操题2

微课：实操题3

模块四 基础和土石方建模与工程量计算

单元一　筏板基础建模与工程量计算

工作任务目标

1. 能够识读筏板基础结构施工图，提取建模的关键信息。
2. 能够绘制筏板基础及其钢筋的三维算量模型。
3. 能够套取筏板基础的清单和定额，正确提取其混凝土、模板和钢筋的工程量。

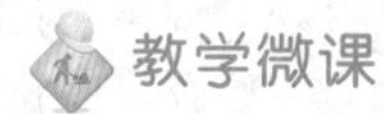

教学微课

微课：筏板基础及垫层
建模与工程量计算

职业素质目标

具备勤于思考和善于总结的工作能力。

思政故事

鲁班发明锯子

鲁班发明锯子

鲁班奉命修筑宫殿，他带着工人一起采集木料，但是用斧子砍树，不仅费力而且速度慢，很耽误工期，于是鲁班思考能不能有一种新的工具代替斧子呢？一天，鲁班上山伐木，胳膊被路边的茅草划出了鲜血。鲁班拿起茅草仔细观察，发现茅草叶的周边都是锯齿形状，他忽然灵机一动："如果我也做出类似茅草叶的工具，那伐木不就省力省时多了吗？"鲁班回到工地，设计出了工具的样式，让铁匠按照图纸打造出带齿的铁片，然后鲁班给铁片两端装上木把手，锯子就这样诞生了，宫殿也顺利地按时完工。

这个故事告诉我们，做事时只有勤于思考、善于总结，才能创新，才可以提高工作效率。

一、工作任务布置

分析1号办公楼工程基础结构施工图，绘制筏板基础的三维模型，套取筏板基础的清单和定额，并统计其混凝土、模板的清单工程量及钢筋工程量。

二、任务分析

（一）图纸分析

查阅 1 号办公楼结施-02“基础结构平面图”说明中第 3 条，本筏板基础的混凝土强度等级为 C30，查阅基础结构平面图说明中第 9 条和结施-03“基础详图”得知本筏板基础厚度为 350 mm，顶标高为－3.95 m，并计算出其底标高为－4.3 m。筏板基础配置双层双向钢筋 Φ12@150。

（二）清单计算规则分析

筏板基础又称为满堂基础，查阅《房屋建筑与装饰工程工程量计算规范》（GB 50854—2013）可知，现浇混凝土筏板基础清单工程量计算规则见表 4-1。

表 4-1　现浇混凝土筏板基础清单工程量计算规则

项目编码	项目名称	项目特征	计量单位	工程量计算规则
010501004	满堂基础	1. 混凝土种类； 2. 混凝土强度等级	m^3	按设计图示尺寸以体积计算，不扣除伸入承台基础的桩头所占体积

现浇混凝土筏板基础模板清单工程量计算规则见表 4-2。

表 4-2　现浇混凝土筏板基础模板清单工程量计算规则

项目编码	项目名称	项目特征	计量单位	工程量计算规则
011702001	基础模板	1. 基础类型； 2. 材质	m^2	按模板与现浇混凝土构件的接触面积计算

三、任务实施

（一）新建筏板基础

在“导航栏”面板中选择“基础”选项卡，在下拉列表中选择“筏板基础”，在“构件列表”中新建筏板基础，名称输入“筏板基础”，选择“属性列表”，输入基础厚度为“350”，输入顶标高为“－3.95”，软件自动计算出底标高为“－4.3”，完成筏板基础的定义，如图 4-1 所示。

（二）绘制筏板基础

单击“图纸管理”按钮，双击“基础层”的“基础结构平面图”按钮，在“图层管理”中勾选“CAD 原始图层”，将筏板基础的 CAD 底图调取出来，如图 4-2 所示。

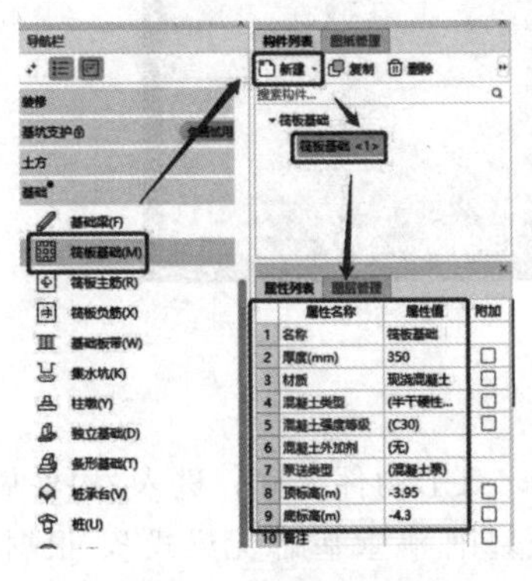

图 4-1　新建筏板基础

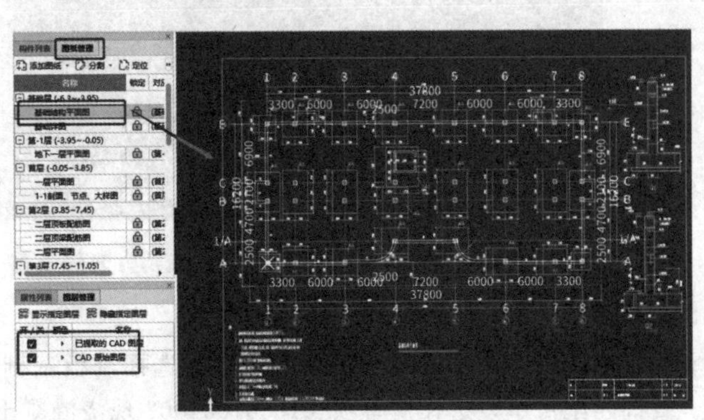

图 4-2　筏板基础 CAD 底图

单击“绘图”面板中的“矩形”按钮，单击矩形筏板基础的左上角，拉框至筏板基础的右下角，即可完成筏板基础的绘制(图 4-3)。“绘制”面板的“直线”命令也可以绘制筏板基础，配合“弧线”命令可以绘制异形平面形状的筏板基础，其适用范围更广。

(三)绘制筏板基础钢筋

在“导航栏”面板中选择“基础”选项卡，选择“筏板基础”，在“构件列表”中新建“筏板主筋”，输入名称“FBSLJ-C12@150”，钢筋信息输入“C12@150”，类别为底筋，如图 4-4 所示。

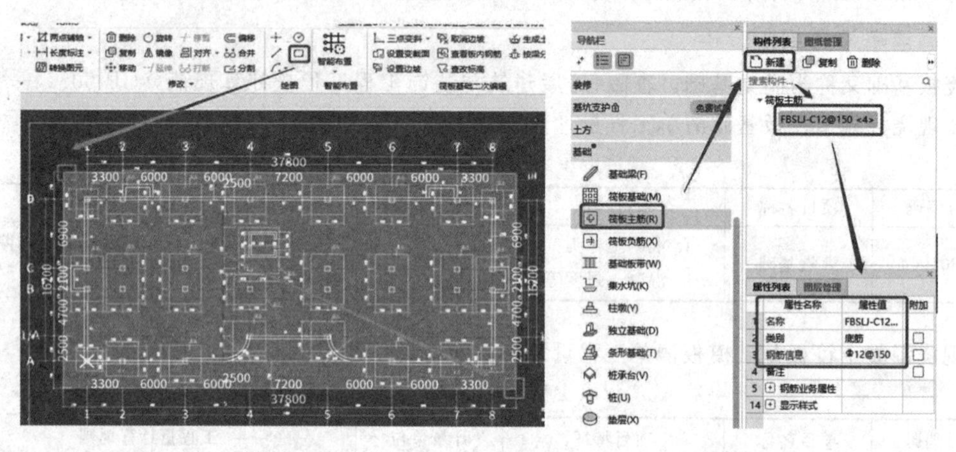

图 4-3　矩形命令绘制筏板基础　　　　图 4-4　筏板基础受力筋的定义

单击“布置受力筋”按钮，选择“XY 方向”，在弹出的快捷菜单中勾选“双网双向布置”复选框，钢筋信息选择“FBSLJ-C12@150”，单击筏板基础，单击鼠标右键确定，这样就完成了筏板基础受力筋的绘制，如图 4-5 所示。

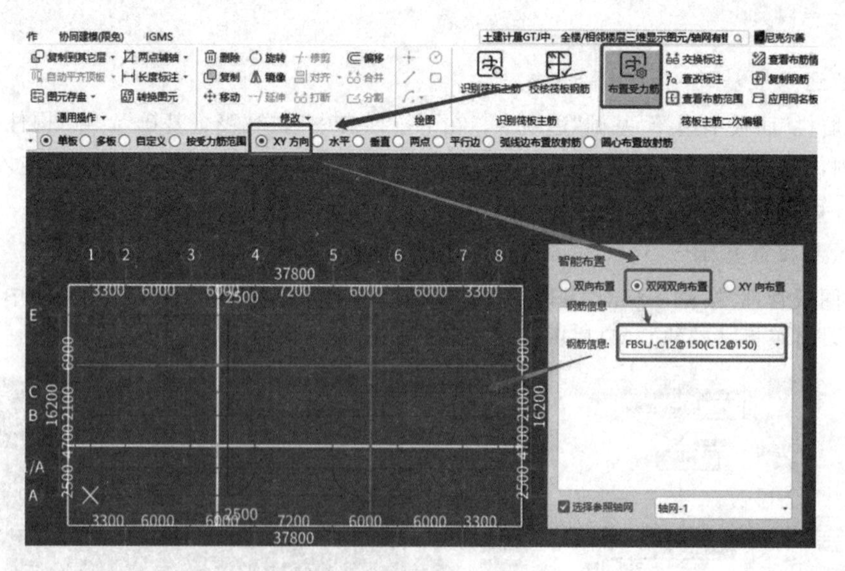

图 4-5　筏板受力筋的绘制

(四)筏板基础清单定额套取

首先套取筏板基础的混凝土清单和定额。选择筏板基础，双击构件名称，进入“构件做法”界面。查询匹配清单，选择清单项“010501004002 现浇混凝土基础 满堂基础 无梁式”，根据清单规则录入项目特征。查询匹配定额，选择定额项“5-7 现浇混凝土基础-满堂基础 无梁式”，工程量表达式均选择“TJ”(体积)，如图 4-6 所示。

然后套取筏板基础的模板支架清单和定额。选择清单项“011702001025 现浇混凝土模版 满堂基础 无梁式 复合模板 木支撑”，查询匹配定额，选择定额项“17-147 现浇混凝土模版 满堂基础无梁式 复合模板 木支撑”，工程量表达式均选择“MBMJ”(模板面积)，如图 4-6 所示。

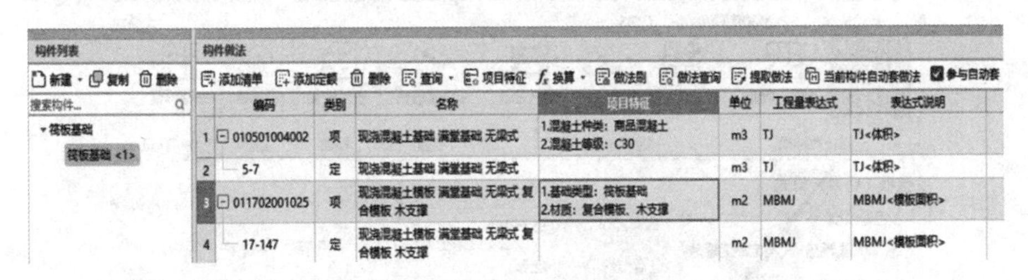

图 4-6 筏板基础混凝土及模板清单定额

(五)筏板基础及其钢筋的汇总计算

在菜单栏中选择“工程量”选项卡，单击“汇总计算”按钮，在弹出的“汇总计算”对话框中选择“基础”选项，勾选“筏板基础”和“筏板主筋”复选框，单击“确定”按钮，如图 4-7 所示。

计算成功后单击“查看报表”按钮，选择“土建报表量”中的“清单汇总表”，查看筏板基础的混凝土和模板的清单工程量，如图 4-8 所示。

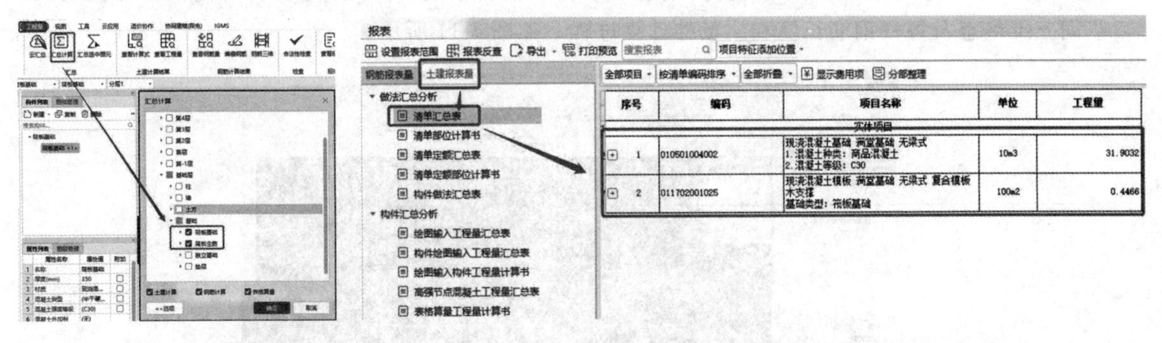

图 4-7 汇总计算筏板基础及其钢筋工程量

图 4-8 筏板基础混凝土及模板支架清单工程量

单击“钢筋报表量”选项卡，选择“钢筋统计汇总表”，得到筏板基础的钢筋工程量，如图 4-9 所示。

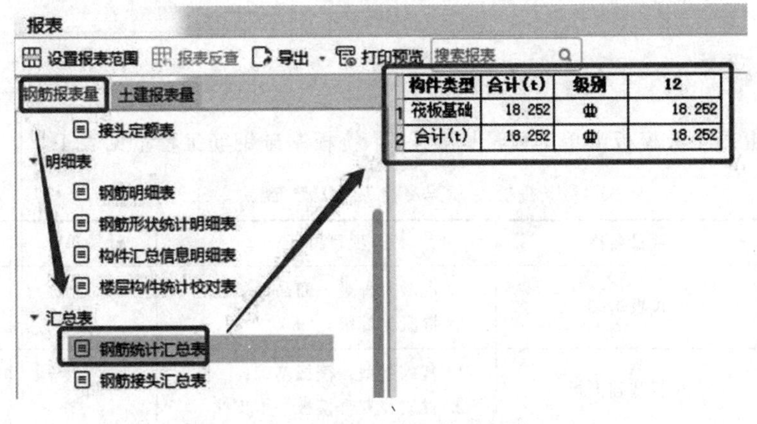

图 4-9 筏板基础钢筋工程量

(六)筏板基础工程量的检查与校核

在“土建计算结果”面板中，单击“查看计算式”按钮，单击筏板基础图元，可以在弹出的“查看工程量计算式”对话框中看到筏板基础混凝土及模板工程量的计算过程，如图 4-10 所示。

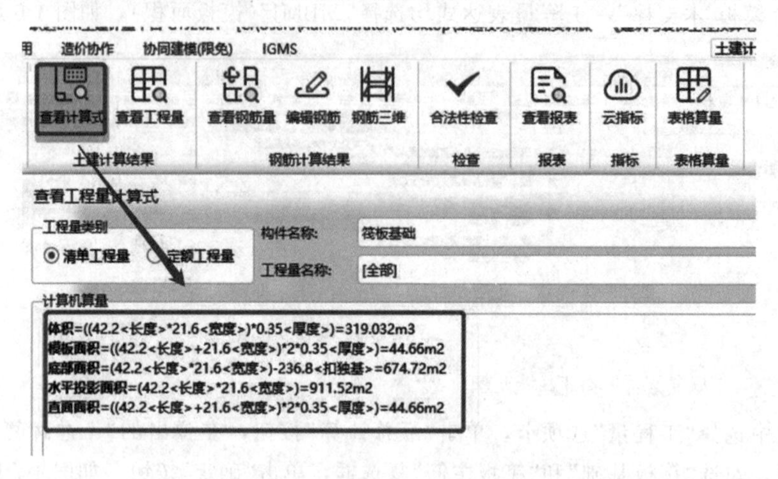

图 4-10　筏板基础混凝土及模板工程量计算过程

在“钢筋计算结果”面板中，选择“钢筋三维”和“编辑钢筋”命令，可以查询筏板基础主筋的空间三维形态及每根钢筋长度和质量的计算过程，如图 4-11 所示。

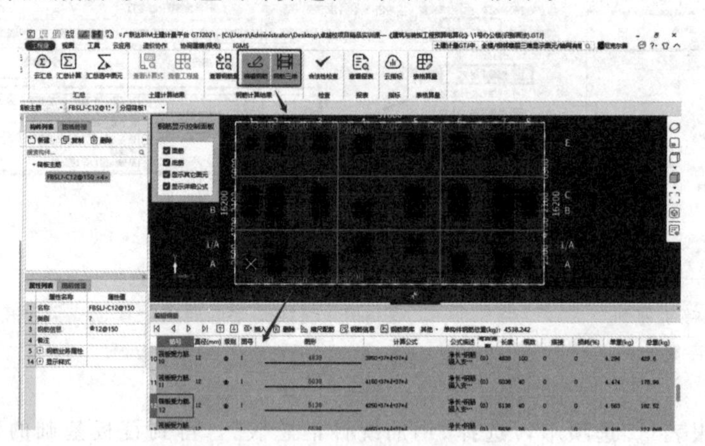

图 4-11　筏板基础钢筋工程量计算过程

四、任务结果

筏板基础混凝土及模板清单工程量见表 4-3，筏板基础钢筋工程量见表 4-4。

表 4-3　筏板基础混凝土及模板支架清单工程量

项目编码	项目名称	项目特征	计量单位	工程量
010501004002	筏板基础	1. 混凝土种类：商品混凝土； 2. 混凝土等级：C30	m^3	319.03
011702001025	筏板基础模板	1. 基础类型：筏板基础； 2. 材质：复合模板、木支撑	m^2	446.60

表 4-4　筏板基础钢筋工程量

构件类型	钢筋总质量/kg	HRB400
		12
筏板基础	18.252	18.252
工程量合计/t	18.252	18.252

单元二　独立基础建模与工程量计算

工作任务目标

1. 能够识读独立基础结构施工图，提取建模的关键信息。
2. 能够绘制独立基础三维算量模型。
3. 能够套取独立基础的清单和定额，正确提取其混凝土、模板和钢筋的工程量。

教学微课

微课：独立基础建模与工程量计算

职业素质目标

具备注重基础、踏实肯干的工作能力。

思政故事

合抱之木，生于毫末；九层之台，起于累土；千里之行，始于足下

老子在《道德经》中说过：合抱之木，生于毫末；九层之台，起于累土；千里之行，始于足下。这句话的意思是“两臂围拢才能抱得住的大树，生成于细小的树苗；九层的高台，由一筐一筐的泥土堆成；千里远的路程，是从脚下起步。”这句话里包含了“大与小、多与少、成与始”的辩证思考、在建筑工程当中也有很多例子符合这个道理，如基础构件。基础是一栋建筑物的根基，是合抱之木的毫末，是九层之台的垒土。只有打好基础才能建造稳定的上部楼层结构。对于建筑与装饰工程预算电算化课程，学好基础构件的建模操作与工程量计算方法可以为今后进行其他构件的三维数字化建模和算量操作打下坚实的基础。

合抱之木，生于毫末；九层之台，起于累土；千里之行，始于足下

一、工作任务布置

分析1号办公楼工程基础结构施工图，绘制独立基础的三维模型，套取独立基础的清单和定额，并统计其混凝土、模板的清单工程量及钢筋工程量。

二、任务分析

(一)图纸分析

查阅1号办公楼结施-02“基础结构平面图”和结施-03“基础详图”可知，本工程独立基础有8种类型，编号分别为JC-1、JC-2、JC-3、JC-4、JC-4′、JC-5、JC-6、JC-7，所有独立基础类型为阶型独立基础，阶数为1，混凝土强度等级为C30。每种类型独立基础的具体参数信息见表4-5。

表4-5 独立基础配筋

类型	名称	截面尺寸/(mm×mm)	底标高/m	基础高度/mm	横向受力筋	纵向受力筋
独立基础	JC-1	2 000×2 000	−4.45	500	⌽12@150	⌽12@150
	JC-2	3 000×3 000	−4.55	600	⌽14@150	⌽14@150
	JC-3	3 000×3 000	−4.55	600	⌽14@150	⌽14@150
	JC-4	3 000×5 000	−4.55	600	⌽14@150	⌽12@150
	JC-4′	3 000×4 600	−4.45	500	⌽14@150	⌽12@150
	JC-5	3 100×3 000	−4.55	600	⌽14@150	⌽14@150
	JC-6	3 000×3 100	−4.55	600	⌽14@150	⌽14@150
	JC-7	3 800×4 100	−6.3	600	⌽14@150	⌽14@150
注：1. 独立基础短边为横向，长边为纵向； 2. 独立基础钢筋沿着短边分布为横向受力筋，沿着长边分布为纵向受力筋						

(二)清单计算规则分析

查阅《房屋建筑与装饰工程工程量计算规范》(GB 50854—2013)可知，独立基础的混凝土清单工程量计算规则，见表4-6。

表4-6 现浇混凝土独立基础清单工程量计算规则

项目编码	项目名称	项目特征	计量单位	工程量计算规则
010501003	独立基础	1. 混凝土种类； 2. 混凝土强度等级	m^3	按设计图示尺寸以体积计算，不扣除伸入承台基础的桩头所占体积

其模板清单工程量计算规则见表4-7。

表4-7 现浇混凝土独立基础模板与支架清单工程量计算规则

项目编码	项目名称	项目特征	计量单位	工程量计算规则
011702001	基础模板	1. 基础类型； 2. 材质	m^2	按模板与现浇混凝土构件的接触面积计算

三、任务实施

(一)新建独立基础

以 JC-4 为例来讲解独立基础的绘制。在导航栏中单击“基础”选项卡，单击独立基础按钮，新建独立基础，名称输入“JC-4”。底标高输入“－4.55”，该基础的高度为 600 mm，因此其顶标高为“－4.55＋0.6＝－3.95”，因此顶标高输入“－3.95”。选择 JC-4，单击鼠标右键新建矩形独立基础单元，自动命名为 JC-4-1。因为该基础为阶型独立基础，且只有一阶，因此只需要新建一个矩形独立基础单元即可完成。在平面布置图中，与 X 方向平行的为截面长度尺寸，输入“3 000”，在结构平面布置图中，与 Y 方向平行的尺寸为截面宽度，因此输入“5 000”。截面高度输入“600”。独立基础的钢筋有横向受力筋和纵向受力筋。打开结构施工图，独立基础构件短边方向为横向，长边方向为纵向；沿着短边方向布置的钢筋为横向受力筋，输入“⌀14@150”；沿着长边方向布置的钢筋为纵向受力筋，输入“⌀12@150”，如图 4-12 所示。

独立基础计算的工程量

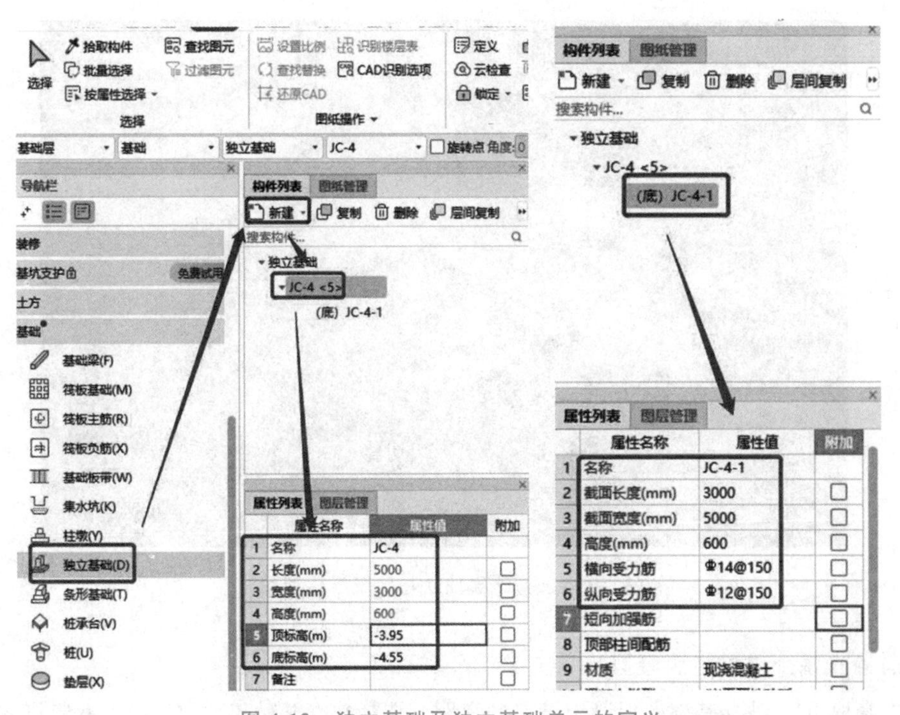

图 4-12　独立基础及独立基础单元的定义

(二)绘制独立基础

单击“图纸管理”按钮，双击基础层的基础结构平面图，在“图层管理”中勾选“CAD 原始图层”，将独立基础的 CAD 底图调取出来。独立基础属于点式构件，在“绘图”面板中选择“点”命令，为了提高布置的准确度，切换一下捕捉的角点。按 F4 键，将角点切换至左下角，与底图对齐放置，单击鼠标右键确定，这样就完成了 JC-4 独立基础的绘制，如图 4-13 所示。

按照此方法，完成其余独立基础的定义与绘制，其结果如图 4-14 所示。

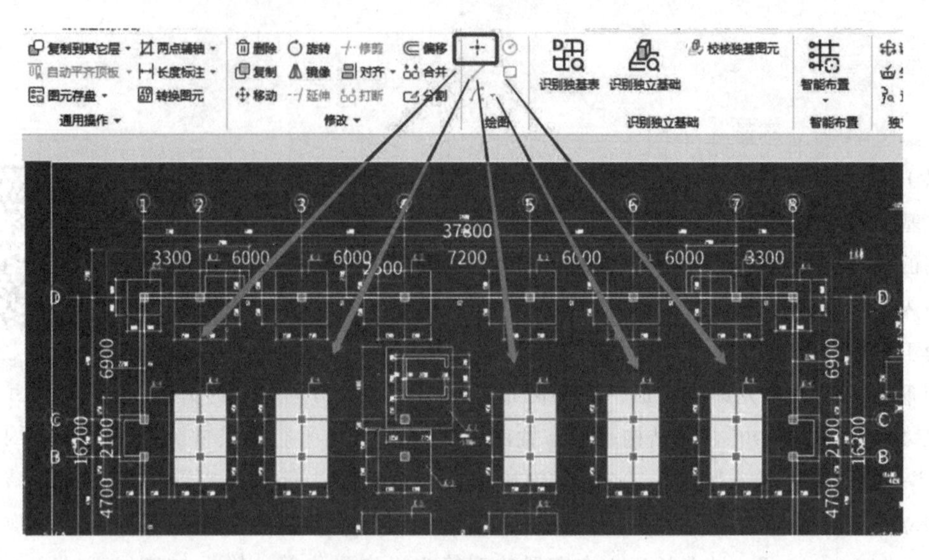

图 4-13　独立基础的绘制

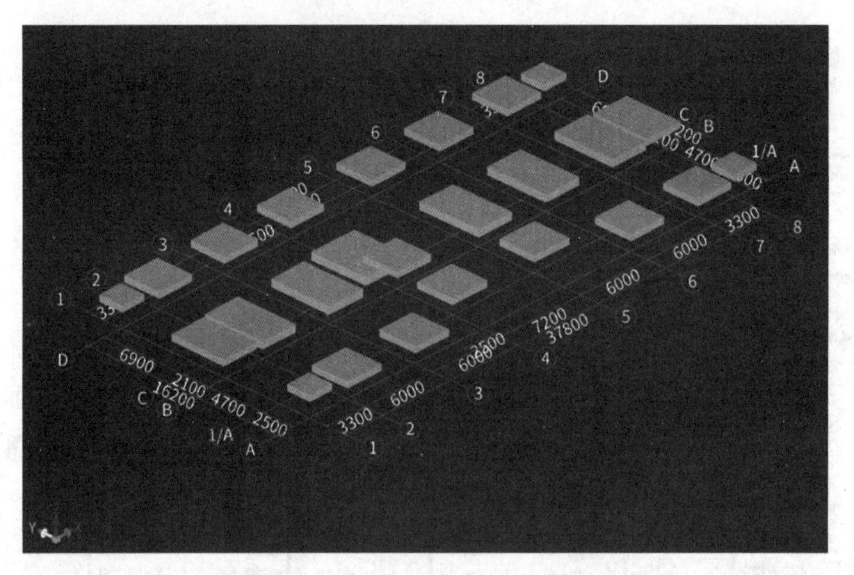

图 4-14　基础层独立基础三维模型图

（三）独立基础清单定额套取

首先套取 JC-4 独立基础的混凝土清单和定额。选择独立基础单元 JC-4-1，双击进入“构件做法”界面，注意独立基础清单定额的套取要选择独立基础单元进行，而不能选择基础名称进行套取。查询匹配清单，选择清单项“010501003002 现浇混凝土基础 独立基础 混凝土”，根据清单规则录入项目特征。查询匹配定额，选择定额项“5-5 现浇混凝土基础 独立基础 混凝土”，工程量表达式均选择“TJ”（体积），如图 4-15 所示。

然后套取 JC-4 独立基础的模板支架清单和定额。选择清单项“011702001019 现浇混凝土模板 独立基础 复合模板木支撑”，查询匹配定额，选择定额项“17-141 现浇混凝土模板 独立基础 复合模板木支撑”，工程量表达式均选择“MBMJ”（模板面积），如图 4-15 所示。

构件列表　新建　复制　删除　搜索构件...
(底) JC-2-1
JC-3 <7>
(底) JC-3-1
JC-4 <5>
(底) JC-4-1
JC-4' <2>
(底) JC-4'-1

构件做法　添加清单　添加定额　删除　查询　项目特征　换算　做法刷　做法查询　提取做法　当前构件自动套做法　参与自动套

	编码	类别	名称	项目特征	单位	工程量表达式	表达式说明
1	010501003002	项	现浇混凝土基础 独立基础 混凝土	1.混凝土种类：商品混凝土 2.混凝土等级：C30	m3	TJ	TJ<体积>
2	5-5	定	现浇混凝土基础 独立基础 混凝土		m3	TJ	TJ<体积>
3	011702001019	项	现浇混凝土模板 独立基础 复合模板 木支撑	1.基础类型：独立基础 2.材质：复合模板、木支撑	m2	MBMJ	MBMJ<模板面积>
4	17-141	定	现浇混凝土模板 独立基础 复合模板 木支撑		m2	MBMJ	MBMJ<模板面积>

图 4-15　JC-4 独立基础混凝土及模板清单定额

然后选择 JC-4 所有的清单项和定额项，选择“做法刷”命令，勾选其余所有的独立基础单元，完成相同清单定额项的快速套取，如图 4-16 所示。

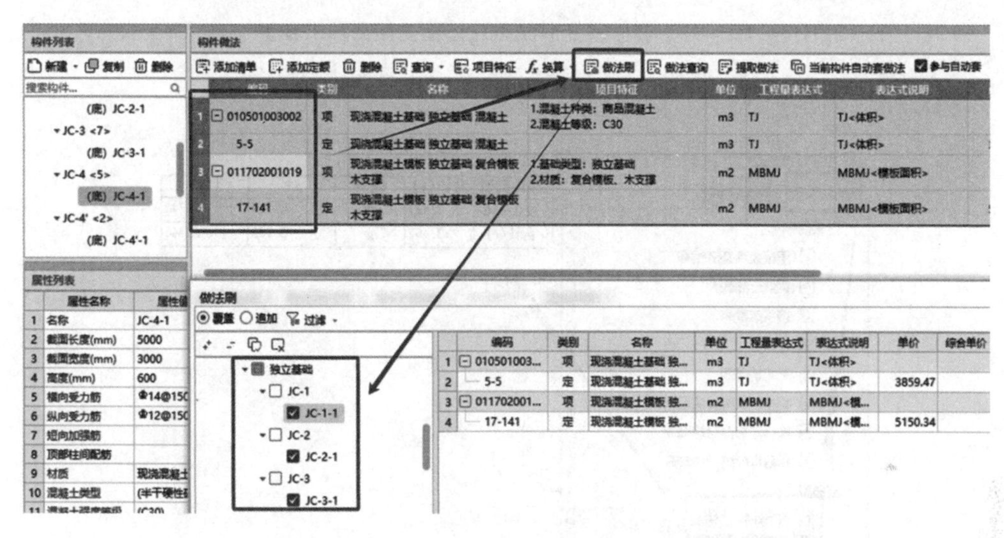

图 4-16　其余独立基础混凝土及模板清单定额做法刷套取

（四）独立基础及其钢筋的汇总计算

在菜单栏中选择“工程量”选项卡，先单击“汇总计算”按钮，选择“基础”，勾选“独立基础”，再单击“确定”按钮，如图 4-17 所示。

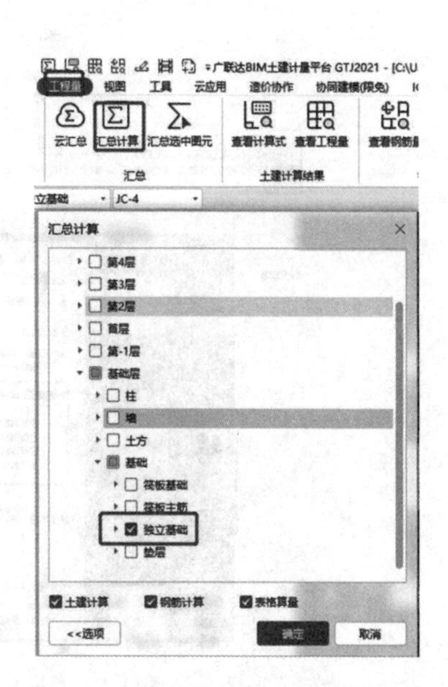

图 4-17　汇总计算独立基础工程量

计算成功后单击“查看报表”命令，选择“土建报表量”选项卡，选择“清单汇总表”，查看独立基础的混凝土和模板的清单工程量(图 4-18)。

先选择“钢筋报表量”选项卡，再选择“钢筋统计汇总表”，得到独立基础的钢筋工程量(图 4-19)。

（五）独立基础工程量的检查与校核

在“土建计算结果”面板中单击“查看计算式”按钮，单击独立基础图元，便可以在弹出的对话框中看到独立基础混凝土及模板工程量的计算过程，(以 JC－4 为例)，如图 4-20 所示。注意，本工程独立基础和筏板基础有重叠部分，因此，在计算独立基础的时候一定要把与筏板基础重叠部分的混凝土和模板工程量去除，这样计算出的工程量才准确。

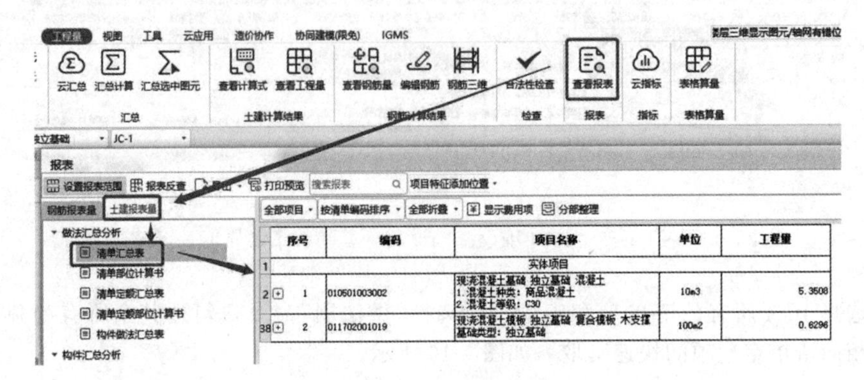

图 4-18　独立基础混凝土及模板支架清单工程量

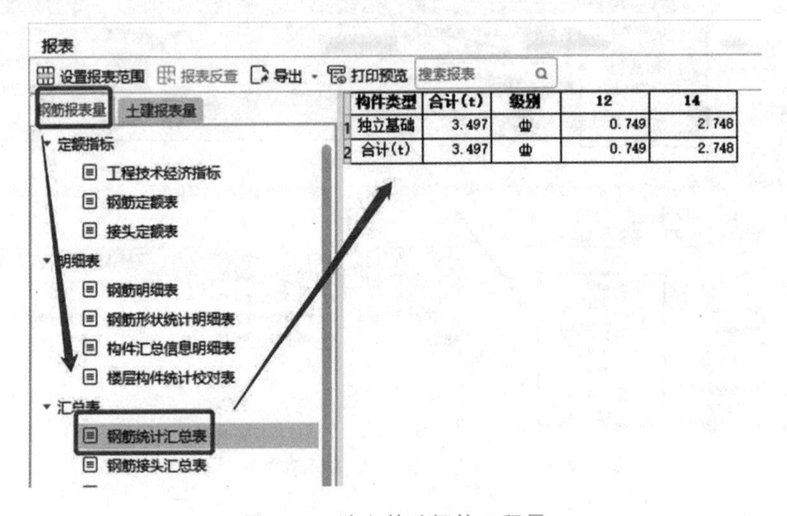

图 4-19　独立基础钢筋工程量

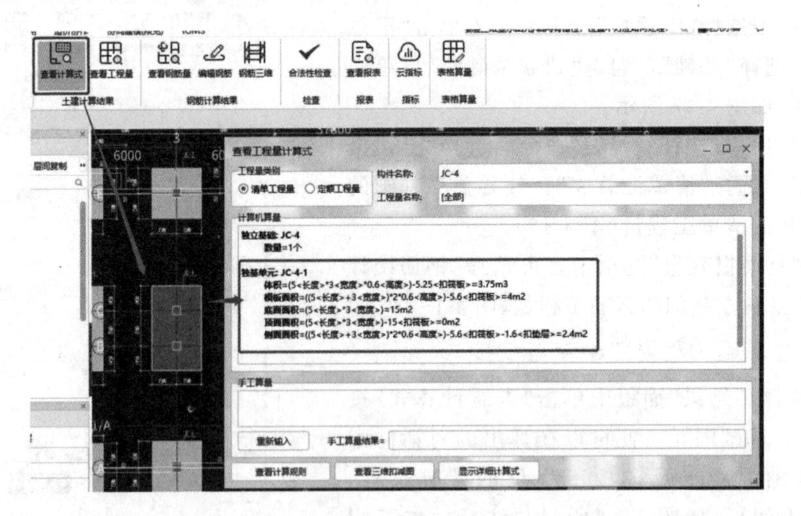

图 4-20　独立基础混凝土及模板工程量计算过程

在“钢筋计算结果”面板中，选择“钢筋三维”和“编辑钢筋”命令，可以查询独立基础主筋的空间三维形态及每根钢筋长度和质量的计算过程。注意，在检查独立基础钢筋的时候可以分别显示横向钢筋和纵向钢筋，以此确定钢筋的布置是否与施工图保持一致，如图 4-21 和图 4-22 所示。

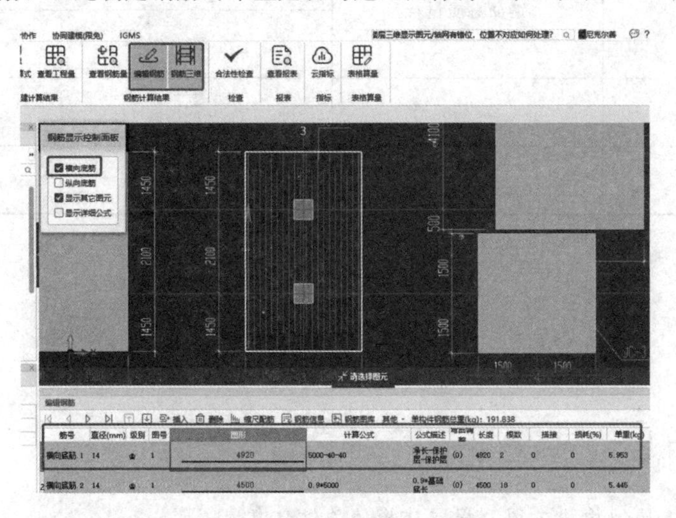

图 4-21　独立基础横向钢筋工程量计算过程

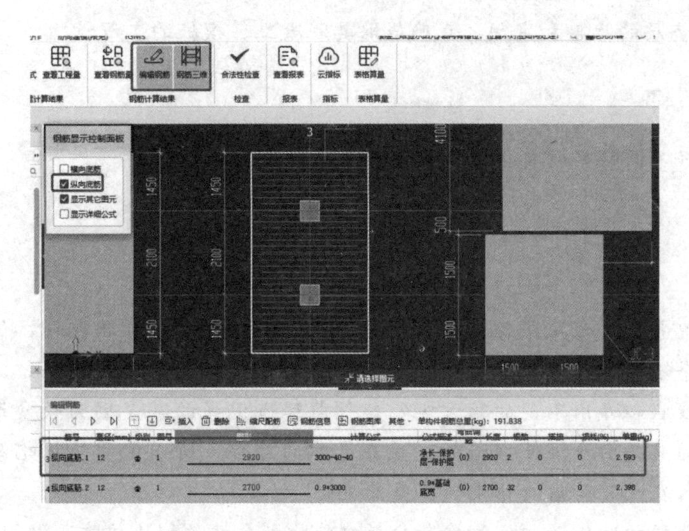

图 4-22　独立基础纵向钢筋工程量计算过程

四、任务结果

本工程独立基础混凝土及模板清单工程量见表 4-8，独立基础钢筋工程量见表 4-9。

表 4-8　独立基础混凝土及模板支架清单工程量

项目编码	项目名称	项目特征	计量单位	工程量
010501003002	独立基础	1. 混凝土种类：商品混凝土； 2. 混凝土等级：C30	m^3	53.51
011702001019	独立基础模板	1. 基础类型：独立基础； 2. 材质：复合模板、木支撑	m^2	629.60

表 4-9 独立基础钢筋工程量

构件类型	钢筋总质量/t	HRB400	
		12	14
独立基础	3.496	0.749	2.748
工程量合计/t	3.496	0.749	2.748

单元三 垫层建模与工程量计算

工作任务目标

1. 能够识读垫层结构施工图，提取建模的关键信息。
2. 能够绘制垫层三维算量模型。
3. 能够套取垫层的清单和定额，正确提取其混凝土、模板的工程量。

职业素质目标

培养能够根据不同的事物特征选择最恰当解决方法的能力。

思政故事

对症下药

三国时期的倪寻和李延找华佗看病，他们二人都头痛发热，症状相同，但是华佗在仔细诊断后却开出了两个不同的药房，给倪寻开的是泻药，给李延开的是发汗药，二人不解，问华佗为何两人相同的症状却开出不同的药方呢？华佗解释道倪寻的病是因为饮食过多引起的，病在身体内部，李延的病是由于风寒引起的，病在身体的外部，所以倪寻应该吃泻药而李延应该吃发汗药，结果二人在吃完药后身体果然恢复健康。

在面对各种问题的时候必须仔细诊断分析才能找到合适的解决方案，做到对症下药。

一、工作任务布置

分析 1 号办公楼工程基础结构施工图，绘制筏板基础垫层和独立基础垫层的三维模型，套取垫层的清单和定额，并统计其混凝土、模板的清单工程量及钢筋工程量。

二、任务分析

(一)图纸分析

查阅 1 号办公楼结施-02“基础结构平面图”说明中第 4 条，可知本工程垫层的混凝土强度等级为 C15。

查阅结施-03“基础详图”可知本工程垫层的厚度为 100 mm，每条边伸出基础 100 mm。

(二)清单计算规则分析

查阅《房屋建筑与装饰工程工程量计算规范》(GB 0854—2013)，垫层的混凝土清单工程量计算规则见表 4-10。

表 4-10　现浇混凝土垫层清单工程量计算规则

项目编码	项目名称	项目特征	计量单位	工程量计算规则
010501001	垫层	1. 混凝土种类； 2. 混凝土强度等级	m^3	按设计图示尺寸以体积计算，不扣除伸入承台基础的桩头所占体积

其模板清单工程量计算规则见表 4-11。

表 4-11　现浇混凝土垫层模板与支架清单工程量计算规则

项目编码	项目名称	项目特征	计量单位	工程量计算规则
011702001	基础模板	1. 基础类型； 2. 材质	m^2	按模板与现浇混凝土构件的接触面积计算

三、任务实施

(一)新建垫层

在“构件列表”中单击“新建”按钮，垫层有点式矩形垫层、线式矩形垫层和面式垫层，对于筏板基础和独立基础均采用新建“面式垫层”，输入其名称为“筏板基础垫层”，在其属性列表中将其厚度修改为“100”。单击“筏板基础垫层”，再单击鼠标右键，在弹出的快捷菜单中选择“复制”选项，复制该垫层，修改名称为“独基垫层”，属性不变，如图 4-23 所示。

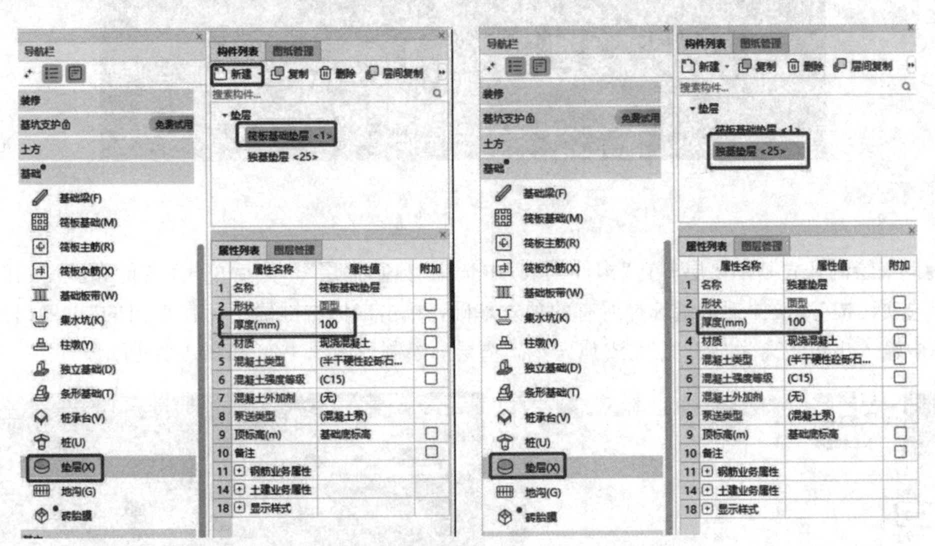

图 4-23　筏板基础垫层和独立基础垫层的定义

(二)绘制垫层

面式垫层的绘制方法有“直线绘制”“矩形绘制”和“智能布置”。本次绘制采用“智能布置”的方法。首先绘制筏板基础的垫层，在“构件列表”中选中“筏板基础垫层”，然后单击“智能布置”按钮，在其下拉列表中选择“筏板”，再单击筏板图元，单击鼠标右键确定，在弹出的“设置出边距离”对话框中输入出边距离为“100”，完成筏板基础垫层的绘制，如图 4-24 和图 4-25 所示。

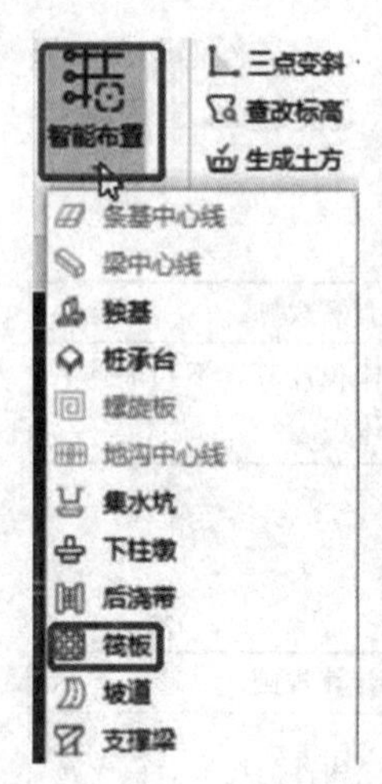

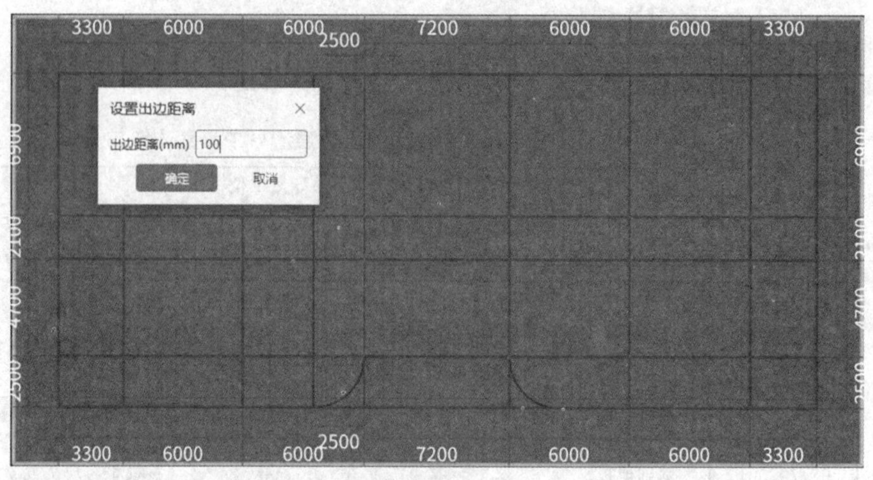

图 4-24 筏板基础出边距离设置

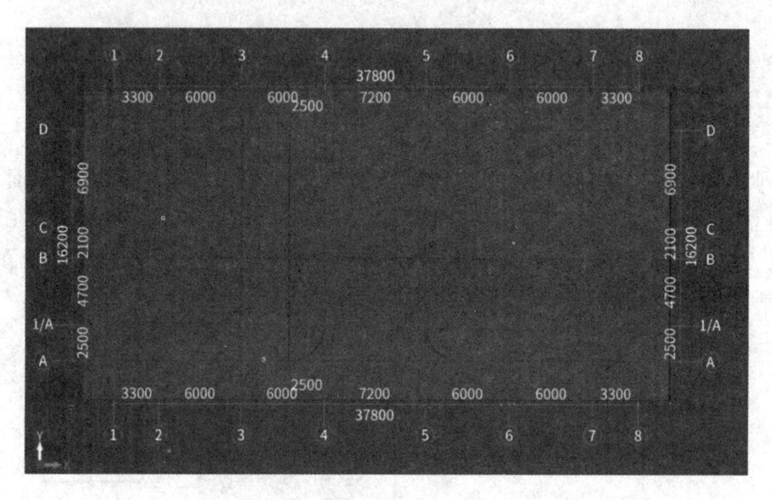
图 4-25 筏板基础垫层绘制

接下来绘制独立基础垫层。在“构件列表”中选中“独基垫层”，然后单击“智能布置”按钮，选择“独基”选项，按 F3 快捷键批量选择所有的独立基础，单击鼠标右键确定，在弹出的“设置出边距离”对话框中输入出边距离为“100”，完成独立基础垫层的绘制，如图 4-26 和图 4-27 所示。

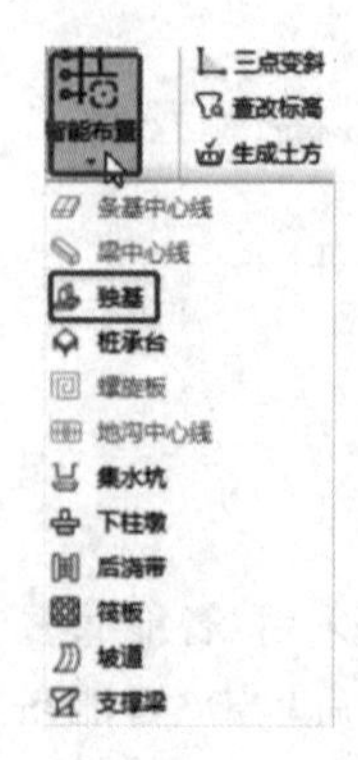

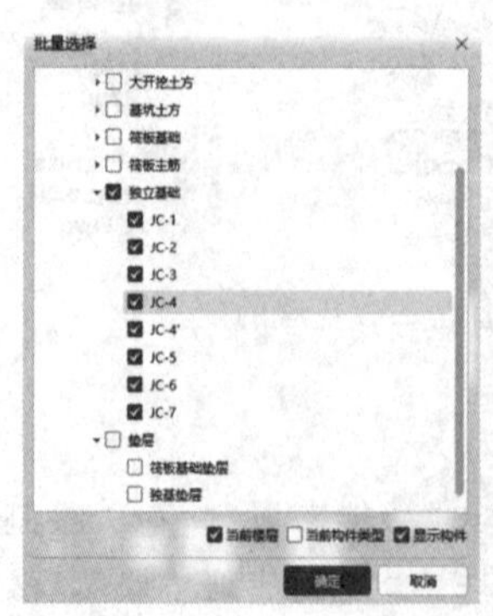

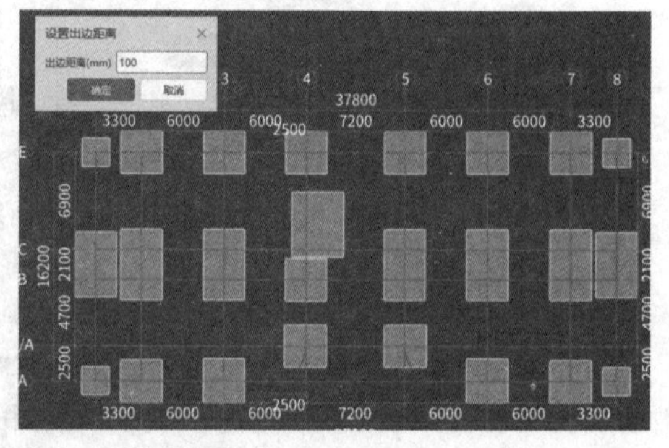

图 4-26 独立基础垫层出边距离设置

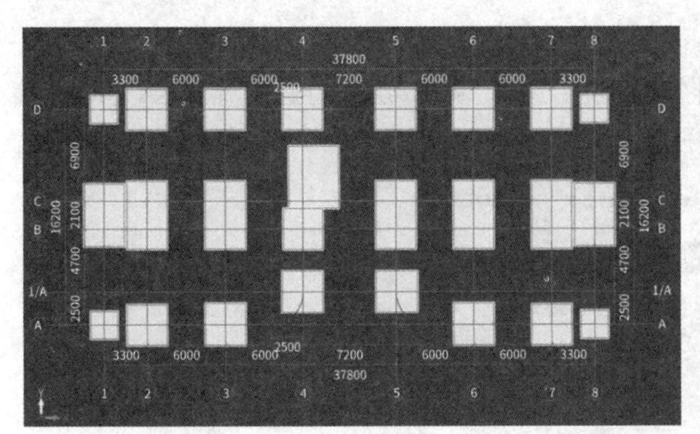

图 4-27　独立基础垫层的绘制

(三)垫层清单和定额套取

首先套取筏板基础垫层混凝土清单和定额，选择筏板基础垫层，双击进入“构件做法”界面，查询匹配清单，选择清单项“010501001001 现浇混凝土基础 基础垫层”，根据清单规则录入项目特征。查询匹配定额，选择定额项“5-1 现浇混凝土基础 基础垫层”，工程量表达式均选择“TJ”(体积)，如图 4-28 所示。

然后套取筏板基础垫层模板的清单和定额。选择清单项“011702001001 现浇混凝土模板 基础垫层 复合模板”，查询匹配定额，选择定额项“17-123 现浇混凝土模板 基础垫层 复合模板”，工程量表达式均选择“MBMJ”(模板面积)，如图 4-28 所示。

构件列表：新建　复制　搜索构件...　垫层　筏板基础垫层 <1>　独基垫层 <25>

构件做法：添加清单　添加定额　删除　查询　项目特征　换算　做法刷　做法查询　提取做法　当前构件自动套做法　参与自动套

	编码	类别	名称	项目特征	单位	工程量表达式	表达式说明
1	010501001001	项	现浇混凝土基础 基础垫层	1.混凝土种类：商品混凝土 2.混凝土强度等级：C15	m3	TJ	TJ<体积>
2	5-1	定	现浇混凝土基础 基础垫层		m3	TJ	TJ<体积>
3	011702001001	项	现浇混凝土模板 基础垫层 复合模板	1.基础类型：垫层 2.材质：复合模板	m2	MBMJ	MBMJ<模板面积>
4	17-123	定	现浇混凝土模板 基础垫层 复合模板		m2	MBMJ	MBMJ<模板面积>

图 4-28　筏板基础垫层混凝土及模板清单定额

接下来选择筏板基础所有的清单项和定额项，选择“做法刷”命令，勾选“独基垫层”，完成相同清单定额项的快速套取，如图 4-29 所示。

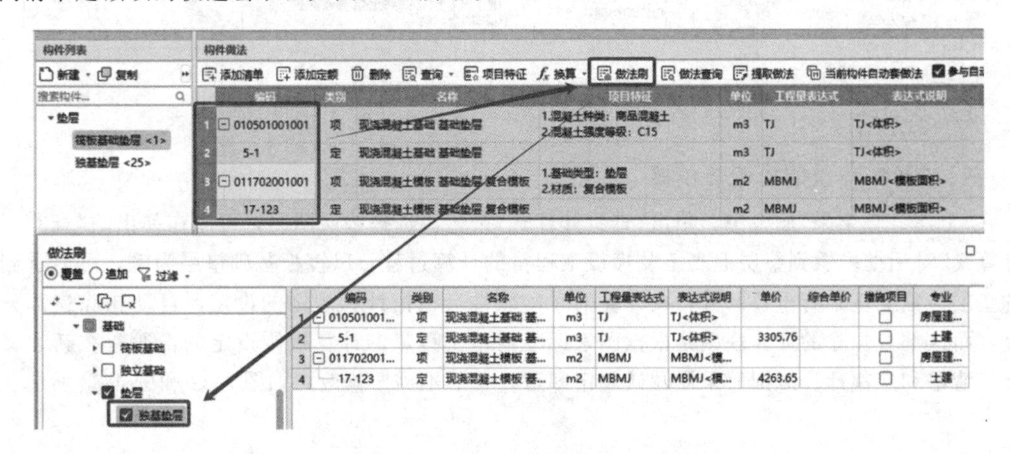

图 4-29　独基垫层混凝土及模板清单定额做法刷套取

(四)垫层工程量的汇总计算

在菜单栏中选择“工程量”，单击“汇总计算”按钮，选择“基础”层，勾选所有垫层，单击“确定”按钮，如图 4-30 所示。

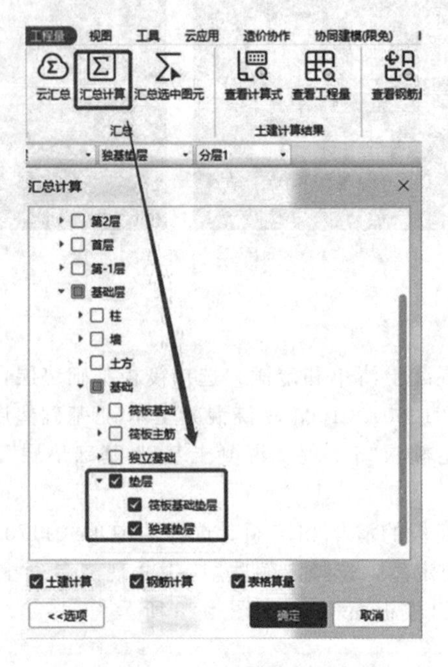

图 4-30　汇总计算垫层工程量

计算完成后单击“查看报表”命令，单击“土建报表量”选项卡，选择“清单汇总表”，查看垫层的混凝土和模板的清单工程量(图 4-31)。

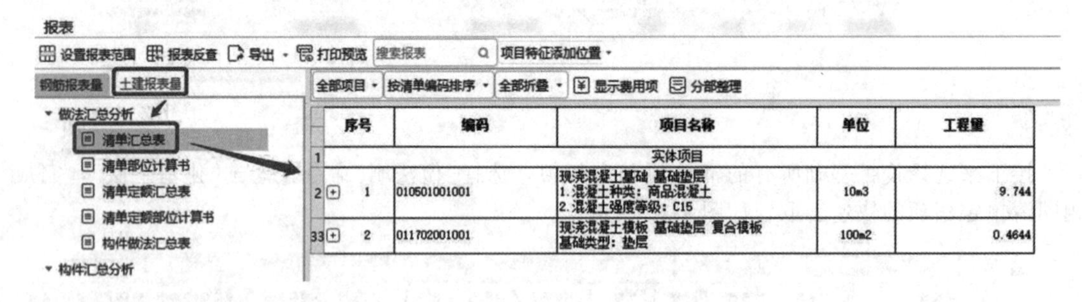

	序号	编码	项目名称	单位	工程量
1			实体项目		
2	1	010501001001	现浇混凝土基础 基础垫层 1.混凝土种类：商品混凝土 2.混凝土强度等级：C15	10m3	9.744
33	2	011702001001	现浇混凝土模板 基础垫层 复合模板 基础类型：垫层	100m2	0.4644

图 4-31　垫层混凝土及模板清单工程量

(五)垫层工程量的检查与校核

在“土建计算结果”面板中，单击“查看计算式”按钮，选择垫层图元，可以在弹出的“查看工程量计算式”对话框中看到垫层混凝土及模板工程量的计算过程。以筏板基础垫层为例，可以看到筏板的垫层与独立基础有重叠部分，在计算的时候软件会根据计算规则的设定，自动扣除这部分工程量，而这部分扣除的计算规则是根据国家标准清单工程量的计算规则设定的，通常在新建文件选择好清单和定额计算规则后采用默认规定即可，一般不需要修改，如图 4-32 和图 4-33 所示。

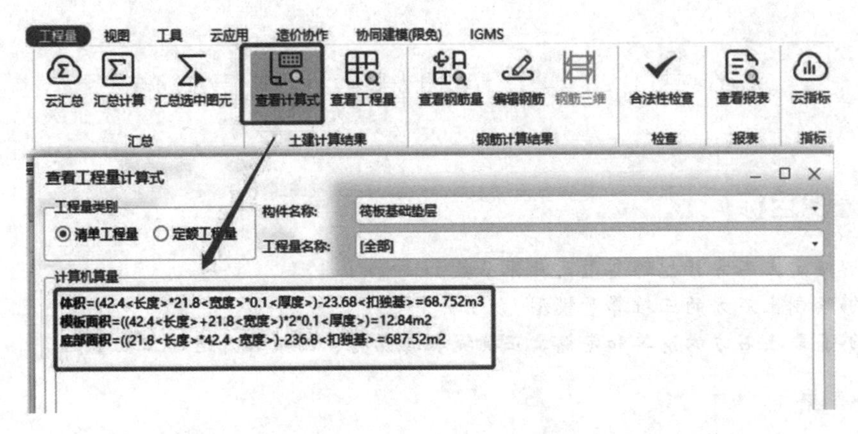

图 4-32　垫层混凝土及模板工程量计算过程

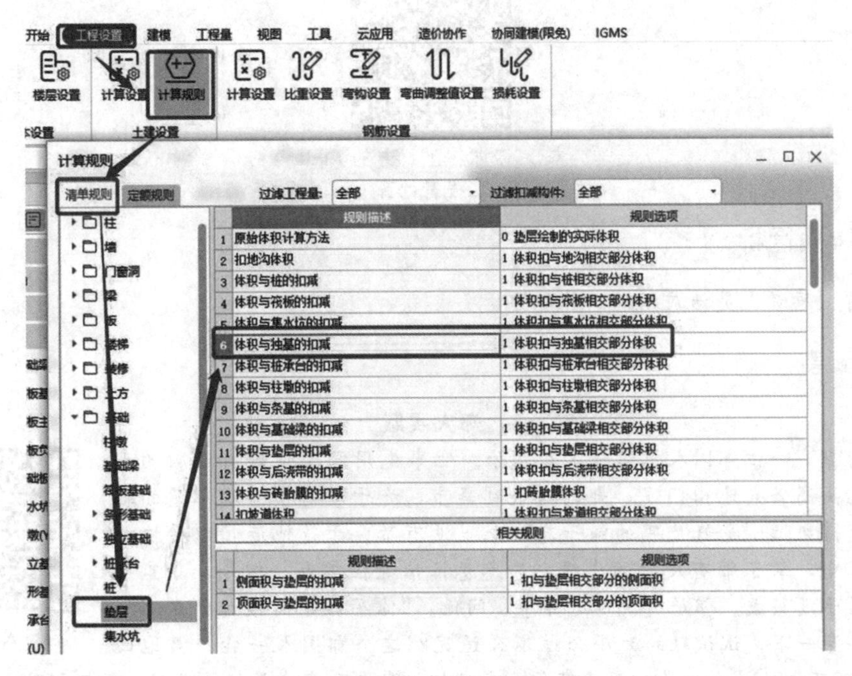

图 4-33　垫层与独基相交部分体积扣减规则

四、任务结果

本工程垫层混凝土及模板清单工程量见表 4-12。

表 4-12　垫层混凝土及模板支架清单工程量

项目编码	项目名称	项目特征	计量单位	工程量
010501001001	基础垫层	1. 混凝土种类：商品混凝土； 2. 混凝土等级：C30	m^3	97.44
011702001001	基础垫层模板	1. 基础类型：垫层； 2. 材质：复合模板	m^2	464.40

单元四　土石方建模与工程量计算

工作任务目标

1. 能够确定土石方开挖的类型及具体参数。
2. 能够绘制土石方的三维算量模型。
3. 能够套取土石方的清单和定额，正确提取其开挖、回填和外运的工程量。

教学微课

微课：土石方的
工程量计算

职业素质目标

具备自主思考、灵活应用的工作能力。

思政故事

郑人买履

郑人买履

战国时期，一位郑国人想买一双新鞋子。他事先用绳子量好自己脚的尺寸，然后就高高兴兴地出门了，郑国人来到集市，终于看好了一双中意的鞋子。谁知走得匆忙，量好尺码的绳子忘在家里没有带。于是他连忙以最快的速度返回家中，拿了带有尺码的小绳，又急急忙忙赶往集市。但是，集市已经散了，鞋子没买成。邻居听说了这件事，问他：“你买鞋的时候为什么不用自己的脚去穿一下，试试鞋的大小合适不合适呢?”这个郑国人一脸严肃地回答说：“那可不成，量出来的尺码才可靠，我只相信我自己亲自量好的尺码，而不相信我的脚。”

这个故事告诉我们，做事不能拘泥教条，要注重客观实际，灵活多变。土石方的类型有沟槽、基坑、大开挖，而在实际工作中，由于有复合基础，不能教条地以一种土石方类型处理，各种土石方要灵活组合，这样计算出的工程量才准确。

一、工作任务布置

分析1号办公楼工程基础结构施工图，结合《房屋建筑与装饰工程工程量计算规范》(GB 50854—2013)和2017年辽宁省《房屋建筑与装饰工程定额》绘制大开挖土方和基坑土方三维模型，套取土方的清单和定额并统计其开挖、回填和外运土方的工程量。

二、任务分析

(一)土方开挖类型及参数分析

查阅《房屋建筑与装饰工程工程量计算规范》(GB 50854—2013)可知，土方开挖有“挖一般土方”

“挖沟槽土方”和“挖基坑土方”三种形式。底宽不大于 7 m 且底长大于 3 倍底宽为沟槽土方，底长不大于 3 倍底宽且底面积不大于 150 m^2 为基坑土方，超出上述范围，又非平整场地的，为一般土方。

土石方开挖需要给工人留出工作空间的工作面，根据 2017 年辽宁省《房屋建筑与装饰工程定额》的规定，基础施工单面工作面宽度见表 4-13。

表 4-13　基础施工单面工作面宽度计算表

序号	基础材料	每面增加工作面宽度/mm
1	砖基础	200
2	毛石、方整石基础	250
3	混凝土基础、垫层(支模板)	400
4	基础垂直面做砂浆防潮层	800(自防潮层面)
5	基础垂直面做防水层或防潮层	1 000(自防水层或防腐层面)
6	支挡土板	150(另加)

查阅结施-02“基础结构平面图”，本工程的基础类型为筏板基础和独立基础。根据规定，混凝土基础的工作面宽度为 400 mm。筏板基础的面积为 924.32 m^2，长宽比为 1.9，根据规定为一般土方也就是大开挖。独立基础以 JC-6 为例，其面积为 9.92 m^2，长宽比为 1.03，根据规定其土方开挖属于基坑，其余独立基础也均为基坑土方。根据工程实际，本工程土方开挖为大开挖加基坑开挖，如图 4-34 所示。

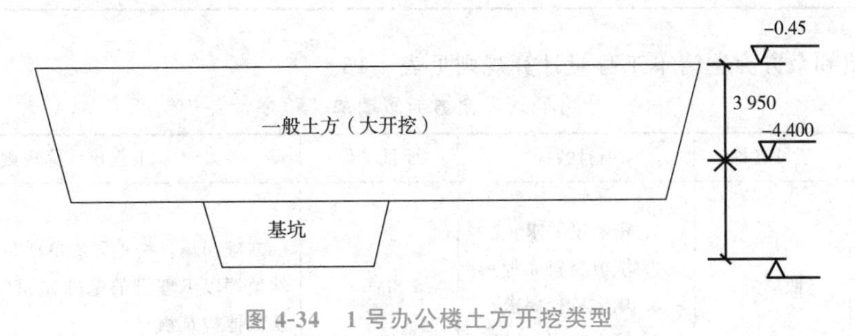

图 4-34　1 号办公楼土方开挖类型

根据土壤的类别、挖土的深度和挖土方式的不同，土方开挖的放坡系数也有不同，需要根据《房屋建筑与装饰工程工程量计算规范》(GB 50854—2013)中规定的放坡坡度表确定放坡要求，具体内容见表 4-14，其中放坡起点是指基础垫层底面到室外地坪的深度超过表 4-14 中规定的放坡起点临界数值，土方需要放坡，如果没有超过，则直立开挖不放坡。

表 4-14　放坡坡度表

土壤类别	放坡起点	人工挖土	机械挖土		
			在坑内作业	在坑上作业	顺沟槽在坑上作业
一、二类土	1.20	1∶0.5	1∶0.33	1∶0.75	1∶0.5
三类土	1.50	1∶0.33	1∶0.25	1∶0.67	1∶0.33
四类土	2.0	1∶0.25	1∶0.10	1∶0.33	1∶0.25

本工程大开挖起点标高为室外地坪标高－0.45 m，开挖底标高为筏板基础垫层底标高－4.4 m，因此，开挖深度为 3.95 m，根据地勘报告确定本工程土为二类土，开挖方式为在坑内作业，由表 4-14 确定大开挖土方坡度为 1∶0.33。

本工程独立基础类型多，所有独立基础土方开挖顶标高都为大开挖的底标高−4.4 m，其中独立基础JC-1和JC-4′土方的底标高为独立基础垫层底标高−4.55 m，开挖深度为0.15 m，查表4-14可知二类土放坡起点深度为1.2 m，开挖深度没有超过放坡起点临界值，因此其坡度为0；JC-2至JC-6土方的开挖底标高为−4.65 m，开挖深度为0.25 m，也没有超过放坡起点深度临界值，根据规定其坡度也为0；JC-7土方的开挖底标高为−6.4 m，开挖深度为2 m，超过了放坡起点临界值1.2 m，由规定确定坡度为1∶0.33。

(二)清单计算规则分析

查阅《房屋建筑与装饰工程工程量计算规范》(GB 50854—2013)可知，土方开挖清单工程量计算规则见表4-15。

表4-15 土方开挖清单工程量计算规则

项目编码	项目名称	项目特征	计量单位	工程量计算规则
010101002	挖一般土方	1. 土壤类别； 2. 挖土深度； 3. 弃土运距	m^3	按设计图示尺寸以体积计算
010101004	挖基坑土方	1. 土壤类别； 2. 挖土深度； 3. 弃土运距	m^3	按设计图示尺寸以基础垫层底面积乘以挖土深度计算

土方回填和余方弃置清单工程量计算规则见表4-16。

表4-16 土方回填和余方弃置清单工程量计算规则

项目编码	项目名称	项目特征	计量单位	工程量计算规则
010103001	回填方	1. 密实度要求； 2. 填方材料品种； 3. 填方粒径要求； 4. 填方来源、运距	m^3	基础回填：按挖方清单项目工程量减去自然地坪以下埋设的基础体积(包括基础垫层及其他构筑物)
010103002	余方弃置	1. 废弃料品种； 2. 运距	m^3	按挖方清单项目工程量减去利用回填方体积(正数)计算

三、任务实施

(一)定义和绘制大开挖土方

土方的生成方法有多种，可以在导航栏下选择“土方”，通过新建土方，然后在“属性列表”中输入其深度、放坡系数、工作面宽度和顶底标高值，接着通过直线绘制、矩形绘制或智能布置完成土方图元的绘制。

本次采用最快捷的土方绘制方法，这也是“1＋X”工程造价数字化应用职业技能等级证书(中级)考试中通常采用的土方绘制方法，即利用垫层自动生成土方。

土石方的工程量计算内容

在导航栏选择“基础”“垫层”和“生成土方”，在弹出的对话框中将土方类型勾选“大开挖土方”复选框，起始放坡位置选择“垫层底”，土方相关属性中，工作面宽输入“400”，放坡系数输入“0.33”，单击“确定”按钮。本次土方绘制只绘制开挖图元，回填图元不绘制，在清单和定额套取过程中计算回填量，因此不勾选“灰土回填”复选框。按住 F3 键进行批量选择，勾选“筏板基础垫层”复选框，单击“确定”按钮，单击鼠标右键，这样就生成了大开挖土方图元，如图 4-35 和图 4-36 所示。

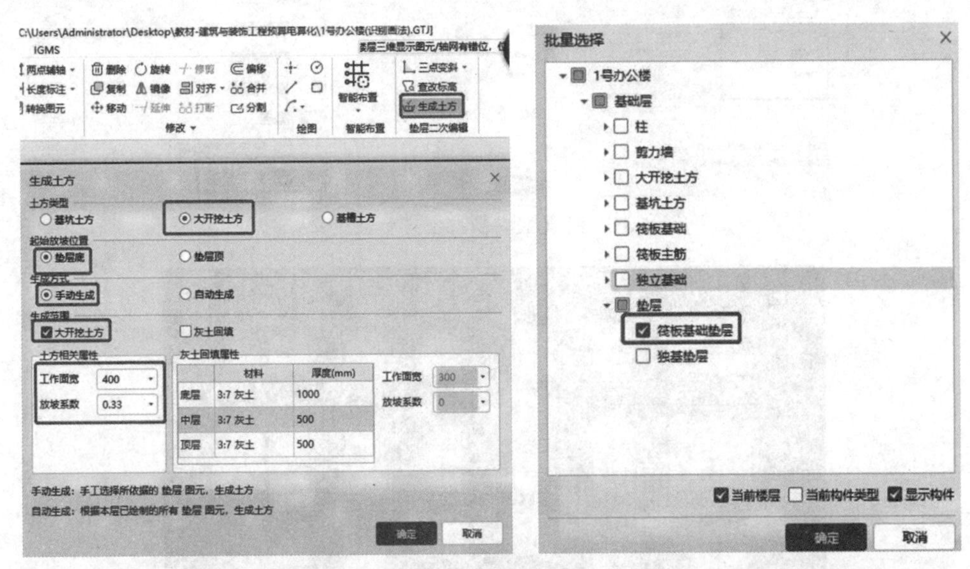

图 4-35　垫层生成大开挖土方参数定义

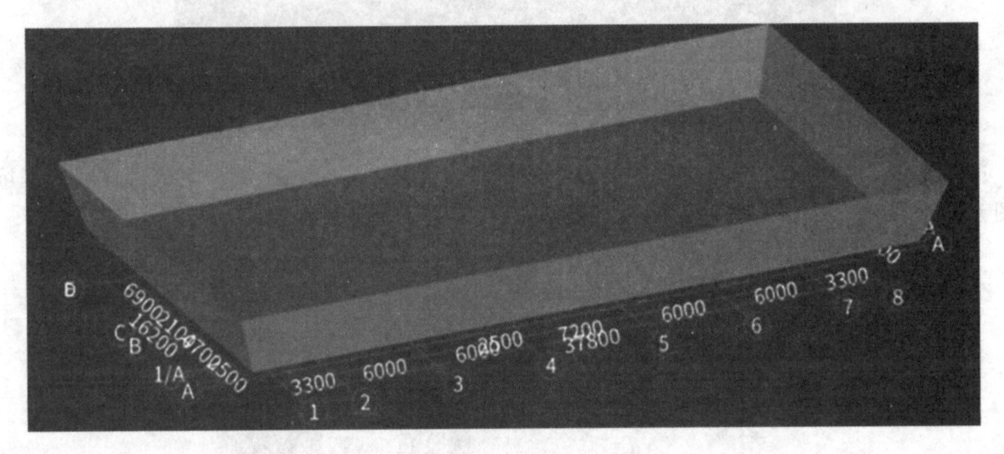
图 4-36　生成大开挖土方图元

(二)定义和绘制基坑土方

本工程独立基础的基坑土方放坡系数有两种，JC-7 独立基础的基坑土方放坡系数为 0.33，其余为 0。先按照放坡系数 0 生成全部基坑土方，然后再对 JC-7 的基坑土方的放坡系数进行单独修改。导航栏选择“垫层”，单击“生成土方”按钮，土方类型为“基坑土方”，起始放坡位置为“垫层底”。土方相关属性中，工作面宽依然是“400”，放坡系数输入“0”。按 F3 快捷键，在“批量选择”对话框中勾选“独基垫层”复选框，单击“确定”按钮，生成所有独立基础的基坑土方，如图 4-37 和图 4-38 所示。

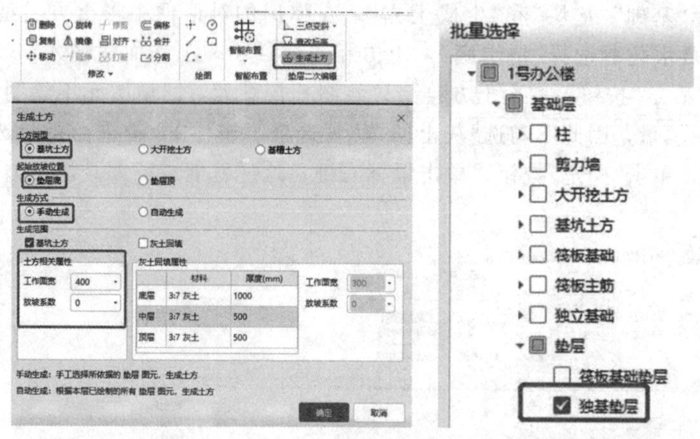

图 4-37　垫层生成基坑土方参数定义

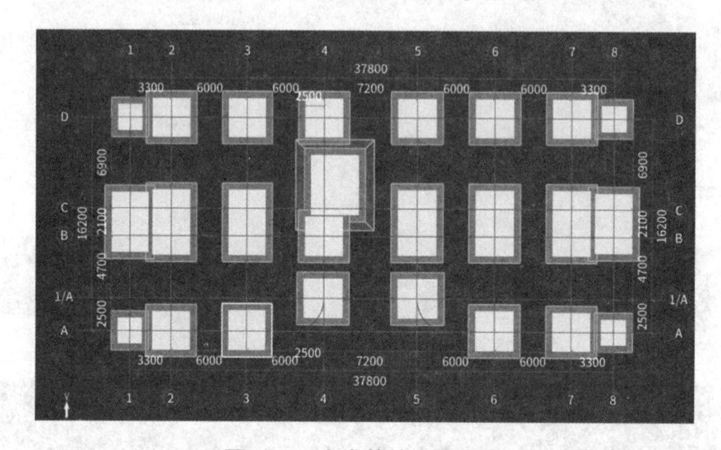

图 4-38　生成基坑土方图元

选择 JC-7 独基的基坑土方，将其放坡系数修改为 0.33，按 Enter 键，生成带放坡的基坑土方图元(图 4-39)。

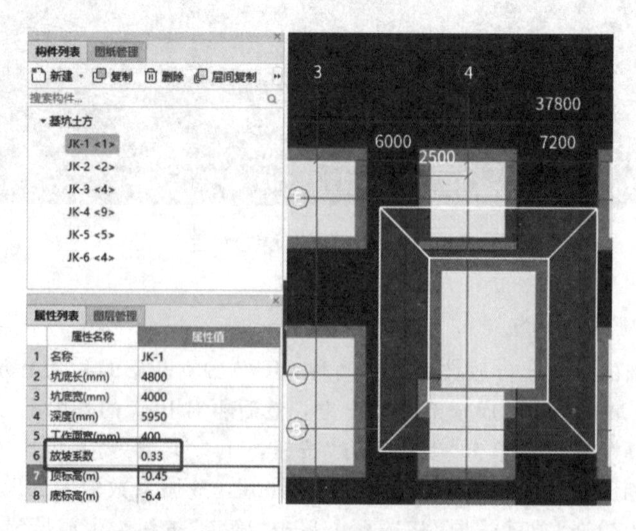

图 4-39　修改 JC-7 独基基坑土方放坡系数

此时会发现生成的基坑土方，它的开挖顶标高为－0.45 m，与大开挖的顶标高一致，这与之前所设计的土方开挖模式不相符，应是首先大开挖从－0.45 m标高开挖至标高－4.4 m，然后由－4.4 m开挖基坑土方至独立基础垫层底。因此，需要修改全部基坑土方的顶标高。按F3键，批量选择基坑土方，单击“确定”按钮，将其顶标高由－0.45 m修改为大开挖的底标高－4.4 m，按Enter键，完成全部土方模型的绘制，如图4-40所示。

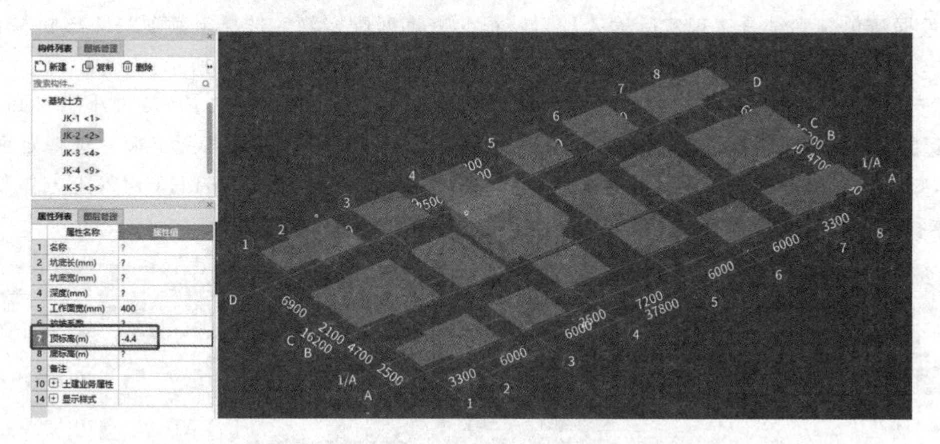

图 4-40　修改所有基坑土方的顶标高

(三)土方清单和定额套取

首先套取大开挖土方的挖方工程量清单和定额，选择大开挖土方，双击进入“构件做法”界面，查询匹配清单，选择清单项“010104003001 挖掘机挖一般土方 一、二类土”，根据清单规则录入项目特征。查询匹配定额，选择定额项“1-109 挖掘机挖一般土方 一、二类土”，工程量表达式均选择“TFTJ”(土方体积)，如图4-41所示。

再套取大开挖土方的回填工程量清单和定额。选择清单项“010103001009 机械回填土 机械夯实”，根据清单规则结合工程实际输入项目特征。查询匹配定额，选择定额项“1-101 机械回填土 机械夯实”，工程量表达式选择“STHTTJ”(素土回填体积)，如图4-41所示。

然后套取大开挖土方余方弃置工程量清单和定额。选择清单项“010104006009 小型自卸汽车运土方 运距≤1 km”，根据清单规则结合工程实际输入项目特征。查询匹配定额，选择定额项“1-142 小型自卸汽车运土方 运距≤1 km”，工程量表达式设置为“TFTJ-STHTTJ”(土方体积-素土回填体积)，如图4-41所示。

	编码	类别	名称	项目特征	单位	工程量表达式	表达式说明
1	010104003001	项	挖掘机挖一般土方 一、二类土	1.土石类别:二类土 2.开挖方式:挖掘机开挖 3.挖土石深度:1.2m 4.场内运距:综合考虑	m3	TFTJ	TFTJ<土方体积>
2	1-109	定	挖掘机挖一般土方 一、二类土		m3	TFTJ	TFTJ<土方体积>
3	010103001009	项	机械回填土 机械夯实	1.密实度要求:满足设计及规范要求 2.填方材料品种:原土回填 3.填方粒径要求:综合考虑 4.填方来源：运距:原土回填 5.回填方式:机械回填	m3	STHTTJ	STHTTJ<素土回填体积>
4	1-101	定	机械回填土 机械夯实		m3	STHTTJ	STHTTJ<素土回填体积>
5	010104006009	项	小型自卸汽车运土方 运距≤1km	1.废弃料品种:原土 2.运距:投标人踏勘现场，自行考虑	m3	TFTJ-STHTTJ	TFTJ<土方体积>-STHTTJ<素土回填体积>
6	1-142	定	小型自卸汽车运土方 运距≤1km		m3	TFTJ-STHTTJ	TFTJ<土方体积>-STHTTJ<素土回填体积>

图 4-41　大开挖土方开挖、回填和余方弃置清单和定额

接着套取基坑土方的挖方工程量清单和定额。以 JK-1 为例，选择基坑土方，双击进入“构件做法”界面，选择 JK-1，查询匹配清单，选择清单项“010104003007 挖掘机挖槽坑土方 一、二类土”，根据清单规则录入项目特征。查询匹配定额，选择定额项“1-115 挖掘机挖槽坑土方 一、二类土”，工程量表达式均选择“TFTJ”(土方体积)，如图 4-42 所示。

再套取基坑土方的回填工程量清单和定额。选择清单项“010103001009 机械回填土 机械夯实”，根据清单规则结合工程实际输入项目特征。查询匹配定额，选择定额项“1-101 机械回填土 机械夯实”，工程量表达式选择“STHTTJ”(素土回填体积)，如图 4-42 所示。

然后套取基坑土方余方弃置工程量清单和定额。选择清单项“010104006009 小型自卸汽车运土方 运距≤1 km”，根据清单规则结合工程实际输入项目特征。查询匹配定额，选择定额项“1-142 小型自卸汽车运土方 运距≤1 km”，工程量表达式设置为“TFTJ-STHTTJ”(土方体积-素土回填体积)，如图 4-42 所示。

	编码	类别	名称	项目特征	单位	工程量表达式	表达式说明
1	010104003007	项	挖掘机挖槽坑土方 一、二类土	1.土石类别:二类土 2.开挖方式:挖掘机开挖 3.挖土石深度:综合考虑 4.场内运距:综合考虑	m3	TFTJ	TFTJ<土方体积>
2	1-115	定	挖掘机挖槽坑土方 一、二类土		m3	TFTJ	TFTJ<土方体积>
3	010103001009	项	机械回填土 机械夯实	1.密实度要求:满足设计及规范要求 2.填方材料品种:原土回填 3.填方粒径要求:综合考虑 4.填方来源、运距:原土回填 5.回填方式:机械回填	m3	STHTTJ	STHTTJ<素土回填体积>
4	1-101	定	机械回填土 机械夯实		m3	STHTTJ	STHTTJ<素土回填体积>
5	010104006009	项	小型自卸汽车运土方 运距≤1km	1.废弃料品种:原土 2.运距:投标人踏勘现场，自行考虑	m3	TFTJ-STHTTJ	TFTJ<土方体积>-STHTTJ<素土回填体积>
6	1-142	定	小型自卸汽车运土方 运距≤1km		m3	TFTJ-STHTTJ	TFTJ<土方体积>-STHTTJ<素土回填体积>

图 4-42　JK-1 基坑土方工程清单和定额

其他独立基础基坑土方工程量采用“做法刷”的命令进行快速套取，如图 4-43 所示。

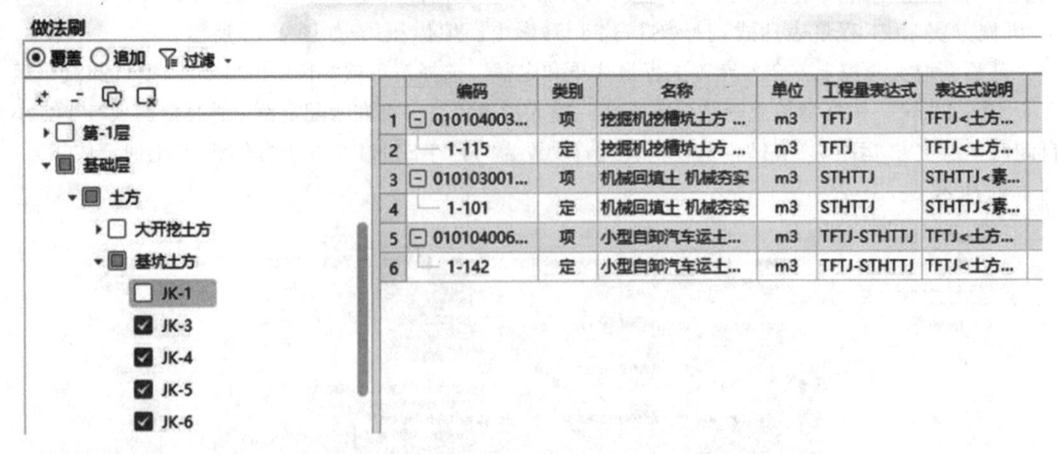

	编码	类别	名称	单位	工程量表达式	表达式说明
1	010104003...	项	挖掘机挖槽坑土方 ...	m3	TFTJ	TFTJ<土方...
2	1-115	定	挖掘机挖槽坑土方 ...	m3	TFTJ	TFTJ<土方...
3	010103001...	项	机械回填土 机械夯实	m3	STHTTJ	STHTTJ<素...
4	1-101	定	机械回填土 机械夯实	m3	STHTTJ	STHTTJ<素...
5	010104006...	项	小型自卸汽车运土...	m3	TFTJ-STHTTJ	TFTJ<土方...
6	1-142	定	小型自卸汽车运土...	m3	TFTJ-STHTTJ	TFTJ<土方...

图 4-43　其他基坑土方工程量清单定额做法刷套取

(四)土方工程量汇总计算

在菜单栏中选择“工程量”，单击“汇总计算”按钮，选择“基础层”，勾选“大开挖土方”和“基坑土方”，单击“确定”按钮，如图 4-44 所示。

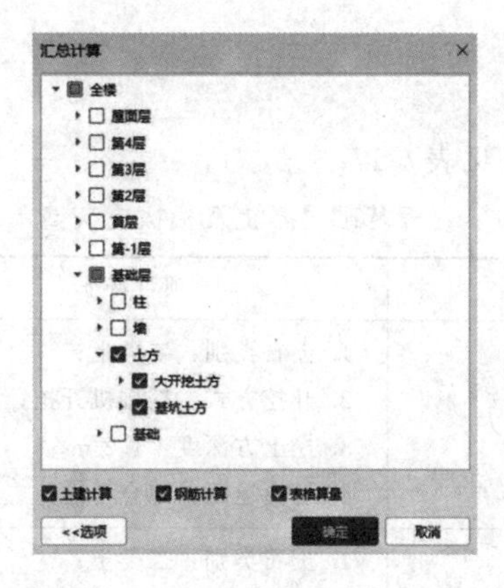

图 4-44　汇总计算土方工程量

计算成功后单击“查看报表”按钮，单击“土建报表量”选项卡，选择“清单汇总表”，查看大开挖土方的清单工程量、基坑开挖的清单工程量、土方回填的清单工程量和余方弃置的清单工程量，如图 4-45 所示。

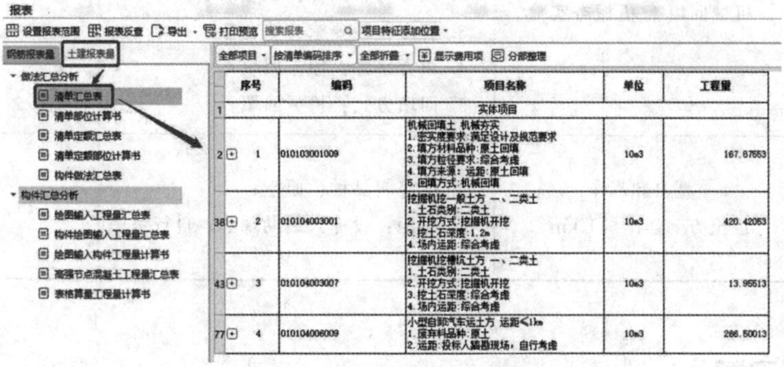

	序号	编码	项目名称	单位	工程量
1			实体项目		
2	1	010103001009	机械回填土 机械夯实 1.密实度要求:满足设计及规范要求 2.填方材料品种:原土回填 3.填方粒径要求:综合考虑 4.填方来源、运距:原土回填 5.回填方式:机械回填	10m3	167.87553
38	2	010104003001	挖掘机挖一般土方 一、二类土 1.土石类别:二类土 2.开挖方式:挖掘机开挖 3.挖土石深度:1.2m 4.场内运距:综合考虑	10m3	420.42053
43	3	010104003007	挖掘机挖槽坑土方 一、二类土 1.土石类别:二类土 2.开挖方式:挖掘机开挖 3.挖土石深度:综合考虑 4.场内运距:综合考虑	10m3	13.95513
77	4	010104006009	小型自卸汽车运土方 运距≤1km 1.废弃料品种:原土 2.运距:投标人踏勘现场，自行考虑	10m3	266.50013

图 4-45　土方开挖、回填和余方弃置清单工程量

(五)土方工程量检查与校核

以大开挖土方为例，在“土建计算结果”面板中单击“查看计算式”按钮，选择大开挖土方图元，在弹出的“查看工程量计算式”对话框中可以看到大开挖土方工程量的计算过程，包括土方开挖和土方回填的体积，如图 4-46 所示。

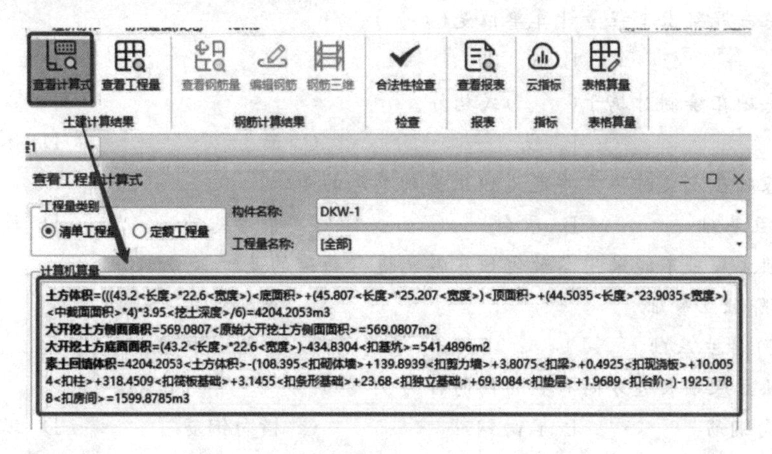

图 4-46　大开挖土方工程量计算过程

四、任务结果

本工程土方清单工程量结果见表4-17。

表4-17　筏板基础混凝土及模板支架清单工程量

项目编码	项目名称	项目特征	计量单位	工程量
10104003001	挖掘机挖一般土方	1. 土石类别：二类土； 2. 开挖方式：挖掘机开挖； 3. 挖土方深度：1.2 m； 4. 场内运距：综合考虑	m^3	4 204.05
010104003007	挖掘机挖槽坑土方	1. 土石类别：二类土； 2. 开挖方式：挖掘机开挖； 3. 挖土方深度：综合考虑； 4. 场内运距：综合考虑	m^3	139.55
10103001009	机械回填土 机械夯实	1. 密实度要求：满足设计及规范要求； 2. 填方材料品种：原土回填； 3. 填方粒径要求：综合考虑； 4. 填方来源：原土回填； 5. 回填方式：机械回填	m^3	1 678.76
010104006009	小型自卸汽车 运土方　运距≤1 km	1. 废弃料品种：原土； 2. 运距：投标人踏勘现场，自行考虑	m^3	2 665.00

课后习题

一、单选题

1. 筏板基础的绘制与下列(　　)构件类似。

A. 柱　　B. 梁　　C. 板　　D. 墙

2. 下列(　　)不是筏板基础的绘制方法。

A. 直线绘制　　B. 矩形绘制　　C. 识别绘制　　D. 智能布置

3. 筏板基础混凝土工程量计算单位是(　　)。

A. m　　B. m^2　　C. m^3　　D. t

4. 独立基础在绘制时属于(　　)式构件。

A. 点　　B. 线　　C. 面　　D. 体

5. 下列基础在定义时不需要定义独立基础单元的是(　　)。

A. 独立基础　　B. 承台　　C. 条形基础　　D. 筏板基础

6. 下列独立基础不能采用参数化独基单元进行新建的是(　　)。

A. 单阶独立基础　　B. 双阶独立基础

C. 三阶独立基础　　D. 四阶独立基础

7. 沿着独立基础长边方向布置的钢筋称为(　　)。

A. X向钢筋　　B. Y向钢筋　　C. 横向钢筋　　D. 纵向钢筋

8. 下列构件内没有配置钢筋的是(　　)。

A. 独立基础　　B. 筏板基础　　C. 条形基础　　D. 垫层

9. 条形基础垫层采用(　　)类型进行新建。

A. 点式　　B. 线式　　C. 面式　　D. 以上均可

10. 底宽 3 m，底长 24 m，开挖深度 0.4 m 的开挖土方类型为(　　)。

A. 平整场地　　B. 沟槽土方　　C. 基坑土方　　D. 一般土方

11. 开挖深度为 2 m，三类土，坑内作业开挖土方的坡度为(　　)。

A. 1∶0.33　　B. 1∶0.25　　C. 1∶0.67　　D. 1∶0.5

12. 混凝土基础的单边工作面宽度为(　　)mm。

A. 200　　B. 250　　C. 400　　D. 800

13. 土方生成的底标高应为(　　)。

A. 基础顶　　B. 基础底　　C. 垫层顶　　D. 垫层底

14. “STHTTJ”表示的是(　　)的工程量表达式。

A. 土方开挖　　B. 土方回填　　C. 余方弃置　　D. 模板面积

15. 通常在装饰构件中生成的土方图元是(　　)。

A. 大开挖土方　　B. 灰土回填　　C. 基坑土方　　D. 房心回填

二、判断题

1. 筏板基础的清单在套取时要选择满堂基础进行套取。(　　)
2. 筏板基础混凝土工程量计算时需要扣除与独立基础相重叠的部分。(　　)
3. 筏板基础和独立基础的钢筋需要分别定义和绘制。(　　)
4. 坡形独立基础的建模方法通常采用新建参数化独基单元。(　　)
5. 独立基础水平方向的钢筋成为横向受力筋。(　　)
6. 独立基础的模板包括侧模和底模。(　　)
7. 0.33 是土方开挖放坡的坡度值。(　　)
8. 砖基础的单边工作面宽度是 250 mm。(　　)
9. 某基坑土石方开挖工程，已知土为四类土，开挖深度为 1.6 m，则土方开挖需要放坡。(　　)
10. 对于大开挖和基坑开挖土方的重叠部分，软件会自动扣除。(　　)

三、实操题

下载活动中心工程图纸和外部清单，完成下列任务。

1. 绘制其基础三维算量模型，套取外部清单，计算其混凝土工程量。
2. 绘制其土方三维算量模型，套取外部清单，计算其土方开挖工程量。

微课：实操题

模块五

建筑构件建模与工程量计算

单元一　砌体墙建模与工程量计算

工作任务目标

1. 能够识读砌体墙施工图，提取建模的关键信息。
2. 能够绘制砌体墙及其加筋的三维算量模型。
3. 能够套取砌体墙的清单和定额，正确提取其工程量。

教学微课

微课：砌体墙构件建模
与工程量计算

职业素质目标

具备多加练习、脚踏实地的学习态度。

思政故事

"纸上谈兵"的故事

"纸上谈兵"主要讲述了战国时期有个人叫赵括，他从小就熟读兵书。因此，他谈起用兵作战，总是滔滔不绝。可他的父亲却说他只会说空话，没有真本领，不会用兵，更不能当大将。有一次，秦国攻打赵国，赵王让赵括当大将，带军打仗，有人劝赵王说："赵括兵书虽然读得熟，但不会灵活运用，会坏事的。"赵王不听。不久，在两军交战中时，赵军全军覆没，而赵括也在交战中阵亡。

这个故事中的赵括虽然兵书读得很多，却不会灵活运用，所以才会全军覆没。而赵王用人不当，也是导致战争失败的主要原因。所以人光有理论知识是不行的，无论做什么都不能只空谈理论，只有联系实际，活学活用，将所学的知识运用到实际当中去，才能将事情做好。

在软件的学习过程中，大家不能只看书和教学视频，还要进行实际操作，而且需要针对不同的工程多练习，这样才能在实际工作中完成好任务。

一、工作任务布置

分析1号办公楼工程建筑平面图和立面图，绘制砌体墙和其砌体加筋的三维模型，套取砌体墙的清单和定额，并统计其工程量。

二、任务分析

(一)图纸分析

查阅1号办公楼建施-04“一层平面图”，由建筑设计总说明可知，以首层墙体工程为例，外墙为250 mm厚陶粒空心砖，内墙为200 mm厚陶粒空心砖。墙体砂浆采用M5水泥砂浆砌筑。查阅1号办公楼结施-01“结构设计说明”第7条(3)可知，填充墙与柱、抗震墙及构造柱连接处应设拉结筋，做法如图5-1所示。

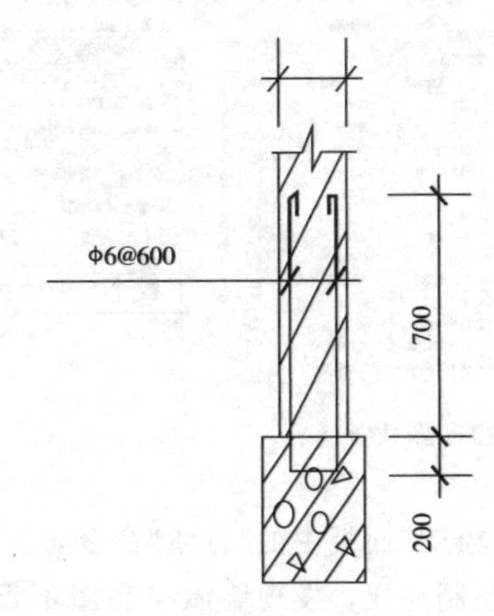

图5-1 砌体加筋示意图

(二)清单工程量计算规则分析

查阅《房屋建筑与装饰工程工程量计算规范》(GB 50854—2013)可知，砌块墙清单工程量计算规则见表5-1。

表5-1 砌块墙清单工程量计算规则

项目编码	项目名称	项目特征	计量单位	工程量计算规则
010402001	砌块墙	1. 砌块品种、规格、强度等级； 2. 墙体类型； 3. 砂浆强度等级	m^3	按设计图示尺寸以体积计算。扣除门窗、洞口、嵌入墙内的钢筋混凝土柱、梁、圈梁、挑梁、过梁及凹进墙内的壁龛管槽、暖气槽、消火栓箱所占体积，不扣除梁头、板头、檩头、垫木、木楞头、沿缘木、木砖、门窗走头、砌块墙内加固钢筋、木筋、铁件、钢管及单个面积<0.3 m的孔洞所占的体积。凸出墙面的腰线、挑檐、压顶、窗台线、虎头砖、门窗套的体积亦不增加。凸出墙面的砖垛并入墙体体积内计算

三、任务实施

(一)手工绘制首层砌体墙

1. 新建砌体墙

单击导航栏中“墙”选项卡，选择“砌体墙”选项，在“构件列表”中新建外墙，单击“属性列表”，输入厚度为“250”，材质输入“空心砖”，砂浆类型选择“水泥砂浆”，砂浆强度等级(标号)选择“M5”，内/外墙标志选择“外墙”。完成外墙的定义，如图5-2所示。

2. 绘制砌体墙

单击“图纸管理”选项卡，双击“一层平面图”，在“图层管理”面板中勾选“CAD 原始图层”复选框，调取一层平面 CAD 底图，确认 CAD 底图与轴网是否重合，如图 5-3 所示。

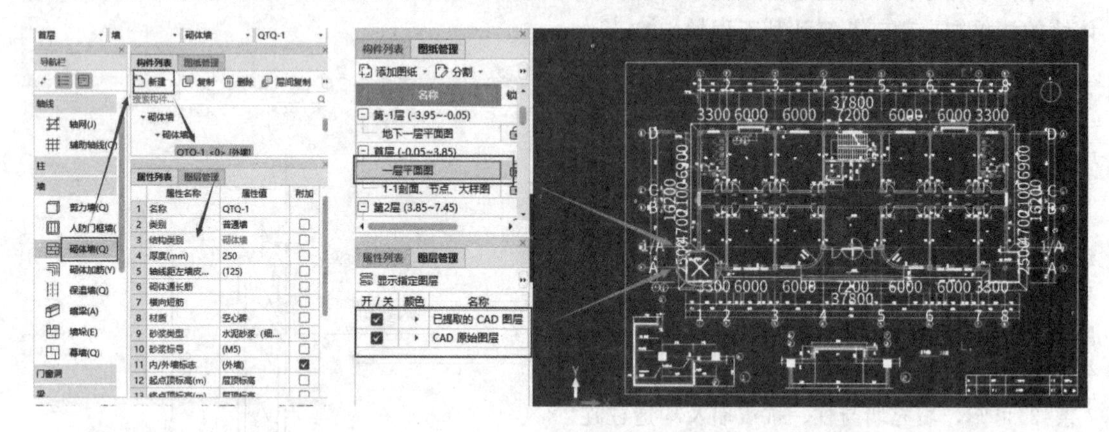

图 5-2　新建外墙　　　　图 5-3　一层平面 CAD 底图

选择“绘图”面板中的“直线”命令，按照图纸绘制即可，如图 5-4 所示。

如果绘制完成，发现墙体与底图不重合，可使用“对齐”命令，使墙体位于正确的位置上，如图 5-5 所示。

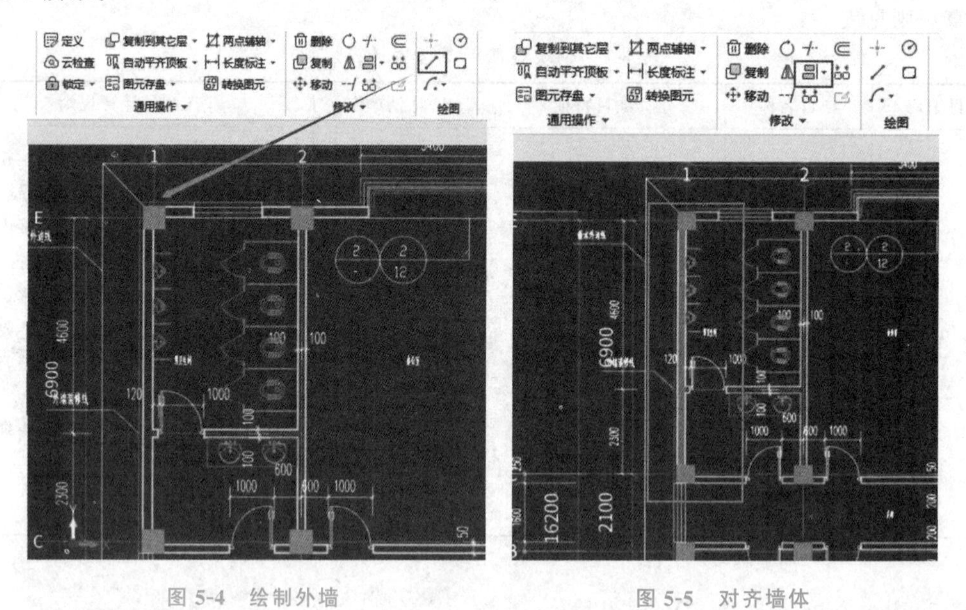

图 5-4　绘制外墙　　　　图 5-5　对齐墙体

利用以上方法完成内墙绘制。

(二)识别绘制二层墙

选择第二层，单击导航栏面板中“墙”按钮，选择“砌体墙”选项，单击“识别砌体墙”按钮，按照提示依次操作，如图 5-6 所示。

操作步骤如下：

(1)提取砌体墙边线，单击选择砌体墙边线，单击鼠标右键确认。

(2)提取门窗线，单击选择门窗线，单击鼠标右键确认。

(3)识别砌体墙，在弹出的窗口中核实信息，根据设计说明输入砌体墙材质，单击“自动识别”按钮，如图 5-7 所示。

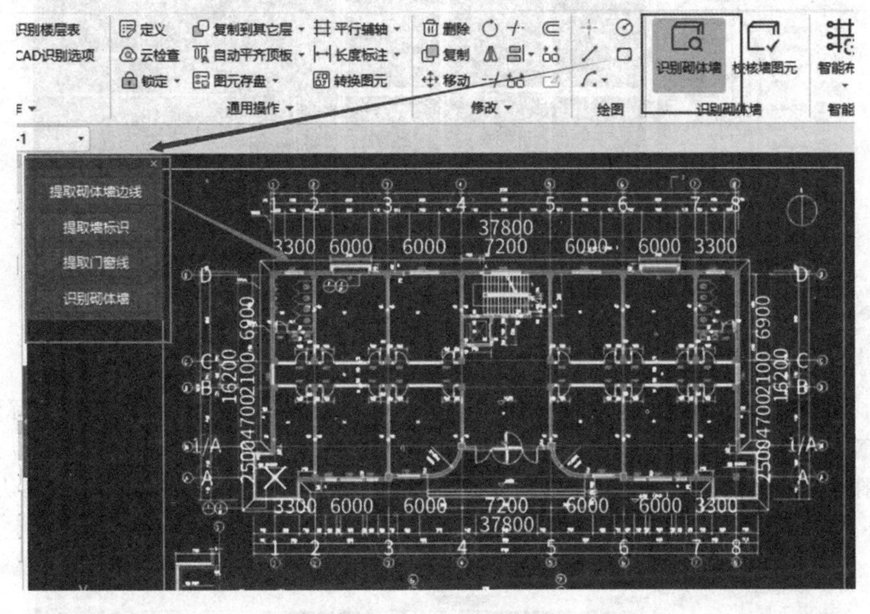

图 5-6　识别砌体墙界面

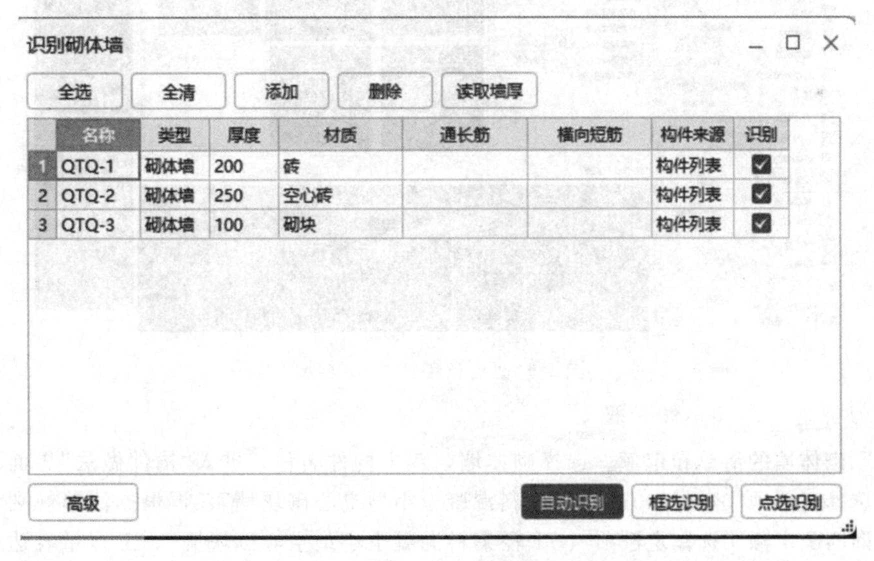

图 5-7　识别砌体墙核对信息界面

(三)绘制砌体加筋

在导航栏中执行“墙”→“砌体加筋”命令，进入“构件列表”。可以选择“新建”→“砌体加筋”选项，如图 5-8 所示，通过“点”命令进行绘制。这种方法比较烦琐，需要先对每一种形式的加筋进行定义，再对照图纸，在绘图区放置在需要的位置。

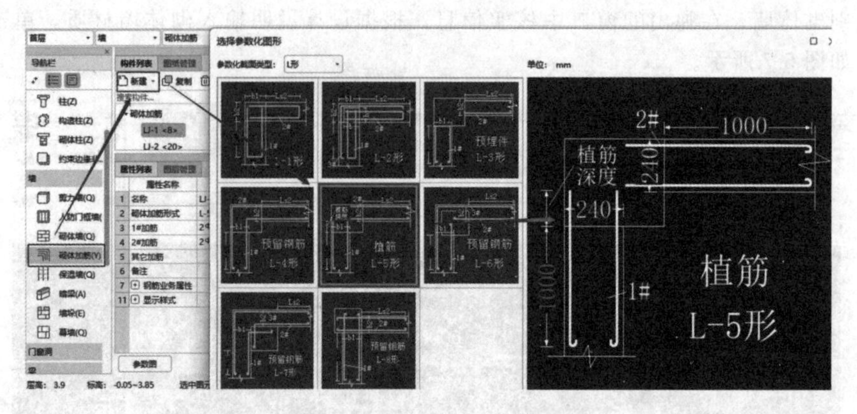

图 5-8　新建砌体加筋界面

另外，也可以执行“砌体加筋二次编辑”→“生成砌体加筋”命令，针对工程的实际情况，在每一个设置条件下，选择加筋形式，并在下方的区域进行定义，输入参数，如图 5-9 所示。接下来，选择生成方式、是否覆盖同位置砌体加筋，以及楼层和图元，单击鼠标右键确认。

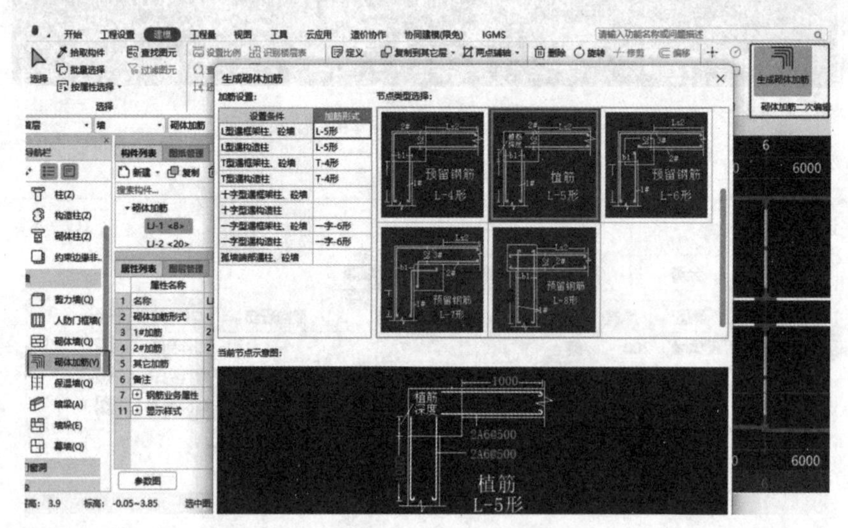

图 5-9　“生成砌体加筋”界面

(四)砌体墙清单和定额套取

先套取砌体墙的清单和定额。选择砌体墙，双击构件名称，进入“构件做法”界面。查询匹配清单，选择清单项“010402001001 轻集料混凝土小型空心砌块墙”，再根据清单规则录入项目特征。查询匹配定额，选择定额项“4-71 轻集料混凝土小型空心砌块墙”。工程量表达式均选择“TJ”(体积)，如图 5-10 所示。

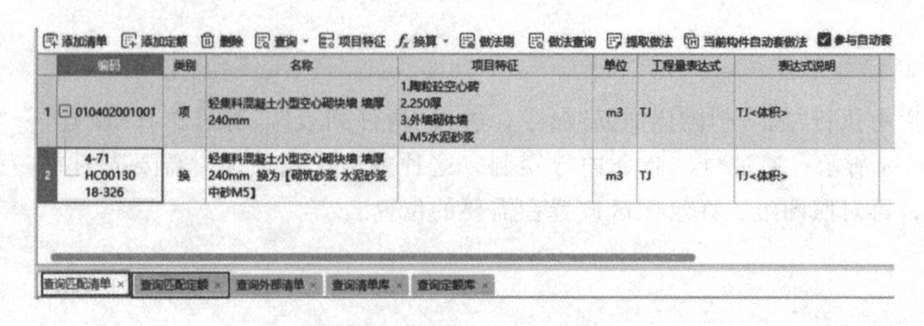

	编码	类别	名称	项目特征	单位	工程量表达式	表达式说明
1	010402001001	项	轻集料混凝土小型空心砌块墙 墙厚240mm	1.陶粒砼空心砖 2.250厚 3.外墙砌体墙 4.M5水泥砂浆	m3	TJ	TJ<体积>
2	4-71 HC00130 18-326	换	轻集料混凝土小型空心砌块墙 墙厚240mm 换为【砌筑砂浆 水泥砂浆 中砂M5】		m3	TJ	TJ<体积>

图 5-10　砌块墙清单和定额

(五)砌块墙和砌体加筋汇总计算

单击菜单栏中的“工程量”选项卡，单击“汇总计算”按钮，在“汇总计算”对话框中选择“首层”，在“墙”下拉列表中勾选“砌体墙”“砌体加筋”，单击“确定”按钮，如图 5-11 所示。

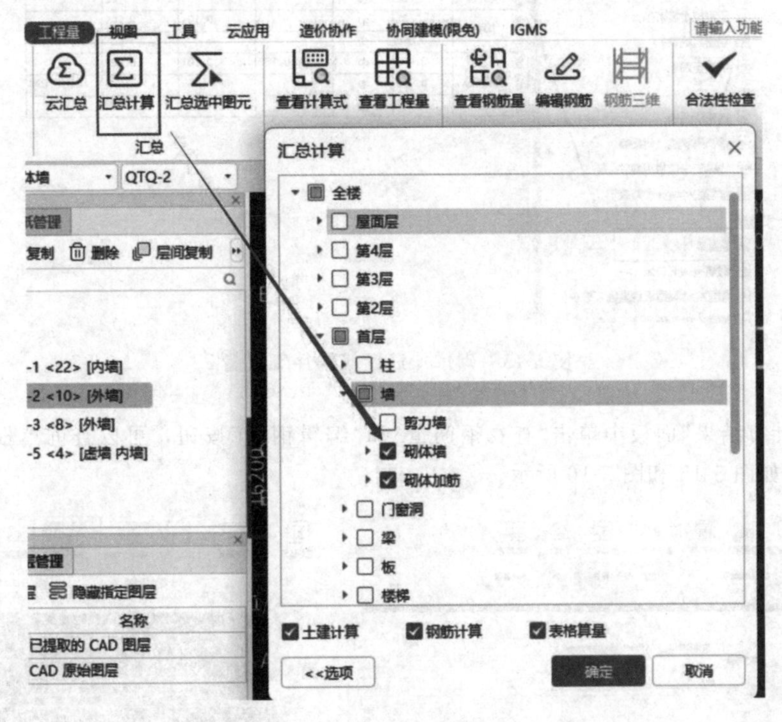

图 5-11　汇总计算砌体墙及砌体加筋工程量

计算成功后单击“查看报表”按钮，单击“土建报表量”选项卡，选择“清单汇总表”选项，查看砌体墙清单工程量。其结果如图 5-12 所示。

序号	编码	项目名称	单位	工程量
实体项目				
1	010402001001	轻集料混凝土小型空心砌块墙 墙厚 240mm 1.陶粒砼空心砖 2.250厚 3.外墙砌体墙 4.M5水泥砂浆	10m3	4.78503
2	010402001002	轻集料混凝土小型空心砌块墙 墙厚 200mm 1.陶粒砼砌块 2.250厚 3.内墙砌筑墙 4.水泥砂浆M5	10m3	8.20554

图 5-12　砌体墙清单工程量

单击“钢筋报表量”选项卡，选择“钢筋统计汇总表”，得到砌体加筋的钢筋工程量。其结果如图 5-13 所示。

(六)砌体墙工程量检查与校核

在“土建计算结果”面板中，单击“查看计算式”按钮，单击砌体墙图元，可以在弹出的“查看工程量计算式”对话框中看到该砌体墙工程量的计算过程，如图 5-14 所示。

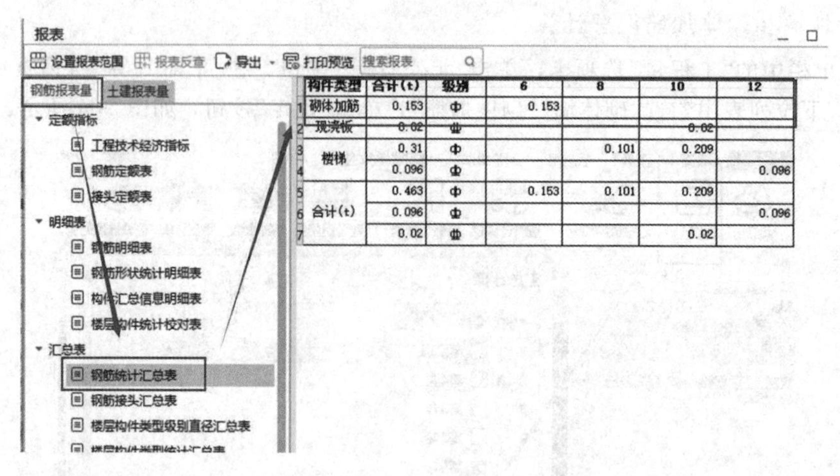

构件类型	合计(t)	级别	6	8	10	12
砌体加筋	0.153	Φ	0.153			
现浇板	0.02	Φ			0.02	
楼梯	0.31	Φ		0.101	0.209	
	0.096	Φ				0.096
合计(t)	0.463	Φ	0.153	0.101	0.209	
	0.096	Φ				0.096
	0.02	Φ			0.02	

图 5-13　砌体加筋钢筋构件工程量

在“钢筋计算结果”面板中单击“查看钢筋量”和“编辑钢筋”按钮，可以查询单根加筋的质量和编辑钢筋，如图 5-15 和图 5-16 所示。

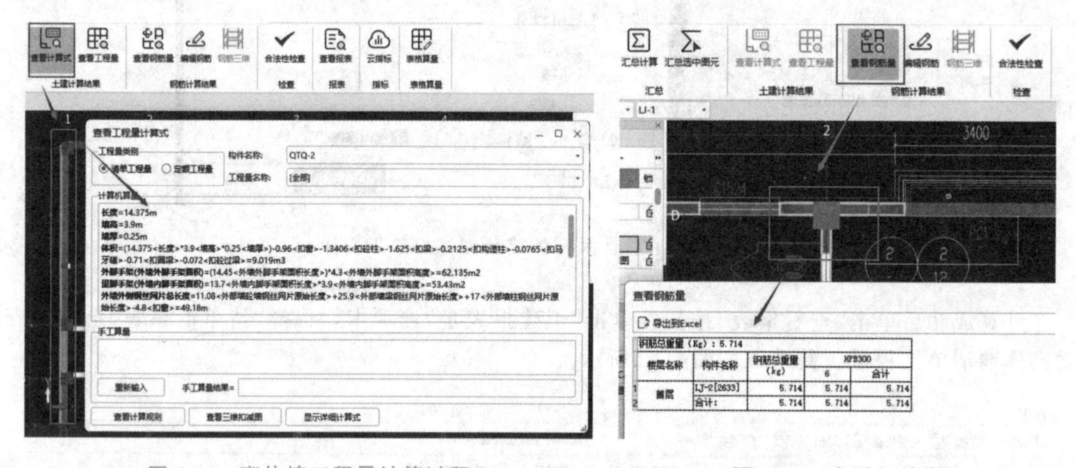

图 5-14　砌体墙工程量计算过程　　　图 5-15　查看钢筋量

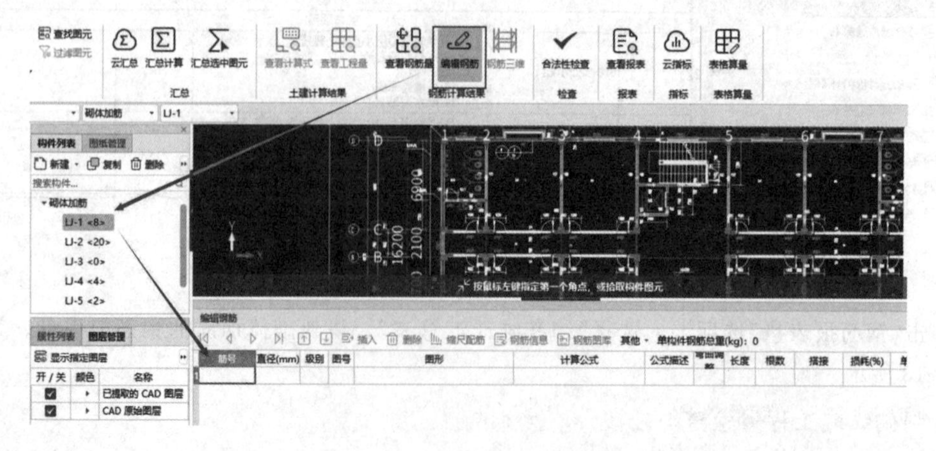

图 5-16　砌体加筋钢筋编辑

四、任务结果

砌块墙清单工程量见表 5-2，砌体加筋构件钢筋工程量见表 5-3。

表 5-2　砌块墙清单工程量

项目编码	项目名称	项目特征	计量单位	工程量
010401003003	实心砖墙	1. 砖品种、规格、强度等级：实心砖墙，厚 240 mm； 2. 墙体类型：女儿墙； 3. 砂浆强度等级、配合比：M 5.0 水泥砂浆	m^3	21.413 9
010401005001	陶粒空心砖内墙	1. 砖品种、规格、强度等级：煤陶粒空心砖墙，厚 200 mm； 2. 墙体类型：内墙； 3. 砂浆强度等级、配合比：M 5.0 水泥砂浆	m^3	367.991 1
010401005002	陶粒空心砖外墙	1. 砖品种、规格、强度等级：陶粒空心砖墙，厚 250 mm； 2. 墙体类型：外墙； 3. 砂浆强度等级、配合比：M 5.0 水泥砂浆	m^3	177.525 8

表 5-3　砌体加筋构件钢筋工程量

构件类型	钢筋总质量/t	HPB300
		6
砌体加筋	0.811	0.811
工程量合计/t	0.811	0.811

单元二　门窗建模与工程量计算

工作任务目标

1. 能够识读门窗表和建筑平面图，提取建模的关键信息。
2. 能够绘制门窗三维算量模型。
3. 能够套取门窗的清单和定额，正确提取其工程量。

教学微课

微课：门窗的绘制与工程量计算

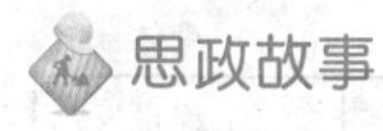

职业素质目标

能够具备认真核对，计算不漏项的工作态度。

思政故事

刻舟求剑

从前，有一位楚国人，他喜爱剑术，总是随身佩戴一把宝剑。有一天，他在坐船过江的时候，不小心把自己的宝剑滑落到江里去了。见此情况，船上同行的伙伴都劝他赶快想办法把剑捞起来。这个楚国人却很淡定地掏出一把小刀，并在船舷上刻了个记号，然后得意地对大家说："这是我的剑掉下去的地方。"众人疑惑不解地望着那个刀刻的印记，还是不停地催促他下水去找剑。楚国人却说："慌什么，我有记号呢。等会我一定能找到宝剑的。"船行到岸边停下后，这个楚国人脱下衣服，顺着他刻有记号的地方下水去找剑。可是，他怎么也找不到那把剑了。

这个故事告诉人们，不要死守教条，拘泥成法，固执不变通。学习软件的过程也是如此，在同一个工程中，要善于应用不同的方法绘制模型来提高绘制的速度和准确性。

一、工作任务布置

分析1号办公楼工程门窗表和建筑平面图，绘制独立基础的三维模型，套取门窗的清单和定额，并统计其工程量。

二、任务分析

(一)图纸分析

查阅1号办公楼建筑设计总说明中的门窗统计表，可知本工程有甲级防火门、乙级防火门、旋转玻璃门、木质夹板门、塑钢窗。结合建施-11可确定各门窗的标高，根据建施-03～建施-07各层建筑平面图可确定各门窗的位置。

(二)清单计算规则分析

查阅《房屋建筑与装饰工程工程量计算规范》(GB 50854—2013)可知，门窗清单工程量计算规则见表5-4。

表5-4　门窗清单工程量计算规则

项目编码	项目名称	项目特征	计量单位	工程量计算规则
010801001	木质门	1. 门代号及洞口尺寸； 2. 镶嵌玻璃品种、厚度	1. 樘 2. m^2	1. 以樘计量，按设计图示数量计算； 2. 以平方米计量，按设计图示洞口尺寸以面积计算
010802003	钢质防火门	1. 门代号及洞口尺寸； 2. 门框或扇外围尺寸； 3. 门框、扇材质	1. 樘 2. m^2	1. 以樘计量，按设计图示数量计算； 2. 以平方米计量，按设计图示洞口尺寸以面积计算
010805002	旋转门	1. 门代号及洞口尺寸； 2. 门框或扇外围尺寸； 3. 门框、扇材质； 4. 玻璃品种、厚度； 5. 启动装置的品种规格； 6. 电子配件品种、规格	1. 樘 2. m^2	1. 以樘计量，按设计图示数量计算； 2. 以平方米计量，按设计图示洞口尺寸以面积计算

续表

项目编码	项目名称	项目特征	计量单位	工程量计算规则
010807001	金属(塑钢、断桥)窗	1. 窗代号及洞口尺寸； 2. 框、扇材质； 3. 玻璃品种、厚度	1. 樘 2. m^2	1. 以樘计量，按设计图示数量计算； 2. 以平方米计量，按设计图示洞口尺寸以面积计算
010807007	金属(塑钢、断桥)飘窗	1. 窗代号； 2. 框外围展开面积； 3. 框、扇材质； 4. 玻璃品种、厚度	1. 樘 2. m^2	1. 以樘计量，按设计图示数量计算； 2. 以平方米计量，按设计图示尺寸以框外围展开面积计算

三、任务实施

(一)手工绘制门窗

1. 门窗的定义

(1)门的定义。单击导航栏中“门窗洞”选项卡，选择“门”选项，在“构件列表”中单击“新建”按钮，在下拉列表中选择“新建矩形门”选项，如图 5-17 所示。

在“属性列表”中按建筑总设计说明中的门窗表输入相应的属性值，如“FM乙1121”的属性定义如图 5-18 所示。用同样的方法定义所有的门。

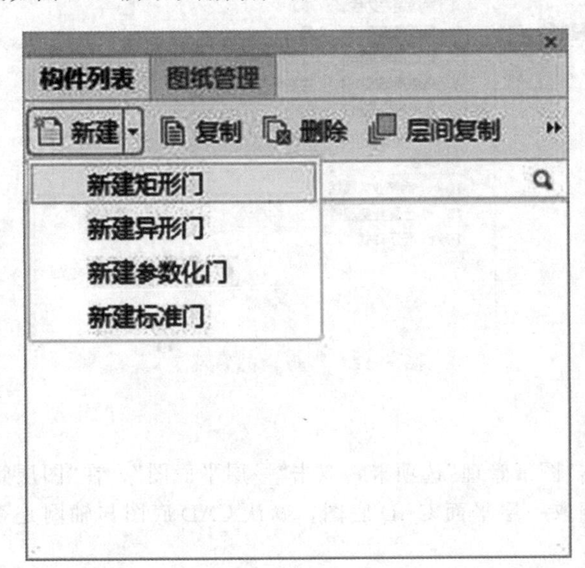

图 5-17　新建矩形门

	属性名称	属性值	附加
1	名称	FM乙1121	
2	洞口宽度(mm)	1100	☐
3	洞口高度(mm)	2100	☐
4	离地高度(mm)	0	☐
5	框厚(mm)	60	☐
6	立樘距离(mm)	0	☐
7	洞口面积(m²)	2.31	☐
8	是否随墙变斜	否	☐
9	备注	乙级防火门	☐
10	⊕ 钢筋业务属性		
15	⊕ 土建业务属性		
18	⊕ 显示样式		

图 5-18　门的属性定义

(2)窗的定义。单击导航栏中“门窗洞”选项卡，选择“窗”选项，在“构件列表”中单击“新建”按钮，选择“新建矩形窗”，如图 5-19 所示。

在“属性列表”中按建筑总设计说明中的门窗表输入相应的属性值，如 C0924 的属性定义如图 5-20 所示，应特别注意窗的离地高度，可通过查看立面图确定。用同样的方法定义所有的窗。

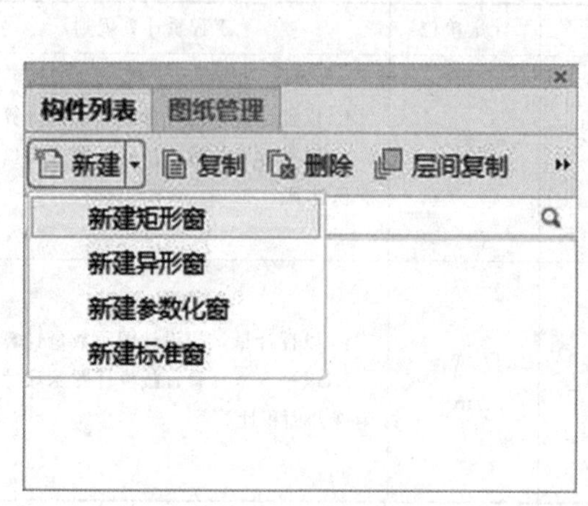

图 5-19　新建矩形窗

属性列表　图层管理

	属性名称	属性值	附加
1	名称	C0924	
2	类别	普通窗	☐
3	顶标高(m)	层底标高+3	☐
4	洞口宽度(mm)	900	☐
5	洞口高度(mm)	2400	☐
6	离地高度(mm)	600	☐
7	框厚(mm)	60	☐
8	立樘距离(mm)	0	☐
9	洞口面积(m²)	2.16	☐
10	是否随墙变斜	是	☐
11	备注	塑钢窗	☐
12	⊕ 钢筋业务属性		
17	⊕ 土建业务属性		
20	⊕ 显示样式		

图 5-20　窗的属性定义

(3)带形窗的定义。单击导航栏中“门窗洞”选项卡，选择“带形窗”选项，在“构件列表”中单击“新建”按钮，在下拉列表中选择“新建带形窗”选项，如图 5-21 所示。

在“属性列表”框中按建筑总设计说明中的门窗表输入相应的属性值，如 ZJC1 的属性定义如图 5-22 所示。用同样的方法定义所有的带形窗。

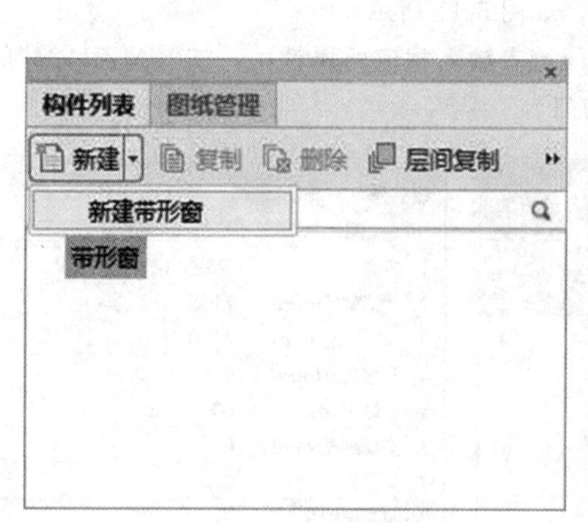

图 5-21　新建带形窗

属性列表　图层管理

	属性名称	属性值	附加
1	名称	ZJC1	
2	框厚(mm)	60	☐
3	轴线距左边线...	(30)	☐
4	是否随墙变斜	是	☐
5	起点顶标高(m)	层底标高+3	☐
6	终点顶标高(m)	层底标高+3	☐
7	起点底标高(m)	0.3	☐
8	终点底标高(m)	0.3	☐
9	备注		☐
10	⊕ 钢筋业务属性		
13	⊕ 土建业务属性		
16	⊕ 显示样式		

图 5-22　带形窗的属性定义

2. 门窗的绘制

门窗定义好后，切换到绘图界面。单击“图纸管理”选项卡，双击“一层平面图”，在“图层管理”面板中勾选“CAD 原始图层”复选框，调取一层平面 CAD 底图，确认 CAD 底图与轴网是否重合。

(1)绘制门(以首层 M1021 为例)。在“构件列表”面板中选择要绘制的构件，单击“绘图”面板中的“点”按钮，找到 M1021 的位置，单击鼠标左键确定。

采用相同的方法完成其他门的布置，如果对于门的位置有精准的要求，可以使用“精确布置”命令捕捉交点，单击鼠标左键，然后移动鼠标，确定移动方向，在输入框中输入偏移距离，按 Enter 键即可完成布置，如图 5-23 所示。

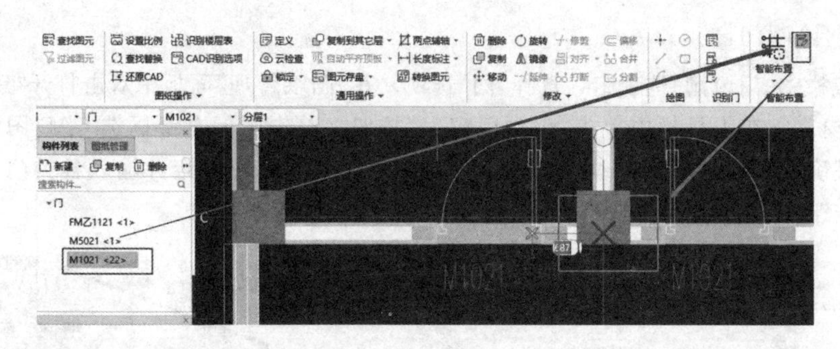

图 5-23 精准布置门

(2)绘制窗(以首层 C0924 为例)。在“构件列表”面板中选择要绘制的构件，单击“绘图”面板中的“点”按钮，找到 C0924 的位置，单击鼠标左键确定。

如果窗在墙段的中间，可以执行“智能布置”→“墙段中段”命令进行布置。如果对于窗的位置有精准的要求，可以使用“精确布置”命令捕捉交点，单击鼠标左键，然后移动鼠标，确定移动方向，在输入框中输入偏移距离，按 Enter 键即可完成布置。这个方法同门的精准布置。也可以通过执行“绘图”面板中的“点”命令，找到交点，同时按下 Shift 键和鼠标左键，在“请输入偏移值”对话框中输入偏移值，向左偏移为负，向右偏移为正，完成该窗的绘制，如图 5-24 所示。

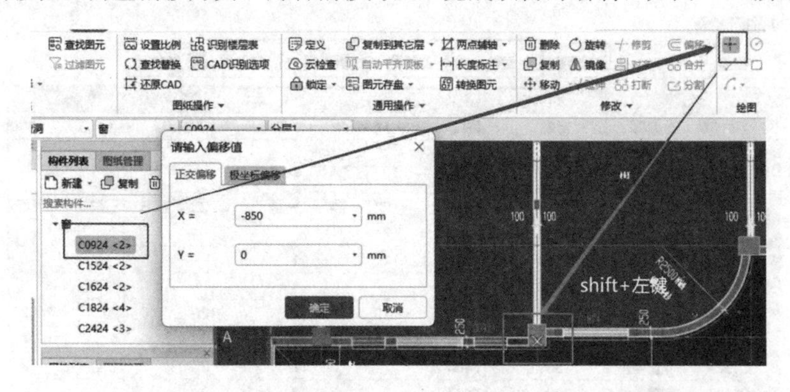

图 5-24 绘制窗

(3)绘制带形窗(以首层 ZJC1 为例)。在“构件列表”面板中选择要绘制的构件，单击“绘图”面板中的“直线”按钮，对照图纸相应位置绘制窗户即可，如图 5-25 所示。

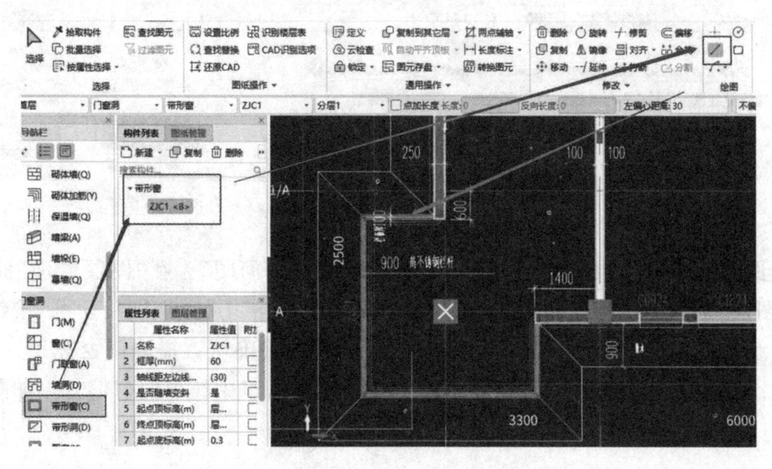

图 5-25 绘制带形窗

（二）识别绘制门窗

单击导航栏中“门窗洞”选项卡，选择“门”选项，在“图纸管理”面板中双击打开“建筑设计总说明”，找到门窗表，在工具栏中单击“识别门窗表”按钮，单击图标左键框选 CAD 图中的门窗表，单击鼠标右键确认。删除无效行或无效列，根据建筑立面图标注确定并输入各类门窗离地高度，单击“识别”按钮，如图 5-26 和图 5-27 所示。

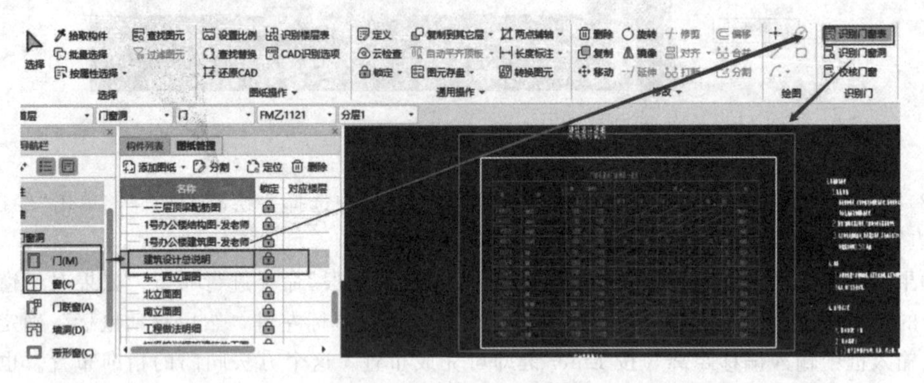

图 5-26　识别门窗表

识别门窗表

撤消　恢复　查找替换　删除行　删除列　插入行　插入列　复制行

下拉选择	名称	宽度	高度	离地高度	下拉选择	下拉选择	下拉选择	下拉
编号	名称		规格(洞口...					
		宽	高	地下一层	一层	二层	三层	四层
FM甲1021	甲级防火门	1000	2100	2				
FM乙1121	乙级防火门	1100	2100	1	1			
M5021	旋转玻璃门	5000	2100		1			
M1021	木质夹板门	1000	2100	18	20	20	20	20
C0924	塑钢窗	900	2400		4	4	4	4
C1524	塑钢窗	1500	2400		2	2	2	2
C1624	塑钢窗	1600	2400	2	2	2	2	2
C1824	塑钢窗	1800	2400		2	2	2	2
C2424	塑钢窗	2400	2400		2	2	2	2
PC1	飘窗(塑钢...	见平面	2400		2	2	2	2
C5027	塑钢窗	5000	2700			1	1	1
MQ1	装饰幕墙	6927	14400					
MQ2	装饰幕墙	7200	14400					

提示:请在第一行的空白行中单击鼠标从下拉框中选择对应列关系

识别　取消

图 5-27　校核门窗表

切换到绘图界面，在“图纸管理”选项卡中选择“一层平面图”，在“图层管理”面板中勾选“已提取的 CAD 图层”和“CAD 原始图层”。接下来，单击工具栏中的“识别门窗洞”按钮。

提取门窗线，单击鼠标左键选择门窗线，单击鼠标右键确认；提取门窗标识，单击鼠标左键选择门窗标识，单击鼠标右键确认。自动识别，在弹出的窗口中校核门窗信息，如图 5-28 所示。

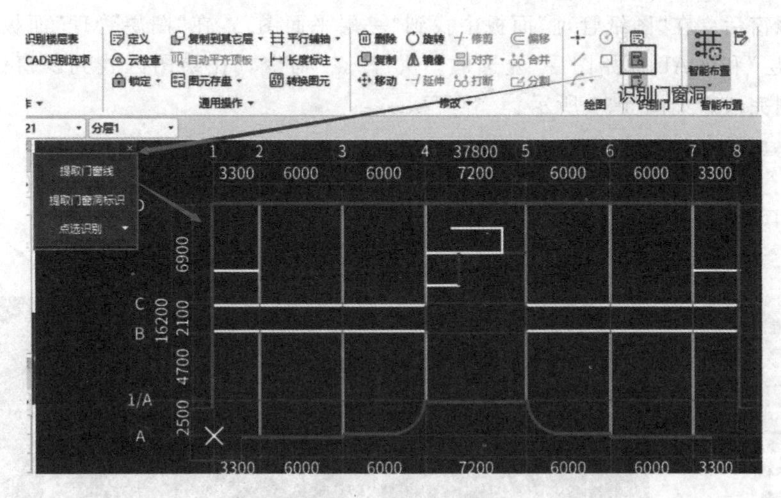

图 5-28　识别门窗洞

(三)绘制飘窗

执行导航栏面板中“门窗洞”→“飘窗”命令，在“构件列表”中新建“参数化飘窗”，在参数定义的界面中根据工程实际情况选择符合的飘窗类型，在右侧的参数定义区进行参数定义，如图 5-29 和图 5-30 所示。

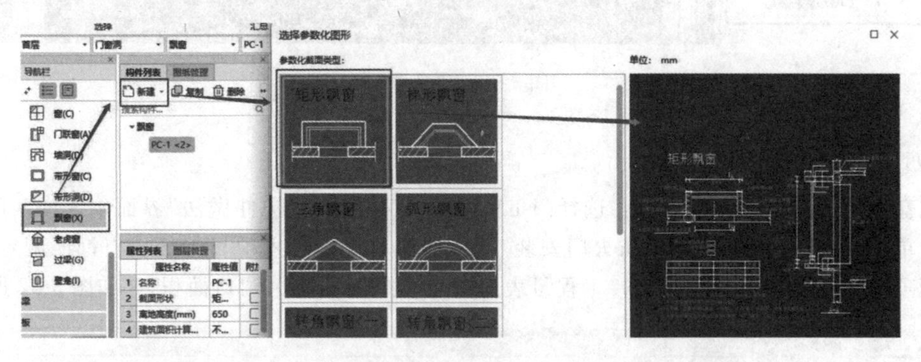

图 5-29　新建飘窗

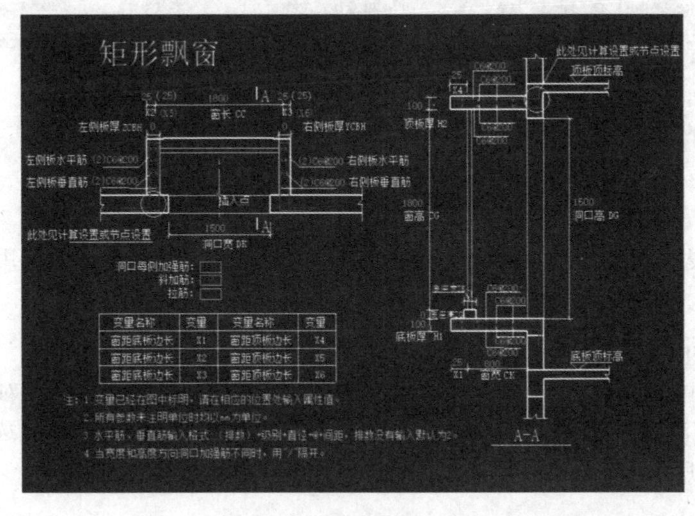

图 5-30　飘窗参数定义

定义好飘窗后，在“图纸管理”面板中找到“一层平面图”，在“图层管理”面板中勾选“已提取的CAD图层”和“CAD原始图层”复选框。执行“点”命令，在绘图区找到飘窗位置，单击鼠标左键，绘制完成，如图5-31所示。

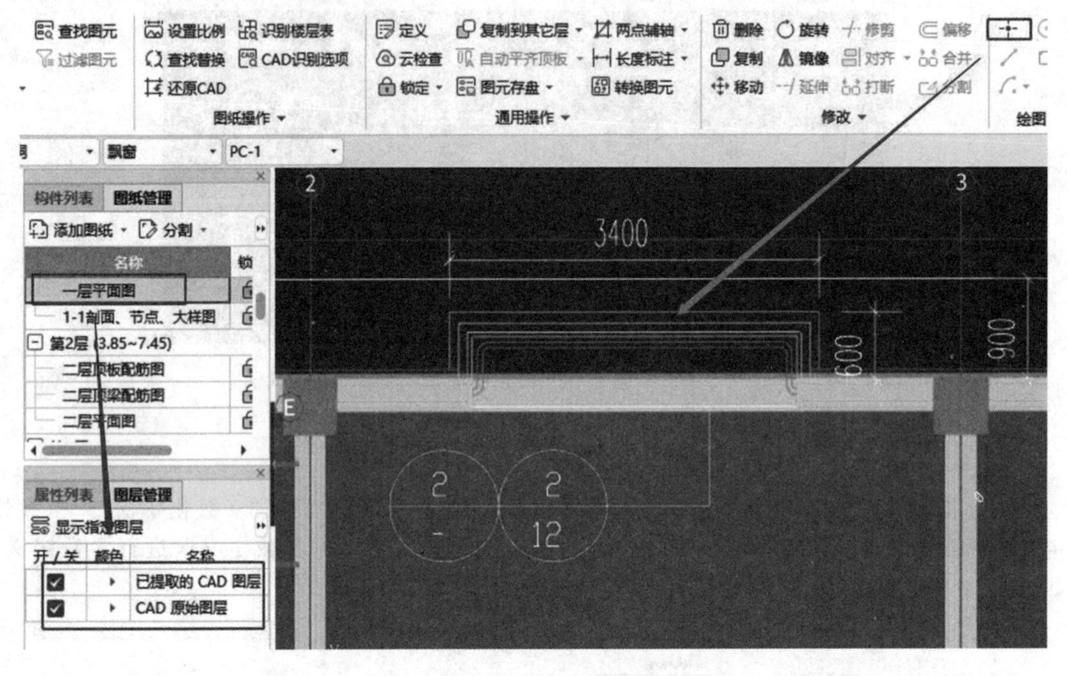

图 5-31　绘制飘窗

(四)门窗清单和定额套取

以套取门的清单和定额为例，选择门FM1021，双击进入“构件做法”界面，查询匹配清单，选择清单项“010802003001钢质防火门安装”，根据清单规则录入项目特征。查询匹配定额，选择定额项“8-13钢质防火门安装”，工程量表达式均选择“DKMJ”(洞口面积)，如图5-32所示。

构件列表：新建 · 搜索构件... 门：FM乙1121 <1>、M5021 <1>、M1021 <22>

构件做法：添加清单　添加定额　删除　查询　项目特征　换算　做法刷　做法查询　提取做法　当前构件自动套做法　参与自动套

	编码	类别	名称	项目特征	单位	工程量表达式	表达式说明	单价	综合
1	010802003001	项	钢质防火门安装	1.FM乙1121 2.洞口宽1100，高2100 3.钢制	m2	DKMJ	DKMJ<洞口面积>		
2	8-13	定	钢质防火门安装		m2	DKMJ	DKMJ<洞口面积>	3612.73	

图 5-32　门 FM1021 清单和定额套取

利用这种方法完成其他门、窗、带形窗、飘窗的清单和定额套取，并利用“做法刷”命令提高效率。

(五)门窗的汇总计算

单击菜单栏中的“工程量”选项卡，选择“汇总计算”命令，在“汇总计算”对话框“首层”下拉列表中单击“门窗洞”按钮，在其下拉列表中勾选“门”“窗”“带形窗”“飘窗”复选框，单击“确定”按钮，如图5-33所示。

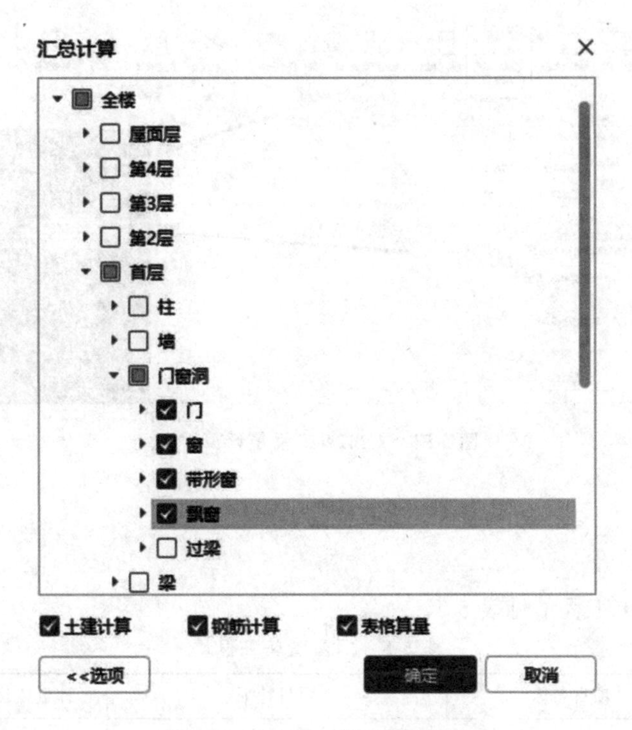

图 5-33　汇总计算门窗工程量

计算成功后单击“查看报表”按钮，选择“土建报表量”选项卡，选择“清单汇总表”选项，查看其清单工程量，如图 5-34 所示。

	序号	编码	项目名称	单位	工程量
1			实体项目		
2	1	010505007001	现浇混凝土板 天沟(檐沟)、挑檐板 1.商品砼 2.C30	10m3	0.07668
8	2	010801007001	成品木门扇安装 1.M1021 2.木夹板门，门洞宽1000门洞高2100	100m2	0.462
34	3	010801007002	成品木门框安装 1.M1021 2.木夹板门，门洞宽1000门洞高2100	100m	1.144
60	4	010802003001	钢质防火门安装 1.FM乙1121 2.洞口宽1100，高2100 3.钢制	100m2	0.0231
65	5	010805002001	旋转门 全玻转门安装 直径3.6m、不锈钢柱、玻璃12mm 1.M5021 2.旋转门，门洞宽5000，门洞高2100	樘	1
70	6	010807001005	塑钢成品窗安装 推拉 1.C0924 2.塑钢，窗洞宽900，窗洞高2400	100m2	0.5808
93	7	010807007001	隔热断桥铝合金 飘凸窗安装 平开 1.飘窗PC-1 2. 塑钢	100m2	0.20352
99	8	011702022001	现浇混凝土模板 天沟挑檐 复合模板钢支撑	100m2	0.09426

图 5-34　门窗清单工程量

(六)门窗工程量检查与校核

在“土建计算结果”面板中，单击“查看计算式”按钮，单击图元，在弹出的对话框中可以看到其工程量的计算过程(以 C2424 为例)，如图 5-35 所示。

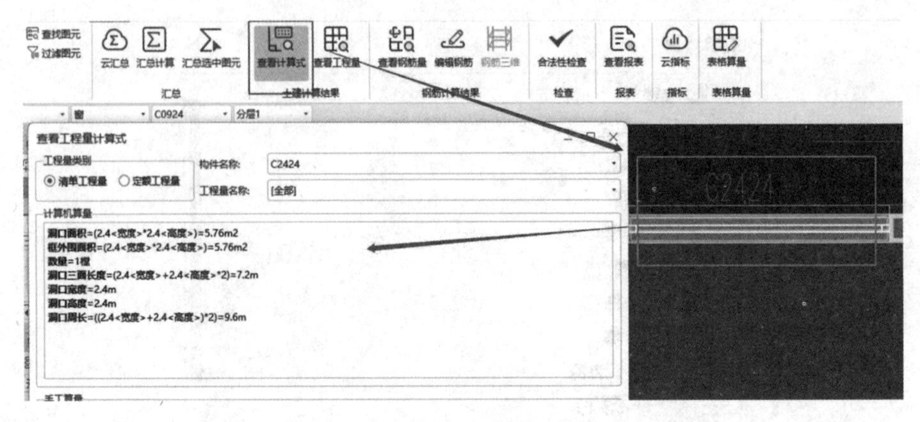

图 5-35　C2424 工程量计算过程

四、任务结果

本工程门窗清单工程量见表 5-5。

表 5-5　门窗清单工程量

项目编码	项目名称	项目特征	计量单位	工程量
010801007001	木门扇安装	1. M1021； 2. 木夹板门，门洞宽 1 000 mm，门洞高 2 100	m^2	220.5
010801007002	成品木门框安装	1. M1021； 2. 木夹板门，门洞宽 1 000 mm 门洞高 2 100 mm	m	546
010802003001	甲级防火门-FM 甲	门代号及洞口尺寸：甲级钢质防火门，FM 甲；1 021 mm	m^2	6.51
010805002001	旋转门	全玻璃转门安装 直径 3.6 m、不锈钢柱、玻璃；12 mm； 1. M5021； 2. 旋转门，门洞宽 5 000 mm，门洞高 2 100 mm	樘	1
010807001005	塑钢成品窗安装	1. 窗代号及洞口寸：C0924 窗宽 900 mm，窗高 2 400 mm； 2. 框、扇材质：塑钢	m^2	502.941

单元三　过梁和构造柱建模与工程量计算

工作任务目标

1. 能够识读结构施工图设计总说明中关于过梁和构造柱的信息，提取建模的关键信息。
2. 能够绘制过梁和构造柱三维算量模型。
3. 能够套取过梁和构造柱的清单和定额，正确提取其混凝土、模板的工程量。

教学微课

微课：过梁及构造柱的绘制与计量

职业素质目标

培养工作中扬长避短、发挥自己优势的能力。

思政故事

骏马力田不如牛，坚车渡河不如舟

骏马力田不如牛，坚车渡河不如舟

“骏马力田不如牛，坚车渡河不如舟”，这句话的意思是跑得快的好马能够穿越艰难险阻的地方，但耕起田地来，就不如牛了；坚固的车子能够载很重的东西，但过河就比不上船了。舍弃了它们的长处优点，却要求它们在不擅长的地方发挥作用，再聪明的人也很难有所作为，所以用人要做到扬长避短！在绘制构件时，多数是从新建构件开始的，但有时候这种方法也很烦琐。

因此，每种绘制方法各有优缺点，学生要根据工程提量的目的选择最合适的绘制方法，也要培养因势利导、谋定后动的学习能力。

一、工作任务布置

分析 1 号办公楼工程结构施工图设计总说明，绘制过梁和构造柱的三维模型，套取过梁和构造柱的清单和定额，并统计其混凝土、模板的清单工程量及钢筋工程量。

二、任务分析

(一)图纸分析

查阅 1 号办公楼结施-01“结构设计总说明(二)”中第 7 条(3)和(4)项，可知本工程构造柱的设置要求；由(5)项可知过梁的尺寸和配筋信息。

(二)清单工程量计算规则分析

查阅《房屋建筑与装饰工程工程量计算规范》(GB 50854—2013)可知，现浇混凝土过梁、构造柱清单工程量计算规则见表5-6。

表5-6　现浇混凝土过梁、构造柱清单工程量计算规则

项目编码	项目名称	项目特征	计量单位	工程量计算规则
010503005	过梁	1. 混凝土种类； 2. 混凝土强度等级	m^3	按设计图示尺寸以体积计算，伸入墙内的梁头、梁垫并入梁体积内。 梁长： 1. 梁与柱连接时，梁长算至柱侧面； 2. 主梁与次梁连接时，次梁长算至主梁侧面
010502002	构造柱	1. 混凝土种类； 2. 混凝土强度等级	m^3	按设计图示尺寸以体积计算。 柱高： 1. 有梁板的柱高，应自柱基上表面(或楼板上表面)至上一层楼板上表面之间的高度计算； 2. 无梁板的柱高，应自柱基上表面(或楼板上表面)至柱帽下表面之间的高度计算； 3. 框架柱的柱高，应自柱基上表面至柱顶高度计算； 4. 构造柱按全高计算，嵌接墙体部分(马牙槎)并入柱身体积； 5. 依附柱上的牛腿和升板的柱帽，并入柱身体积计算

现浇混凝土过梁、构造柱模板工程量计算规则见表5-7。

表5-7　现浇混凝土过梁、构造柱模板清单工程量计算规则

项目编码	项目名称	项目特征	计量单位	工程量计算规则
011702009	过梁模板	1. 名称； 2. 材质	m^2	按模板与现浇混凝土构件的接触面积计算
011702009	构造柱模板	1. 名称； 2. 材质	m^2	按模板与现浇混凝土构件的接触面积计算

三、任务实施

(一)绘制过梁

单击导航栏中“门窗洞”选项卡，选择“过梁”选项，在“构件列表”中单击“新建”按钮，选择“新建矩形过梁”，采用“点”命令布置，如图5-36所示。

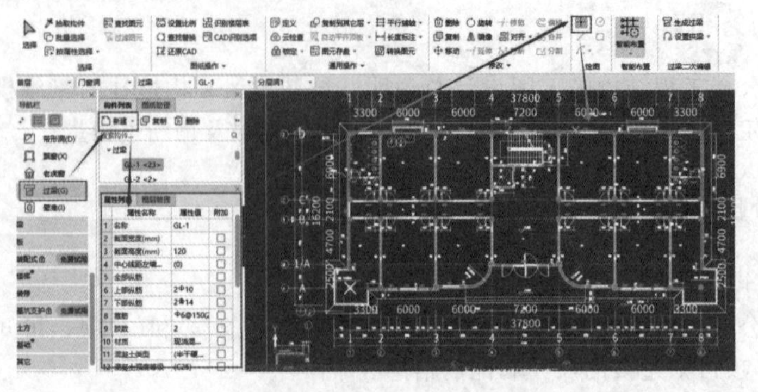

图5-36　绘制过梁示意图

还可以通过执行“过梁二次编辑”面板中的“生成过梁”命令来进行绘制。在弹出的“生成过梁”对话框中，根据设计说明中过梁的尺寸和配筋信息进行数据输入，通过“添加行”命令进行添加，全部输入完成，勾选“选择图元”复选框，单击“确定”按钮，在绘图区对要生成过梁的图元进行框选，单击鼠标右键完成(图 5-37)。这时，会弹出已生成过梁的信息，表示过梁生成成功。

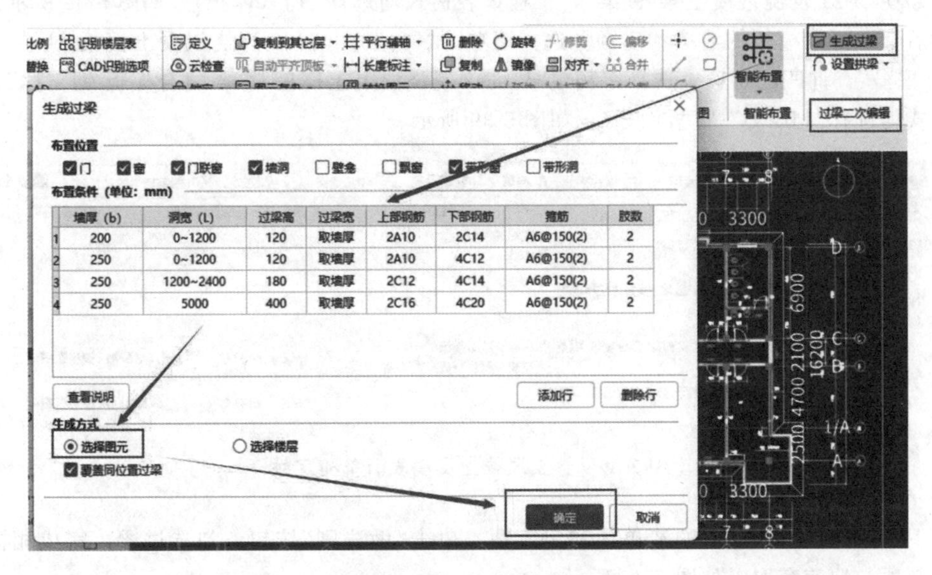

图 5-37　生成过梁示意图

(二)绘制构造柱

绘制构造柱的方法与绘制过梁类似。一种是根据构造柱的布置条件，通过“点”命令布置；一种是执行“构造柱二次编辑”面板中的“生成构造柱”命令布置，这个方法高效、快捷，这里主要介绍这种方法。在“生成构造柱”对话框中，根据工程的要求对构造柱布置的位置、截面尺寸、配筋要求、生成的方式等信息进行输入，单击“确定”按钮后，框选所有要生成的墙构件，再单击鼠标右键确定(图 5-38)。这时，会弹出已生成构造柱的信息，表示构造柱生成成功。

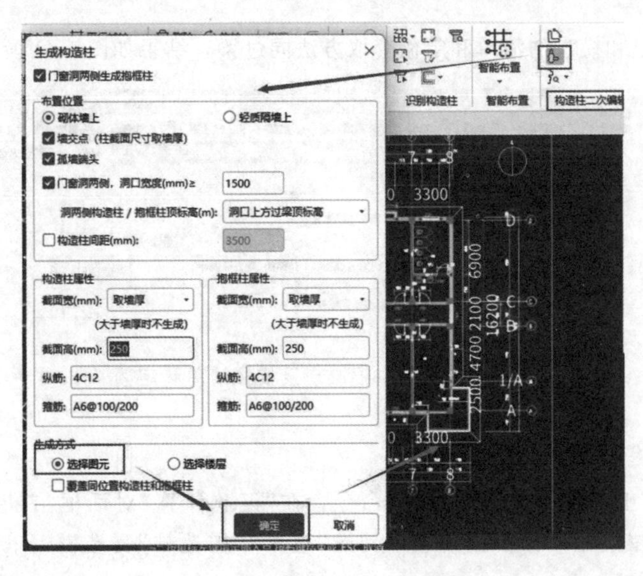

图 5-38　生成构造柱示意图

(三)清单和定额套取

首先套取过梁的混凝土清单和定额，选择过梁，双击进入“构件做法”界面，查询匹配清单，选择清单项“010503005001 现浇混凝土梁 过梁”，根据清单规则录入项目特征。查询匹配定额，选择定额项“5-21 现浇混凝土梁 过梁”，工程量表达式均选择“TJ”(体积)，如图 5-39 所示。

然后套取过梁模板的清单和定额。选择清单项“011702009002 现浇混凝土模板 过梁 复合模板 钢支撑”，查询匹配定额，选择定额项“17-192 现浇混凝土模板 过梁 复合模板 钢支撑”，工程量表达式均选择“MBMJ”(模板面积)，如图 5-39 所示。

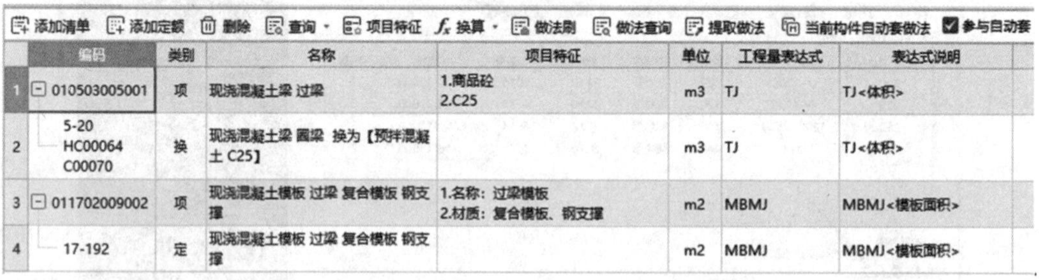

	编码	类别	名称	项目特征	单位	工程量表达式	表达式说明
1	010503005001	项	现浇混凝土梁 过梁	1.商品砼 2.C25	m3	TJ	TJ<体积>
2	5-20 HC00064 C00070	换	现浇混凝土梁 圈梁 换为【预拌混凝土 C25】		m3	TJ	TJ<体积>
3	011702009002	项	现浇混凝土模板 过梁 复合模板 钢支撑	1.名称：过梁模板 2.材质：复合模板、钢支撑	m2	MBMJ	MBMJ<模板面积>
4	17-192	定	现浇混凝土模板 过梁 复合模板 钢支撑		m2	MBMJ	MBMJ<模板面积>

图 5-39　过梁混凝土及模板清单和定额

接下来，选择过梁所有的清单项和定额项，单击“做法刷”按钮，勾选过梁，完成相同清单项和定额项的快速套取，如图 5-40 所示。

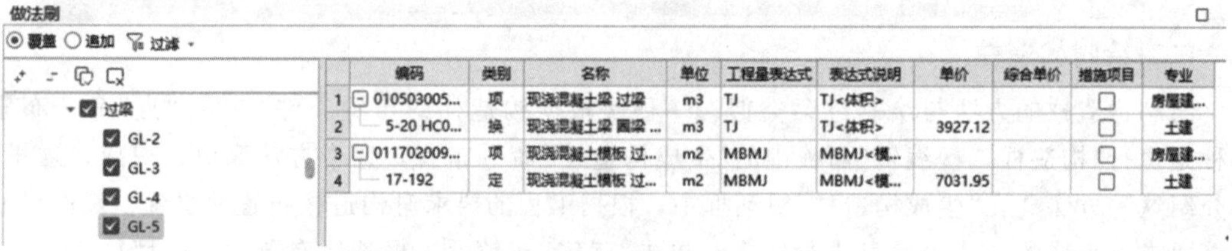

	编码	类别	名称	单位	工程量表达式	表达式说明	单价	综合单价	措施项目	专业
1	010503005...	项	现浇混凝土梁 过梁	m3	TJ	TJ<体积>			☐	房屋建...
2	5-20 HC0...	换	现浇混凝土梁 圈梁 ...	m3	TJ	TJ<体积>	3927.12		☐	土建
3	011702009...	项	现浇混凝土模板 过...	m2	MBMJ	MBMJ<模...			☐	房屋建...
4	17-192	定	现浇混凝土模板 过...	m2	MBMJ	MBMJ<模...	7031.95		☐	土建

图 5-40　过梁混凝土及模板清单和定额做法刷套取

构造柱的混凝土和模板的清单和定额套取方法同过梁，结果如图 5-41 所示。

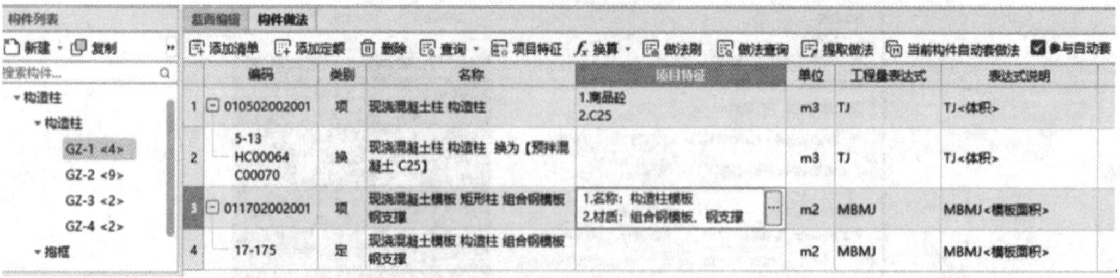

	编码	类别	名称	项目特征	单位	工程量表达式	表达式说明
1	010502002001	项	现浇混凝土柱 构造柱	1.商品砼 2.C25	m3	TJ	TJ<体积>
2	5-13 HC00064 C00070	换	现浇混凝土柱 构造柱 换为【预拌混凝土 C25】		m3	TJ	TJ<体积>
3	011702002001	项	现浇混凝土模板 矩形柱 组合钢模板 钢支撑	1.名称：构造柱模板 2.材质：组合钢模板、钢支撑	m2	MBMJ	MBMJ<模板面积>
4	17-175	定	现浇混凝土模板 构造柱 组合钢模板 钢支撑		m2	MBMJ	MBMJ<模板面积>

图 5-41　构造柱混凝土及模板清单和定额

(四)过梁、构造柱工程量汇总计算

执行菜单栏中“工程量”→“汇总计算”命令，在“汇总计算”对话框“首层”下拉列表中单击“柱”和“门窗洞”下拉按钮，在下拉列表中勾选“过梁”“构造柱”复选框，单击“确定”按钮，如图 5-42 所示。

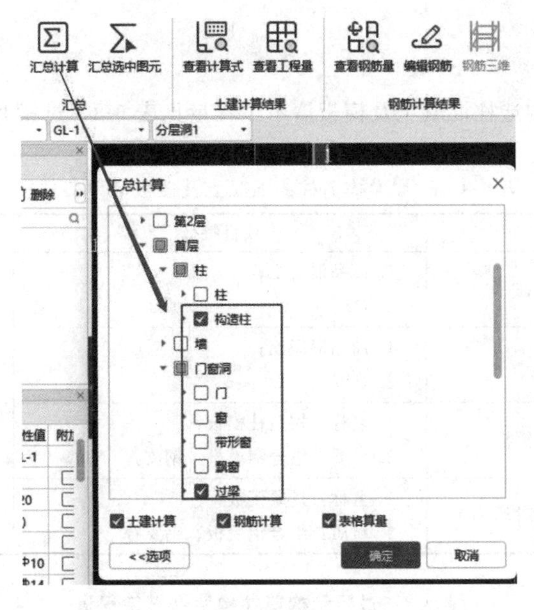

图 5-42　汇总计算过梁、构造柱工程量

计算成功后执行“查看报表”命令，选择“土建报表量”选项卡，选择“清单汇总表”选项，查看过梁和构造柱的混凝土和模板的清单工程量，如图 5-43 所示。

报表

设置报表范围　报表反查　导出　打印预览　搜索报表　项目特征添加位置

钢筋报表量　土建报表量

全部项目　按清单编码排序　全部折叠　显示费用项　分部整理

做法汇总分析
- 清单汇总表
- 清单部位计算书
- 清单定额汇总表
- 清单定额部位计算书
- 构件做法汇总表

构件汇总分析
- 绘图输入工程量汇总表
- 构件绘图输入工程量汇总表

	序号	编码	项目名称	单位	工程量
1	实体项目				
2	1	010502002001	现浇混凝土柱 构造柱 1. 商品砼 2. C25	10m3	0.86371
51	2	010503005001	现浇混凝土梁 过梁 1. 商品砼 2. C25	10m3	0.21859
93	3	011702002001	现浇混凝土模板 矩形柱 组合钢模板 钢支撑	100m2	1.025551
142	4	011702009002	现浇混凝土模板 过梁 复合模板 钢支撑	100m2	0.296928

图 5-43　过梁和构造柱混凝土及模板清单工程量

(五)工程量检查与校核

在土建计算结果中，单击“查看计算式”按钮，选择过梁或构造柱图元，在弹出的对话框中可以看到其混凝土及模板工程量的计算过程(以构造柱为例)，如图 5-44 所示。

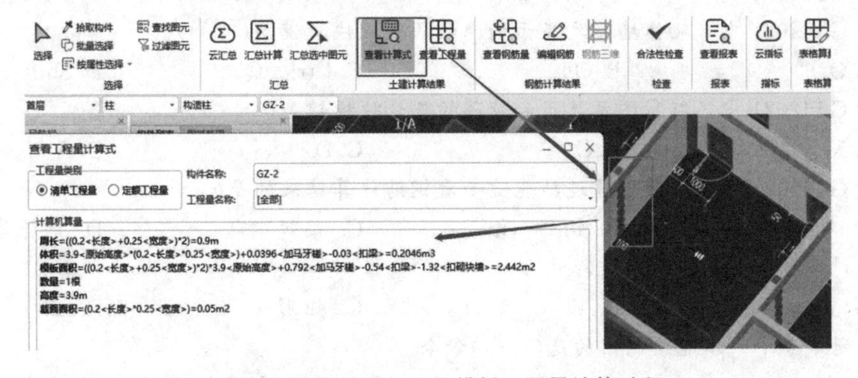

图 5-44　构造柱混凝土及模板工程量计算过程

四、任务结果

本工程首层过梁和构造柱混凝土及模板清单工程量见表5-8，过梁和构造柱构件钢筋工程量见表5-9。

表5-8 过梁和构造柱的混凝土及模板清单工程量

项目编码	项目名称	项目特征	计量单位	工程量
010502002001	构造柱	1. 商品混凝土； 2. C25	m^3	8.637 1
010503005001	过梁	1. 商品混凝土； 2. C25	m^3	21.859
011702002001	构造柱模板	1. 名称：构造柱模板； 2. 材质：组合钢模板、钢支撑	m^2	102.555 1
011702009002	过梁模板	1. 名称：过梁模板； 2. 材质：组合钢模板、钢支撑	m^2	29.692 8

表5-9 过梁和构造柱构件钢筋工程量

构件类型	钢筋型号	钢筋总质量/t
构造柱	Φ6	0.228
	Φ12	0.662
过梁	Φ6	0.078
	Φ10	0.049
	Φ12	0.07
	Φ14	0.207
	Φ16	0.02
	Φ20	0.065

课后习题

一、单选题

1. CAD原图和已提取的CAD图在(　　)中切换。

A. 属性列表　　B. 图纸管理　　C. 图层管理　　D. 构件列表

2. 在GTJ2021中，砌体墙图元显示和隐藏的默认快捷键是(　　)。

A. Q　　B. QT　　C. Ctrl+Q　　D. Shift+Q

3. 在GTJ2021中，飘窗图元显示和隐藏的默认快捷键是(　　)。

A. X　　B. C　　C. D　　D. A

4. 在GTJ2021中，不可以通过功能键查看钢筋计算结果的是(　　)。

A. 单构件工程量　　B. 钢筋三维　　C. 编辑钢筋　　D. 钢筋总量

5. 下列哪种命令不能绘制墙(　　)。

A. 直线　　B. 圆　　C. 矩形　　D. 点

6. 下列命令中，不能绘制门的是(　　)命令。

A. 点　　B. 识别门　　C. 智能布置　　D. 直线

7. 绘制墙体位置不正确时，解决方案正确的是(　　)。

A. 偏移　　B. 对齐　　C. 镜像　　D. 旋转

8. 当墙体是左右对称的形状时，可采用(　　)绘制。

A. 复制命令　　B. 镜像命令　　C. 旋转命令　　D. 移动命令

9. 生成构造柱时，不需要输入的信息是(　　)。

A. 界面属性　　B. 数量　　C. 生成位置　　D. 生成范围

10. 校核工程量时，不可以通过(　　)方式。

A. 查看计算式　　B. 查看报表　　C. 三维展示　　D. 查看工程量

11. 在构件套用做法时，可以通过(　　)命令提高效率。

A. 查匹配清单　　B. 外部清单　　C. 做法刷　　D. 查匹配定额

12. 在 GTJ2021 中，砌体墙中不可以新建的是(　　)。

A. 新建内墙　　B. 新建虚墙　　C. 新建弧形墙　　D. 新建参数化墙

13. 在 GTJ2021 中生成砌体加筋时，不需要根据图纸修改(　　)信息。

A. 砌体加筋长度　　B. 钢筋信息　　C. 砌体加筋宽度　　D. 以上都需要

14. 在 GTJ2021 中生成构造柱时，生成方式有(　　)。

A. 框选　　B. 选择个体　　C. 选择图元　　D. 选择全体

15. 在 GTJ2021 中生成构造柱时，不需要填写的信息是(　　)。

A. 构造柱截面宽　　B. 构造柱截面高　　C. 构造柱高　　D. 构造柱钢筋信息

二、判断题

1. 墙可采用点命令来绘制图元。(　　)
2. 门可采用点命令来绘制图元。(　　)
3. 过梁可采用生成的方式来绘制。(　　)
4. 构造柱可采用生成的方式来绘制。(　　)
5. 设置墙体属性信息时必须标记内外墙。(　　)
6. 砌体墙可采用直线命令来绘制图元。(　　)
7. 识别绘制墙后，要检查墙的首尾是否连接，如果断开，需要手动连接上。(　　)
8. 识别绘制门窗时，需要确认离地高度。(　　)
9. 识别绘制砌体墙的第一步是提取砌体墙边线。(　　)
10. 编制砌体墙清单时，砌体墙厚度不同，需要分别编码列项。(　　)

三、实操题

下载活动中心工程图纸和外部清单，完成下列任务。

1. 绘制其砌体墙三维算量模型，套取外部清单，计算其工程量。
2. 绘制其门窗三维算量模型，套取外部清单，计算其工程量。

微课：实操题

模块六 装修构件建模与工程量计算

单元一 室内装修构件建模与工程量计算

工作任务目标

1. 能够识读室内装修做法表，提取建模的关键信息。
2. 能够绘制各装修构件的三维算量模型。
3. 能够套取各装修构件的清单，正确提取其清单工程量。

教学微课

微课：室内装修建模与工程量计算

职业素质目标

具备持之以恒、坚持不懈的工作能力。

思政故事

梁思成发现佛光寺

梁思成发现佛光寺

20 世纪 20 年代，日本学者发出“中国没有唐代木结构建筑，要看唐代木结构建筑，你只能去日本”的妄言。这些话深深刺痛了中国古建筑学大师梁思成，他认为泱泱中华，5 000 多年历史文化的沉淀，一定还存在唐代木结构建筑。梁思成某次翻阅法国汉学家伯希和的《敦煌图录》中发现晚唐建筑佛光寺的描述，他和夫人林徽因不远万里，冒着战争的危险从北京出发，辗转乘坐火车、汽车，最后乘坐毛驴车到了山西五台山，并且翻山越岭找到佛光寺。他们夫妇利用自己的专业知识终于通过寺庙檩条和殿前石经幢上的字迹确定佛光寺的建造年代为唐大中十一年(857 年)，证明了中国大地上还存在唐代木结构建筑！

因此，同学们要保持梁思成持之以恒的学习态度来学习工程造价知识，并不断探究关键之处，积累经验，拥有一定技巧。

一、工作任务布置

分析 1 号办公楼工程建筑平面图及建筑设计说明中的室内装修做法表和工程做法明细，绘制各个房间楼地面、踢脚、内墙面、天棚和吊顶的三维模型，套取各装修构件的清单并统计各装修构件的清单工程量。

二、任务分析

(一)图纸分析

查阅1号办公楼建施-01室内装修做法表及建施-02工程做法明细-室内装修设计，本工程地面做法有4种，楼面做法有4种，踢脚做法有3种，内墙裙做法有1种，内墙面做法有2种，天棚做法有1种，吊顶做法有2种。以首层6种房间类型为例，其具体构造做法见表6-1和表6-2所示。

表6-1 首层各房间室内装修做法

楼层	房间名称	楼地面	踢脚/墙裙	内墙面	顶棚
首层	大堂	楼面3	墙裙1(高1 200 mm)	内墙面1	吊顶1(高3 200 mm)
	楼梯间	楼面2	踢脚1	内墙面1	天棚1
	走廊	楼面3	踢脚2	内墙面1	吊顶1(高3 200 mm)
	办公室1	楼面1	踢脚1	内墙面1	吊顶1(高3 300 mm)
	办公室2(含阳台)	楼面4	踢脚3	内墙面1	天棚1
	卫生间	楼面2	无	内墙面2	吊顶2(高3 200 mm)

表6-2 首层各装修构件做法明细表

构件类型	构件名称	做法明细
楼面	楼面1 地砖楼面	1. 10 mm厚高级地砖，稀水泥浆擦缝； 2. 6 mm厚建筑胶水泥砂浆粘结层； 3. 素水泥浆一道(内产建筑胶)； 4. 20 mm厚1∶3水泥砂浆找平层； 5. 素水泥浆一道(内掺建筑胶)
	楼面2 400 mm×400 mm防滑地砖防水楼面	1. 10 mm厚防滑地砖，稀水泥浆擦缝； 2. 撒素水泥面； 3. 20 mm厚1∶2干硬水泥砂浆粘结层； 4. 1.5 mm厚聚氨酯涂膜防水层靠墙边处卷边150 mm； 5. 20 mm厚1∶3水泥砂浆找平层； 6. 素水泥浆一道； 7. 平均35 mm厚C15细石混凝土
	楼面3 800 mm×800 mm大理石楼面	1. 铺20 mm厚大理石板，稀水泥浆擦缝； 2. 撒素水泥面； 3. 30 mm厚1∶3干硬性水泥砂浆粘结层； 4. 40 mm厚1∶6水泥粗砂焦渣垫层
	楼面4 水泥砂浆楼地面 混凝土或硬基层上20 mm	1. 20 mm厚1∶2.5水泥砂浆压实赶光； 2. 50 mm厚CL 7.5轻集料混凝土
踢脚	踢脚1 400 mm×400 mm，高100 mm 深色地砖踢脚	1. 10 mm厚防滑地砖踢脚，稀水泥浆擦缝； 2. 8 mm厚1∶2水泥砂浆(内掺建筑胶)粘结层； 3. 5 mm厚1∶3水泥砂浆打底扫毛或画出纹道
	踢脚2 800 mm×100 mm，高100 mm 深色大理石踢脚	1. 15 mm厚大理石踢脚板； 2. 10 mm厚1∶2水泥砂浆(内掺建筑胶)粘结层； 3. 界面剂一道甩毛
	踢脚3 高100 mm，水泥踢脚	1. 6 mm厚1∶2.5水泥砂浆罩面压实赶光； 2. 素水泥浆一道； 3. 6 mm厚1∶3水泥浆打底扫毛或画出纹道

续表

构件类型	构件名称	做法明细
内墙裙	内墙裙 1 普通大理石板墙裙	1. 贴 10 mm 厚大理石板； 2. 素水泥砂浆一道； 3. 6 mm 厚 1∶0.5∶0.25 水泥石灰膏砂浆罩面； 4. 8 mm 厚 1∶3 水泥砂浆打底扫毛画出纹道； 5. 素水泥浆一道甩毛(内掺建筑胶)
内墙面	内墙面 1 水泥砂浆墙面	1. 喷水性耐擦洗涂料； 2. 5 mm 厚 1∶2.5 水泥砂浆找平； 3. 9 mm 厚 1∶3 水泥砂浆打底扫毛； 4. 素水泥浆一道甩毛(内掺建筑胶)
	内墙面 2 200 mm×300 mm 高级面砖墙面	1. 白水泥浆擦缝； 2. 5 mm 厚釉面砖面层； 3. 5 mm 厚 1∶2 建筑水泥砂浆粘结层； 4. 素水泥砂浆一道； 5. 9 mm 厚 1∶3 水泥砂浆打底压实抹平； 6. 素水泥浆一道甩毛
顶棚	天棚 1 抹灰天棚	1. 喷水性耐擦洗涂料； 2. 3 mm 厚 1∶2.5 水泥砂浆找平； 3. 5 mm 厚 1∶3 水泥砂浆打底扫毛或画出纹道； 4. 素水泥浆一道甩毛(内掺建筑胶)；
	吊顶 1 铝合金条板吊顶	1. 1.0 mm 厚铝合金条板，离缝安装带插缝板； 2. U 形轻钢龙骨 LB 45×48，中距≤1 500 mm； 3. U 形轻钢龙骨 LB 38×12，中距≤1 500 mm 与钢筋吊杆固定； 4. Φ6 钢筋吊杆，中距横向≤1 500 mm，纵向≤1 200 mm
	吊顶 2 岩棉吸声板吊顶	1. 12 mm 厚岩棉吸声面板，规格 592 mm×592 mm； 2. T 形轻钢次龙骨 TB 24×28，中距 600 mm； 3. T 形轻钢龙骨 TB 24×38，中距 600 mm，找平后与钢筋吊杆固定； 4. Φ8 钢筋吊杆，双向中距≤1 200 mm； 5. 现浇混凝土板底预留 Φ10 钢筋吊环，双向中距≤1 200 mm

(二)清单计算规则分析

查阅《房屋建筑与装饰工程工程量计算规范》(GB 50854—2013)可知，各装修做法清单工程量计算规则见表 6-3。

表 6-3　各装修做法清单工程量计算规则

项目编码	项目名称	项目特征	计量单位	工程量计算规则
011101001	水泥砂浆楼地面	1. 找平层厚度、砂浆配合比； 2. 素水泥浆遍数； 3. 面层厚度、砂浆配合比； 4. 面层做法要求	m^2	按设计图示尺寸以面积计算。扣除凸出地面构筑物、设备基础、室内铁道、地沟等所占面积，不扣除间壁墙及不大于 0.3 m^2 柱、垛、附墙烟囱及孔洞所占面积。门洞、空圈、暖气包槽、壁龛的开口部分不增加面积

续表

<table>
<tr><th>项目编码</th><th>项目名称</th><th>项目特征</th><th>计量单位</th><th>工程量计算规则</th></tr>
<tr><td>011102001</td><td>石材楼地面</td><td rowspan="2">1. 找平层厚度、砂浆配合比；
2. 结合层厚度、砂浆配合比；
3. 面层材料品种、规格、颜色；
4. 嵌缝材料品种；
5. 防护材料种类；
6. 酸洗、打蜡要求</td><td rowspan="9">m^2</td><td rowspan="2">按设计图示尺寸以面积计算。扣除凸出地面构筑物、设备基础、室内铁道、地沟等所占面积，不扣除间壁墙及≤0.3 m^2柱、垛、附墙烟囱及孔洞所占面积。门洞、空圈、暖气包槽、壁龛的开口部分不增加面积</td></tr>
<tr><td>011102003</td><td>块料楼地面</td></tr>
<tr><td>010904002</td><td>楼地面
涂膜防水</td><td>1. 防水膜品种；
2. 涂膜厚度、遍数；
3. 增强材料种类；
4. 反边高度</td><td>按设计图示尺寸以面积计算。门洞、空圈、暖气包槽、壁龛的开口部分并入相应的工程量内</td></tr>
<tr><td>011105001</td><td>水泥砂浆
踢脚线</td><td>1. 踢脚线高度；
2. 底层厚度、砂浆配合比；
3. 面层厚度、砂浆配合比</td><td>按设计图示尺寸以面积计算：
1. 楼地面防水按主墙间净空面积计算，扣除凸出地面的构筑物、设备基础等所占面积，不扣除间壁墙及单个面积≤0.3 m^2柱、垛、烟囱和孔洞所占面积；
2. 楼地面防水反边高度≤300 mm算作地面防水，反边高度＞300 mm按墙面防水计算</td></tr>
<tr><td>011105002</td><td>石材踢脚线</td><td rowspan="2">1. 踢脚线高度；
2. 粘贴层厚度、材料种类；
3. 面层材料品种、规格、颜色；
4. 防护材料种类</td><td rowspan="2">以平方米计量，按设计图示长度乘以高度以面积计算</td></tr>
<tr><td>011105003</td><td>块料踢脚线</td></tr>
<tr><td>011201001</td><td>墙面一般抹灰</td><td>1. 墙体类型；
2. 底层厚度、砂浆配合比；
3. 面层厚度、砂浆配合比；
4. 装饰面层材料种类；
5. 分格缝宽度、材料种类</td><td rowspan="2">1. 按设计尺寸以面积计算。扣除墙裙、门窗洞口及单个＞0.3 m^2的孔洞面积、不扣除踢脚线、挂镜线和墙与构件交接处的面积，门窗洞口和孔洞的侧壁及顶面不增加面积。附墙柱、梁、垛、烟囱侧壁并入相应的墙面面积内；
2. 内墙抹灰面积按主墙间的净长度乘以高度计算</td></tr>
<tr><td>011201004</td><td>立面砂浆
找平层</td><td>1. 基层类型；
2. 找平层砂浆厚度、配合比</td></tr>
<tr><td>011407001</td><td>墙面喷刷涂料</td><td>1. 基层类型；
2. 喷刷涂料部位；
3. 腻子种类；
4. 刮腻子要求；
5. 涂料品种、喷刷遍数</td><td>按设计图示尺寸以面积计算</td></tr>
</table>

项目编码	项目名称	项目特征	计量单位	工程量计算规则
011204001	石材墙面	1. 墙体类型； 2. 安装方式； 3. 面层材料品种、规格、颜色； 4. 缝宽、嵌缝材料种类； 5. 防护材料种类； 6. 磨光、酸洗、打蜡要求	m^2	按镶贴表面积计算
011204003	块料墙面			
011301001	天棚抹灰	1. 基层类型； 2. 抹灰厚度、材料种类； 3. 砂浆配合比		按设计图示尺寸以水平投影面积计算。不扣除间壁墙、垛、柱、附墙烟囱、检查口和管道所占的面积，带梁天棚的梁两侧抹灰面积并入天棚面积内，板式楼梯底部抹灰按斜面积计算，锯齿形楼梯地板抹灰按展开面积计算
011302001	吊顶天棚	1. 吊顶形式、吊杆规格、高度； 2. 龙骨材料种类、规格、中距； 3. 基层材料种类、规格； 4. 面层材料品种、规格； 5. 压条材料种类、规格； 6. 嵌缝材料种类； 7. 防护材料种类		按设计图示尺寸以水平投影面积计算。天棚面中的灯槽及跌级、锯齿形、吊挂式、藻井式天棚面积不展开计算。不扣除间壁墙、检查口、附墙烟囱、柱垛和管道所占面积，扣除单个＞0.3 m^2 的孔洞、独立柱及天棚相连的窗帘盒所占面积

三、任务实施

(一)室内装修的手动定义与绘制

以首层办公室 1 和楼梯两个房间为例进行室内装修手动定义与绘制。

1. 装修构件的定义

通过分析装修做法表可知，办公室 1 和楼梯间两个房间涉及的室内装修构件包括：楼面 1、楼面 2、踢脚 1、踢脚 3、内墙 1、天棚 1 和吊顶 1(高 3 300 mm)。接下来，在“导航栏”面板中单击“装修”下拉按钮，在下拉列表中单击“楼地面”按钮，新建“楼面 1”和“楼面 2”，并将楼面 2“是否计算防水面积”属性值改为“是”，如图 6-1 所示。

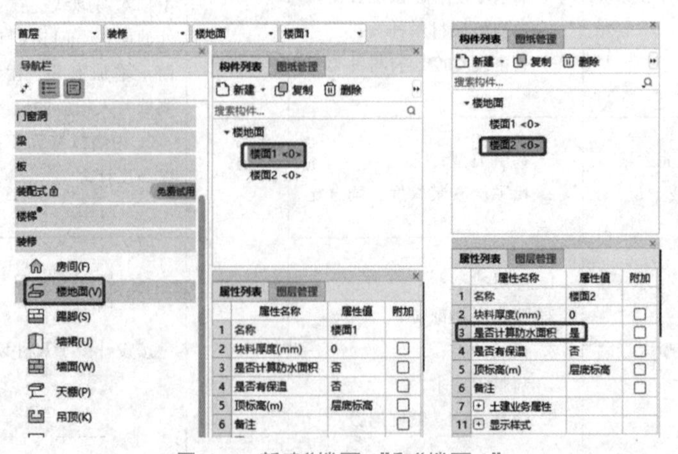

图 6-1　新建“楼面 1”和“楼面 2”

通过分析室内装修做法明细，为楼面 1 和楼面 2 套取对应的清单并录入项目特征，由于装饰定额换算内容较多，定额的套取在计价软件 GCCP 中进行。注意：楼面 2 中要计算防水层，防水层卷边高度 150 mm(＜300 mm)，立面防水面积并入水平防水面积中，如图 6-2 和图 6-3 所示。

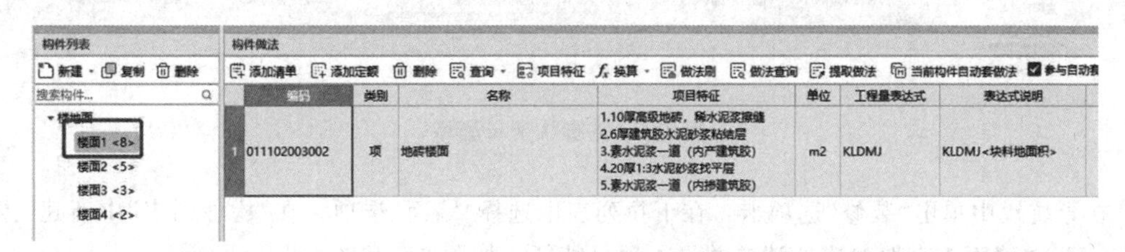

	编码	类别	名称	项目特征	单位	工程量表达式	表达式说明
1	011102003002	项	地砖楼面	1.10厚高级地砖，稀水泥浆擦缝 2.6厚建筑胶水泥砂浆粘结层 3.素水泥浆一道（内掺建筑胶） 4.20厚1:3水泥砂浆找平层 5.素水泥浆一道（内掺建筑胶）	m2	KLDMJ	KLDMJ<块料地面积>

图 6-2　楼面 1 清单套取

	编码	类别	名称	项目特征	单位	工程量表达式	表达式说明
1	011102003016	补项	400×400防滑地砖防水楼面	1.10厚防滑地砖，稀水泥浆擦缝 2.撒素水泥面 3.20厚1:2干硬水泥砂浆粘结层 4.20厚1:3水泥砂浆找平层 5.素水泥浆一道 6.平均厚35厚C15细石混凝土	m2	KLDMJ	KLDMJ<块料地面积>
2	010902002007	项	涂膜防水 聚氨酯防水涂膜 2mm厚	1.5厚聚氨酯涂膜防水层靠墙边处卷边150	m2	SPFSMJ	SPFSMJ<水平防水面积>

图 6-3　楼面 2 清单套取

在导航栏中单击“装修”选项卡，在下拉列表中选择“踢脚”选项，在“构件列表”中新建“踢脚 1”和“踢脚 3”，并将踢脚 1 和踢脚 3 的高度值输入“100”(图 6-4)。接下来，为踢脚 1 和踢脚 3 套取对应的清单并录入项目特征，如图 6-5 和图 6-6 所示。

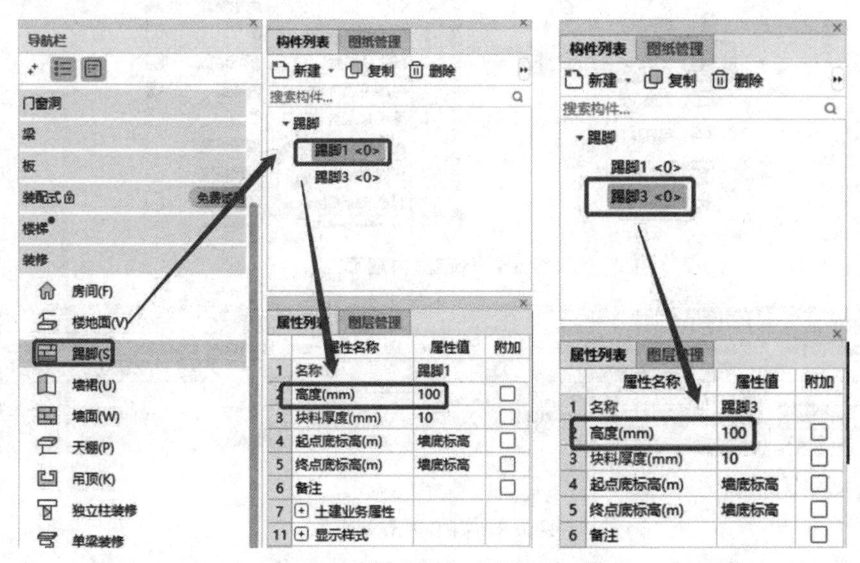

图 6-4　新建“踢脚 1”和“踢脚 3”

	编码	类别	名称	项目特征	单位	工程量表达式	表达式说明
1	011105003002	项	400×400，100高深色地砖踢脚	1.10厚防滑地砖踢脚，稀水泥浆擦缝 2.8厚1:2水泥砂浆（内掺建筑胶）粘结层 3.5厚1:3水泥砂浆打底扫毛或划出纹道	m2	TJKLMJ	TJKLMJ<踢脚块料面积>

图 6-5　踢脚 1 清单套取

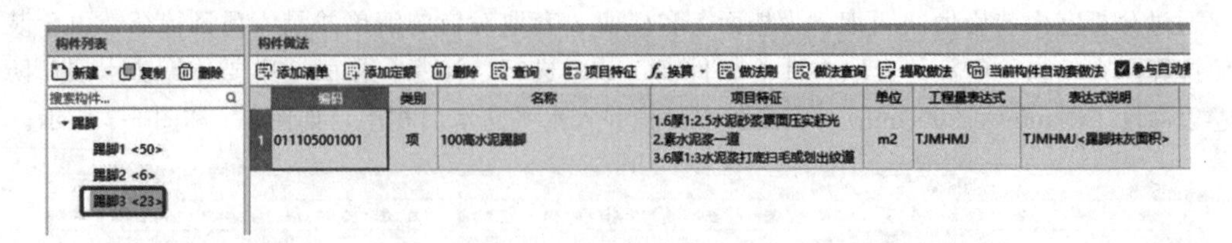

图 6-6　踢脚 3 清单套取

在导航栏中单击“装修”选项卡，在下拉列表中选择“墙面”选项，在“构件列表”中新建“内墙面 1”，为内墙面 1 套取对应的清单并录入项目特征，如图 6-7 和图 6-8 所示。

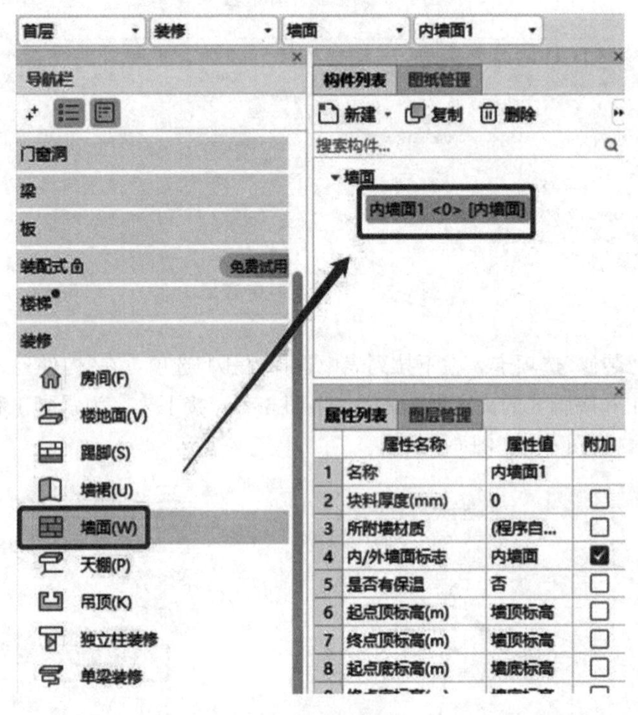

图 6-7　新建“内墙面 1”

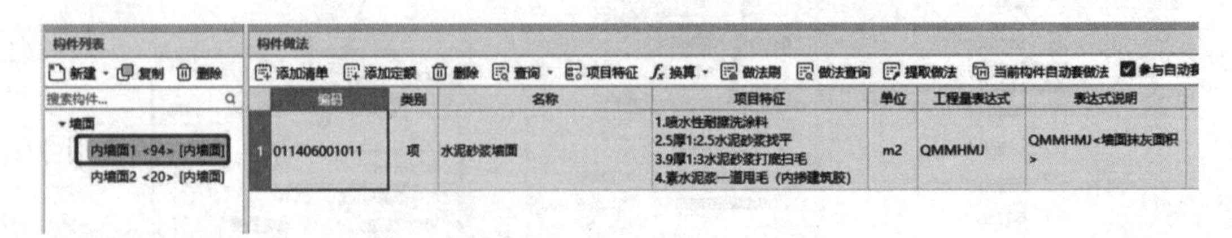

图 6-8　内墙 1 清单套取

在导航栏中单击“装修”选项卡，在下拉列表中选择“天棚”选项，在“构件列表”中新建“天棚 1”；同样，在下拉列表中选择“吊顶”选项，在“构件列表”中新建“吊顶 1”，并将吊顶 1 中的离地高度设置为“3 300”。接下来，为天棚 1 和吊顶 1 套取对应的清单并录入项目特征，如图 6-9～图 6-11 所示。

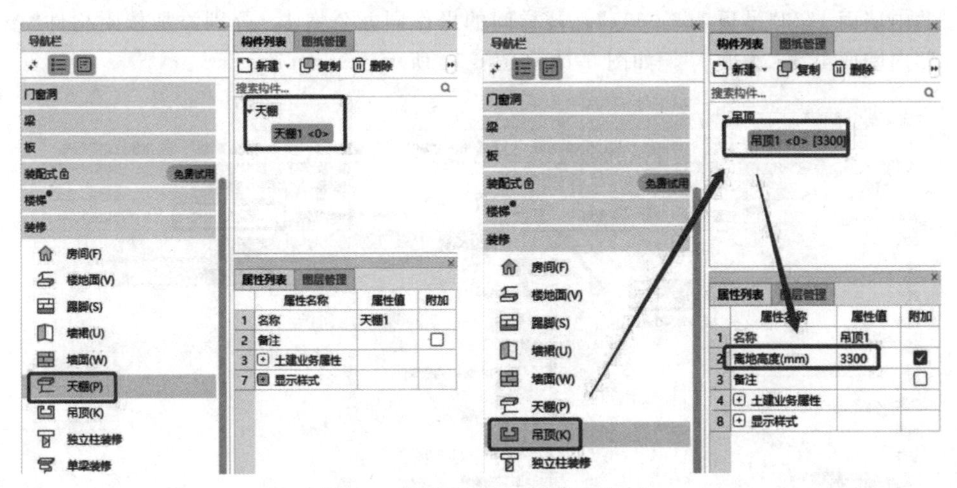

图 6-9　新建“天棚 1”和“吊顶 1”

新建 · 复制 删除 | 添加清单 添加定额 删除 查询 项目特征 换算 做法刷 做法查询 提取做法 当前构件自动套做法 参与自动套

搜索构件...
天棚
天棚1 <6>

	编码	类别	名称	项目特征	单位	工程量表达式	表达式说明
1	011406001012	项	抹灰天棚	1.喷水性耐擦洗涂料 2.3厚1:2.5水泥砂浆找平 3.5厚1:3水泥砂浆打底扫毛或划出纹道 4.素水泥浆一道甩毛（内掺建筑胶）	m2	TPMHMJ	TPMHMJ<天棚抹灰面积>

图 6-10　天棚 1 清单套取

新建 · 复制 删除 | 添加清单 添加定额 删除 查询 项目特征 换算 做法刷 做法查询 提取做法 当前构件自动套做法 参与自动套

搜索构件...
吊顶
吊顶1 <11> [3300]
吊顶2 <4> [3300]

	编码	类别	名称	项目特征	单位	工程量表达式	表达式说明
1	011302001070	项	铝合金条板吊顶	1.1.0厚铝合金条板，离缝安装带插缝板 2.U型轻钢龙骨LB45×48，中距≤1500 3.U型轻钢龙骨LB38×12，中距≤1500与钢筋吊杆固定 4.A6钢筋吊杆，中距横向≤1500纵向≤1200	m2	DDMJ	DDMJ<吊顶面积>

图 6-11　吊顶 1 清单套取

2. 房间的定义

在导航栏中单击“装修”选项卡，在下拉列表中选择“房间”选项，在“构件列表”中新建两个房间，分别是“办公室 1”和“楼梯间”，如图 6-12 所示。

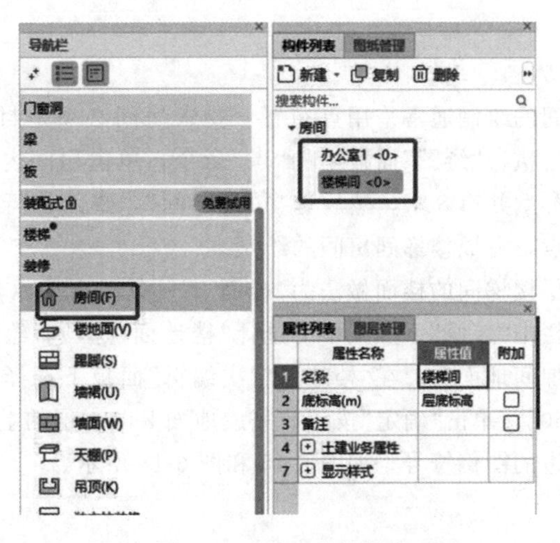

图 6-12　新建房间操作

分析装修构件做法表，为办公室 1 添加依附装修构件。在“构件列表”中双击“办公室 1”进入操作界面，选择“楼地面”命令，单击“添加依附构件”按钮，在“构件名称”下拉菜单中选择“楼面 1”。完成楼面构件的添加依附操作，依次按照此操作，为办公室 1 添加依附构件

“踢脚 1”“内墙面 1”和“吊顶 1(3 300)”。楼梯间的操作同办公室 1，分别添加依附构件“楼面 2”“踢脚 3”“内墙面 1”和“天棚 1”，如图 6-13 和图 6-14 所示。

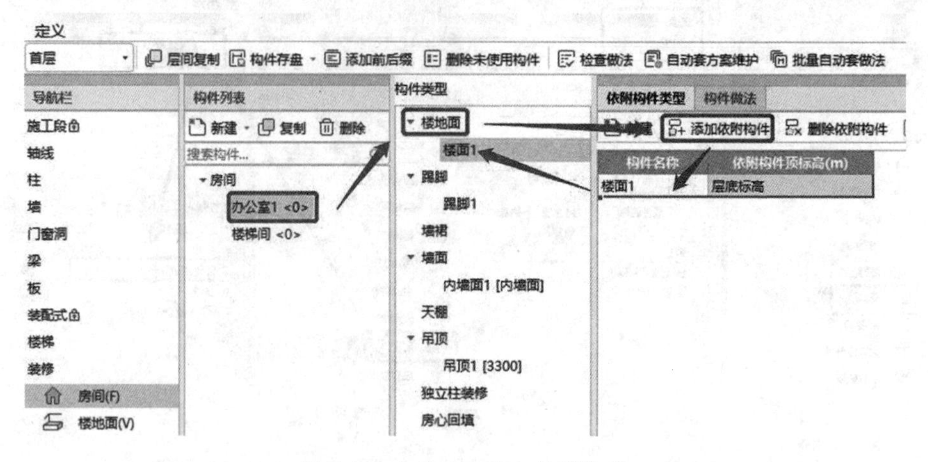

图 6-13　办公室 1 添加依附构件

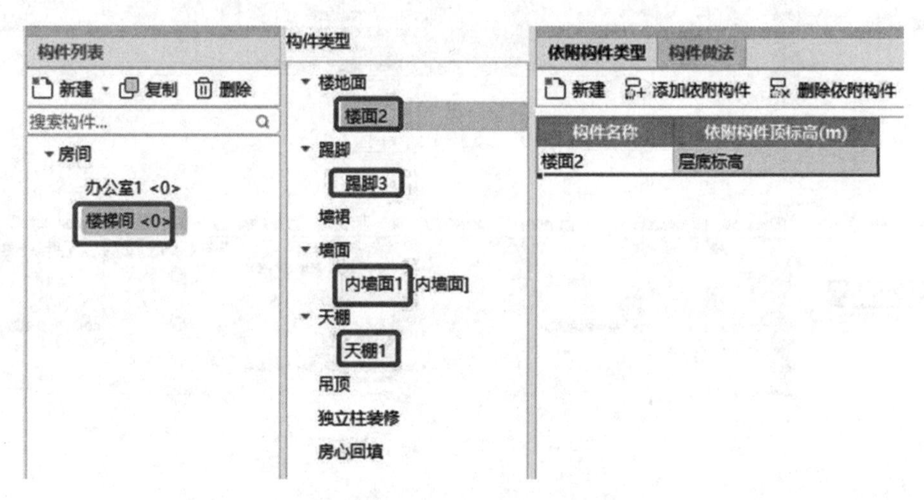

图 6-14　楼梯间添加依附构件

3. 房间的绘制

房间的绘制通常采用点布置，要求房间必须是封闭的区域。在“构件列表”中选择“办公室 1”，然后执行“绘图”面板中的“点”命令，单击房间内任意一点，完成办公室 1 的布置。首层办公室 1 类型共有 8 个，然后选择“楼梯间”，继续执行“绘图”面板中的“点”命令，单击楼梯间内任意一点，完成楼梯间房间的绘制。

首层楼梯间的楼面做法为“楼面 2”，其包含防水层做法，防水层按设计要求上翻 150 mm。在导航栏中“装修”下拉菜单中选择“楼地面”选项，绘图区显示出粉色的楼地面图元，在绘图区单击楼梯间地面后，在“楼地面二次编辑”面板下选择“设置防水卷边”选项，在弹出的对话框中输入“150”，单击“确定”按钮，完成地面 2 防水层的上翻；同时，绘图区的楼面 2 图元会显示防水层卷边的图例符号，如图 6-15 和图 6-16 所示。

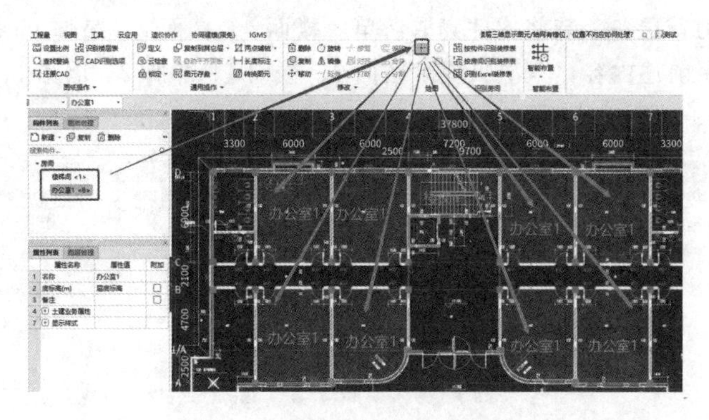

图 6-15　房间的点布置操作

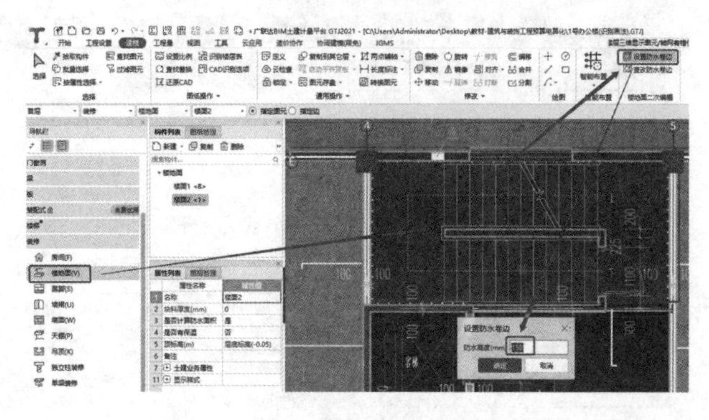

图 6-16　楼梯间地面 2 防水卷边操作

(二)室内装修的识别绘制

室内装修构件的识别有三种方式，分别是“按构件识别装修表”“按房间识别装修表”和“识别 Excel 装修表”，本工程的室内装修做法表是以房间的形式给出的，因此选择“按房间识别装修表”进行操作。单击“按房间识别装修表”按钮，框选设计说明图纸中的室内装修做法表，对弹出的“按房间识别装修表”对话框进行操作，包括删除多余的行和列，添加必要的行和列，并对各房间选择对应的楼层，然后单击“确定”按钮。此时生成的各个房间已经添加依附好了各个装修构件，无须再手动添加依附构件。需要注意的是对各房间的踢脚高度和吊顶高度按照装修做法表进行调整，如图 6-17 和图 6-18 所示。

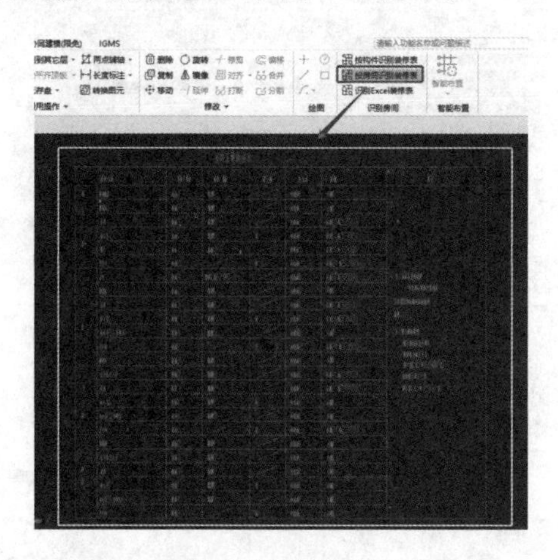

图 6-17　按房间识别装修构件操作

按房间识别装修表

撤消　恢复　查找替换　删除行　删除列　插入行　插入列　复制行

房间	楼地面	内墙裙	踢脚	内墙面	吊顶	天棚	所属楼层
排烟机房	地面4		踢脚1	内墙面1		天棚1	1号办公楼[-1]
楼梯间	地面2		踢脚1	内墙面1		天棚1	1号办公楼[-1]
走廊	地面3		踢脚2	内墙面1	吊顶1(高3...		1号办公楼[-1]
办公室	地面1		踢脚1	内墙面1	吊顶1(高3...		1号办公楼[-1]
餐厅	地面1		踢脚3	内墙面1	吊顶1(高3...		1号办公楼[-1]
卫生间	地面2			内墙面2	吊顶2(高3...		1号办公楼[1]
大堂	楼面3	墙裙1高1...		内墙面1	吊顶1(高3...		1号办公楼[1]
楼梯间	楼面2		踢脚1	内墙面1		天棚1	1号办公楼[1]
走廊	楼面3		踢脚2	内墙面1	吊顶1(高3...		1号办公楼[1]
办公室1	楼面1		踢脚1	内墙面1	吊顶1(高3...		1号办公楼[1]
办公室2(...	楼面4		踢脚3	内墙面1		天棚1	1号办公楼[1]
卫生间	楼面2			内墙面2			1号办公楼[1]
楼梯间	楼面2		踢脚1	内墙面1		天棚1	1号办公楼[2,3]
公共休息...	楼面3		踢脚2	内墙面1	吊顶1(高2...		1号办公楼[2,3]
走廊	楼面3		踢脚2	内墙面1	吊顶1(高2...		1号办公楼[2,3]
办公室1	楼面1		踢脚1	内墙面1		天棚1	1号办公楼[2,3]
办公室2(...	楼面4		踢脚3	内墙面1		天棚1	1号办公楼[2,3]
卫生间	楼面2			内墙面2	吊顶2(高2...		1号办公楼[2,3]
楼梯间	楼面2		踢脚1	内墙面1		天棚1	1号办公楼[4]
公共休息...	楼面3		踢脚2	内墙面1		天棚1	1号办公楼[4]
走廊	楼面3		踢脚2	内墙面1		天棚1	1号办公楼[4]
办公室1	楼面1		踢脚1	内墙面1		天棚1	1号办公楼[4]
办公室2(...	楼面4		踢脚3	内墙面1		天棚1	1号办公楼[4]
卫生间	楼面2			内墙面2		天棚1	1号办公楼[4]

图 6-18　调整识别表中的内容操作

接下来，然后为首层各个装修构件套取清单，楼面 1、楼面 2、踢脚 1、踢脚 2、内墙 1、天棚 1 和吊顶 1 可参照前述内容，本次只展示楼面 3、楼面 4、踢脚 2、墙裙 1、内墙 2 和吊顶 2 的清单套取，如图 6-19～图 6-24 所示。

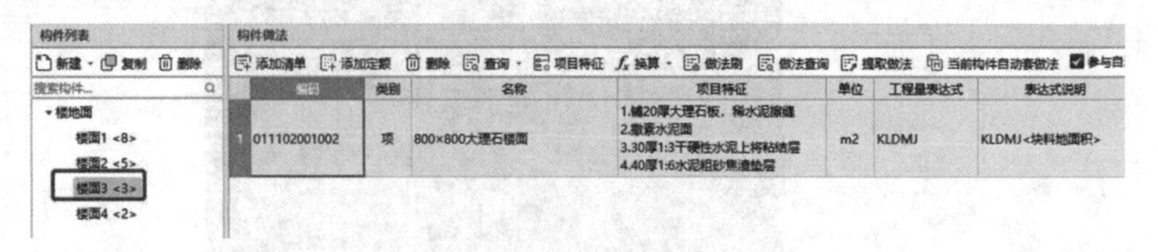

图 6-19 楼面 3 清单套取

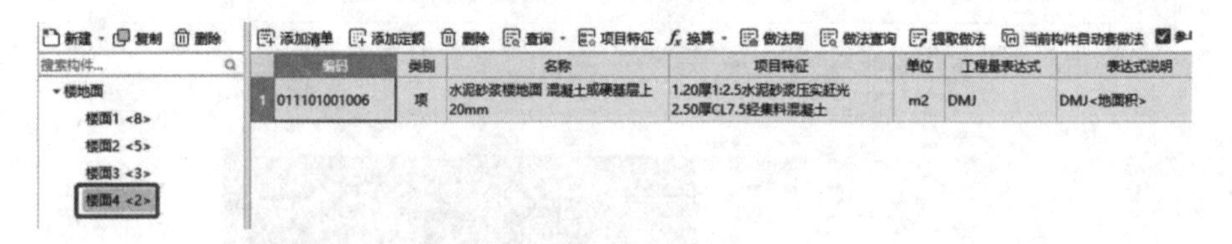

图 6-20 楼面 4 清单套取

编码	类别	名称	项目特征	单位	工程量表达式	表达式说明
011105002001	项	800×100,高100深色大理石踢脚	1.15厚大理石踢脚板 2.10厚1:2水泥砂浆（内掺建筑胶）粘结层 3.界面剂一道甩毛	m2	TJMHMJ	TJMHMJ<踢脚抹灰面积>

图 6-21 踢脚 2 清单套取

编码	类别	名称	项目特征	单位	工程量表达式	表达式说明
011204001002	项	普通大理石板墙裙	1.贴10厚大理石板 2.素水泥砂浆一道 3.6厚1:0.5:0.25水泥石灰膏砂浆罩面 4.8厚1:3水泥砂浆打底扫毛划出纹道 5.素水泥浆一道甩毛（内掺建筑胶）	m2	QQKLMJ	QQKLMJ<墙裙块料面积>

图 6-22 墙裙 1 清单套取

编码	类别	名称	项目特征	单位	工程量表达式	表达式说明
011204003019	项	200×300高级面砖墙面	1.白水泥擦缝 2.5厚釉面砖面层 3.5厚1:2建筑水泥砂浆粘结层 4.素水泥砂浆一道 5.9后1:3水泥砂浆打的压实抹平 6.素水泥浆一道甩毛	m2	QMKLMJ	QMKLMJ<墙面块料面积>

图 6-23 内墙 2 清单套取

编码	类别	名称	项目特征	单位	工程量表达式	表达式说明
011302001095	项	岩棉吸音板吊顶	1.12厚岩棉吸声面板，规格592×592 2.T型轻钢次龙骨TB24×28，中距600 3.T型轻钢龙骨TB24×38，中距600，找平后与钢筋吊杆固定 4.A8钢筋吊杆，双向中距≤1200 5.现浇混凝土板底预留A10钢筋吊环，双向中距≤1200	m2	DDMJ	DDMJ<吊顶面积>

图 6-24 吊顶 2 清单套取

在绘制房间的时候依旧采用点布置，点布置必须在封闭的区域内。区域如果没有封闭，可以采用“虚墙”命令进行调整。本工程中首层大堂与走廊，大堂与楼梯间在建筑平面图中是连通的区域，需要分割为独立的区域才可以使用点布置。在“构件列表”中选择“砌体墙”，新建一个虚墙，尺寸不做要求，然后选择“直线”命令，在图 6-25 所示的三处位置布置虚墙，将走廊、大堂和楼梯间分割成独立的区域。分割完成后采用点布置完成房间的绘制，单击“三维观察”按钮查看绘制完成的首层装修构件的三维算量模型，如图 6-26 所示。

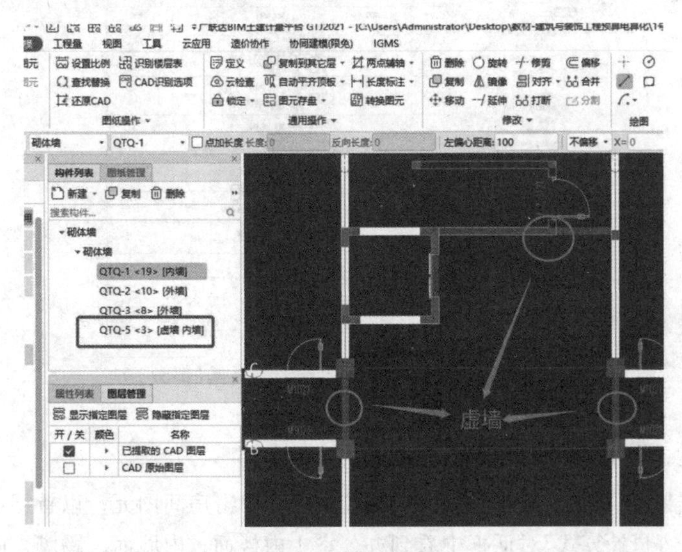

图 6-25　虚墙布置操作

图 6-26　首层内装修三维算量模型

由于首层大堂的高度直至 2 层层顶，调整首层大堂吊顶的布置范围，按 K 键调出吊顶，拖动夹点直至④轴和Ⓑ轴处柱子的下侧边缘，如图 6-27 所示。

图 6-27　首层大堂吊顶位置调整操作

(三)首层室内装修的汇总计算

单击菜单栏中的“工程量”选项卡，执行“汇总计算”命令，勾选“首层”中的“装修”复选框，单击“确定”按钮。计算成功后执行“查看报表”命令，设置报表范围为“首层的各装修构件”。单击“土建报表”选项卡，选择“清单汇总表”选项来查看首层各室内装修构件的清单工程量，如图 6-28 所示。

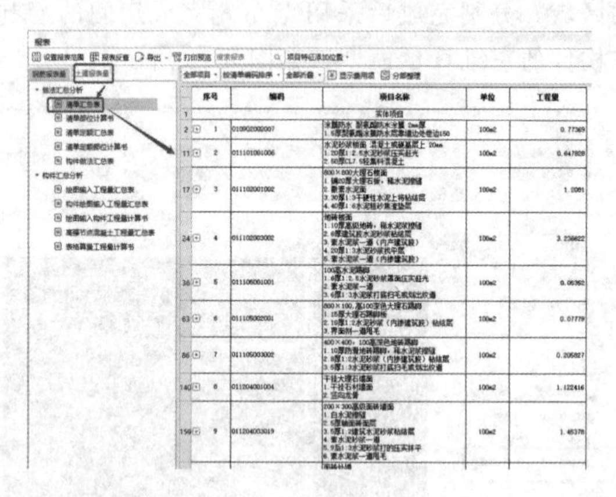

图 6-28　首层室内装修清单工程量(部分)

(四)室内装修工程量检查与校核

在“土建计算结果”面板中，单击“查看计算式”按钮，单击房间图元，以首层办公室 1 为例，可以在弹出的“查看工程量计算式”对话框中看到办公室 1 内楼面、内墙面、踢脚、吊顶的工程量的计算过程(图 6-29)。也可以单独查看某一装修构件的工程量计算过程，以内墙面为例，如图 6-30 所示。

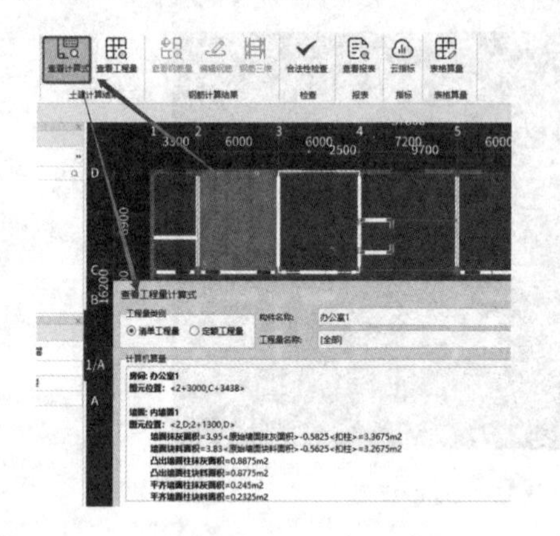

图 6-29　房间内各装修构件的工程量计算过程

图 6-30　内墙面装修工程量计算过程

四、任务结果

综合应用手动和识别的方法完成其余层室内装修的定义和绘制，对各个装修构件套取相应的清单，经汇总计算后 1 号办公楼室内装修清单工程量见表 6-4。

表 6-4　1 号办公楼工程室内装修清单工程量

项目编码	项目名称	项目特征	计量单位	工程量
10902002001	3 mm 厚高聚物改性沥青涂膜防水	3 mm 厚高聚物改性沥青涂膜防水层，四周往上卷 150 mm 高	m^2	76.13

续表

项目编码	项目名称	项目特征	计量单位	工程量
010902002007	涂膜防水 聚氨酯防水涂膜 2 mm 厚	5 mm 厚聚氨酯涂膜防水层靠墙边处卷边 150	m²	232.94
011101001006	水泥砂浆楼面	1. 20 mm 厚 1∶2.5 水泥砂浆压实赶光； 2. 50 mm 厚 CL 7.5 轻集料混凝土	m²	259.22
011102001002	800 mm×800 mm 大理石楼面	1. 铺 20 mm 厚大理石板，稀水泥浆擦缝； 2. 撒素水泥面； 3. 30 mm 厚 1∶3 干硬性水泥砂浆粘结层； 4. 40 mm 厚 1∶6 水泥粗砂焦渣垫层	m²	478.67
011102003002	地砖楼面	1. 10 mm 厚高级地砖，稀水泥浆擦缝； 2. 6 mm 厚建筑胶水泥砂浆粘结层； 3. 素水泥浆一道(内掺建筑胶)； 4. 20 mm 厚 1∶3 水泥砂浆找平层； 5. 素水泥浆一道(内掺建筑胶)	m²	1 294.74
011105001001	100 mm 高水泥踢脚	1. 6 mm 厚 1∶2.5 水泥砂浆罩面压实赶光； 2. 素水泥浆一道； 3. 6 mm 厚 1∶3 水泥浆打底扫毛或画出纹道	m²	38.81
011105002001	800 mm×100 mm，高 100 mm 深色大理石踢脚	1. 15 mm 厚大理石踢脚板； 2. 10 mm 厚 1∶2 水泥砂浆(内掺建筑胶)粘结层； 3. 界面剂一道甩毛	m²	50.61
011105003002	400 mm×400 mm，100 mm 高深色地砖踢脚	1. 10 mm 厚防滑地砖踢脚，稀水泥浆擦缝； 2. 8 mm 厚 1∶2 水泥砂浆(内掺建筑胶)粘结层； 3. 5 mm 厚 1∶3 水泥砂浆打底扫毛或画出纹道	m²	149.22
011204003019	200 mm×300 mm 高级面砖墙面	1. 白水泥浆擦缝； 2. 5 mm 厚釉面砖面层； 3. 5 mm 厚 1∶2 建筑水泥砂浆粘结层； 4. 素水泥砂浆一道； 5. 9 mm 厚 1∶3 水泥砂浆打底压实抹平； 6. 素水泥浆一道甩毛	m²	653.82
011302001070	铝合金条板吊顶	1. 1.0 mm 厚铝合金条板，离缝安装带插缝板； 2. U 形轻钢龙骨 LB 45×48，中距≤1 500 mm； 3. U 形轻钢龙骨 LB 38×12，中距≤1 500 mm，与钢筋吊杆固定； 4. Φ6 钢筋吊杆，中距横向≤1 500 mm，纵向≤1 200 mm	m²	1 108.96

续表

项目编码	项目名称	项目特征	计量单位	工程量
011302001095	岩棉吸声板吊顶	1.12 mm厚岩棉吸声面板，规格592 mm×592 mm； 2.T形轻钢次龙骨TB 24×28，中距600 mm； 3.T形轻钢龙骨TB 24×38，中距600 mm，找平后与钢筋吊杆固定； 4.Φ8钢筋吊杆，双向中距≤1 200 mm； 5.现浇混凝土板底预留Φ10钢筋吊环，双向中距≤1 200 mm	m^2	171.81
011406001011	水泥砂浆墙面	1.喷水性耐擦洗涂料； 2.5 mm厚1∶2.5水泥砂浆找平； 3.9 mm厚1∶3水泥砂浆打底扫毛； 4.素水泥浆一道甩毛(内掺建筑胶)	m^2	4 397.39
011406001012	抹灰天棚	1.喷水性耐擦洗涂料； 2.3 mm厚1∶2.5水泥砂浆找平； 3.5 mm厚1∶3水泥砂浆打底扫毛或画出纹道； 4.素水泥浆一道甩毛(内掺建筑胶)	m^2	1 424.32
011101001010	水泥地面	1.20 mm厚1∶2.5水泥砂浆抹面压实赶光； 2.素水泥浆一道(内掺建筑胶)； 3.50 mm厚C10混凝土； 4.150 mm厚5～32 mm卵石灌M 2.5混合砂浆； 5.素土夯实	m^2	38.64
011102001005	800 mm×800 mm大理石地面	1.铺20 mm厚大理石板，稀水泥浆擦缝； 2.撒素水泥面； 3.30 mm厚1∶3干硬性水泥砂浆粘结层； 4.100 mm厚C10素混凝土； 5.150 mm厚3∶7灰土夯实； 6.素土夯实	m^2	399.05
011102003016	400 mm×400 mm防滑地砖防水楼面	1.10 mm厚防滑地砖，稀水泥浆擦缝； 2.撒素水泥面； 3.20 mm厚1∶2干硬水泥砂浆粘结层； 4.20 mm厚1∶3水泥砂浆找平层； 5.素水泥浆一道； 6.平均35 mm厚C15细石混凝土	m^2	265.70
011102003017	防滑地砖地面	1.2.5 mm厚石塑防滑地砖，建筑胶粘剂粘铺； 2.素水泥砂浆一道； 3.30 mm厚C15细石混凝土随捣随抹； 4.平均35 mm厚C15稀混凝土找坡； 5.150 mm厚3∶7灰土夯实； 6.素土夯实	m^2	63.55

续表

项目编码	项目名称	项目特征	计量单位	工程量
011102003018	高级地砖地面	1. 10 mm 厚高级地砖，建筑胶粘剂粘铺； 2. 20 mm 厚 1∶2 干硬性水泥砂浆粘结层； 3. 素水泥结合层一道； 4. 50 mm 厚 C10 混凝土； 5. 150 mm 厚 5～32 mm 卵石灌 M 2.5 混合砂浆； 6. 素土夯实	m^2	53.56

单元二　室外装修构件建模与工程量计算

工作任务目标

1. 能够识读室外装修做法明细，提取外墙面、外墙保温层和屋顶建模的关键信息。
2. 能够绘制外墙面、外墙保温层和屋顶的三维算量模型。
3. 能够套取外墙面、外墙保温层和屋顶的清单，正确提取其清单工程量。

教学微课

微课：室外装修建模与工程量计算

职业素质目标

具备仔细认真对待每个工程造价数据的工作态度。

思政故事

算盘算出的核潜艇

算盘算出的核潜艇

1954 年，美国"鹦鹉螺"号核潜艇首次试航；1957 年，苏联第一艘核潜艇下水。出于国防安全形势的需要，中国启动了研制核潜艇工程，毕业于国立交通大学的黄旭华被选中，成为研究团队的成员。核潜艇资料难找，数据计算也是难题。黄旭华他们只能用算盘计算核潜艇上的大量数据。为保证计算准确，科研人员分为两三组分别计算，若计算结果不同就重来，直到得出一致的数据。1970 年，黄旭华带领设计人员设计出了水滴线型核潜艇。至今，黄旭华还珍藏着一把当时使用过的"前进"牌算盘。毫不夸张地说，我国第一代核潜艇的许多关键数据都出自这把算盘。

作为造价工程师，精确计算工程量是必须具备的能力。我们现在拥有了先进的计算机技术和电算化软件，但是黄旭华计算核潜艇数据的算盘才是造价工程师的"图腾"，它代表了精益求精的工匠精神和为国奉献的爱国主义精神，是促使我们认真工作的"核动力"。

一、工作任务布置

分析1号办公楼工程建筑设计说明中的室外装修做法表和工程做法明细，结合建筑立面图绘制外墙面装修和外墙保温层的三维模型，根据建筑平面图绘制屋顶的三维模型，套取外墙面、保温层和屋顶的清单并统计各室外装修构件的清单工程量。

二、任务分析

(一)图纸分析

查阅1号办公楼-02工程做法明细-室外装修设计可知，本工程外墙面做法有三种，屋顶做法有一种，保温层做法有一种，其具体构造做法见表6-5。

表6-5 首层各房间室内装修做法表

构件名称	工程做法明细	所处位置
外墙面1 —面砖外墙	1.10 mm厚面砖，在粘贴面上随粘随刷一遍混凝土界面处理剂，1：1水泥砂浆勾缝； 2.6 mm厚1：0.2：2.5水泥石灰膏砂浆(内掺建筑胶)； 3. 刷素水泥浆一道(内掺5%的建筑胶)； 4.50 mm厚聚苯保温板保温层； 5. 刷一道YJ-302型混凝土界面处理剂	1. 首层勒脚以上非阳台部位的外墙； 2. 二层至四层非阳台部位外墙； 3. 电梯井屋面层外墙
外墙面2 —干挂大理石墙面	1. 干挂石材墙面； 2. 竖向龙骨	首层勒脚部分外墙(标高−0.45 m～1.05 m)
外墙面3 —涂料墙面	1. 喷HJ80-1型无机建筑涂料； 2.6 mm厚1：2.5水泥砂浆找平； 3.12 mm厚1：3水泥砂浆打底扫毛或划出纹道； 4. 刷素水泥浆一道(内掺5%的建筑胶)； 5. 刷一道YJ-302型混凝土界面处理剂	首层至四层阳台部位的外墙
外墙保温层 —聚苯保温板	50 mm厚聚苯保温板保温层	所有楼层的外墙均设置外墙保温层
屋顶1 —不上人屋面	满喷银粉保护剂； 1. SBS防水卷材，四周翻边250 mm； 2.20 mm厚1：3水泥砂浆找平层； 3.40 mm厚1：0.2：3.5水泥粉煤灰页岩陶粒2%找坡； 4.80 mm厚现喷硬质发泡聚氨酯	1. 四层顶的大屋顶； 2. 电梯井屋顶

(二)清单计算规则分析

查阅《房屋建筑与装饰工程工程量计算规范》(GB 50854—2013)可知，各室外装修构件的清单工程量计算规则见表6-6。

表6-6 室外装修清单工程量计算规则

项目编码	项目名称	项目特征	计量单位	工程量计算规则
0100902001	屋面卷材防水	1. 混卷材品种、规格、厚度； 2. 防水层数； 3. 防水层做法	m^3	按设计图示尺寸以面积计算： 1. 斜屋面(不包括平屋顶找坡)按斜面积计算，平屋顶按水平投影面积计算； 2. 不扣除放上烟囱、风帽底座、风道、屋面小气窗和斜钩所占面积； 3. 屋面的女儿墙、伸缩缝和天沟等处的弯起部分，并入屋面工程量内

续表

项目编码	项目名称	项目特征	计量单位	工程量计算规则
011001001	保温隔热屋面	1. 保温隔热材料品种、规格、厚度； 2. 隔气层材料品种、厚度； 3. 粘结材料种类、做法； 4. 防护材料种类、做法	m^3	按设计图示尺寸以面积计算。扣除面积＞0.3 m^2 孔洞所占面积
011001003	保温隔热墙面	1. 保温隔热部位； 2. 保温隔热方式； 3. 保温隔热材料品种、规格及厚度	m^3	按设计图示尺寸以面积计算。扣除门窗洞口及面积＞0.3 m^2 梁、孔洞所占面积；门窗洞口侧壁以及与墙相连的柱，并入保温墙体工程量内
011407001	墙面喷刷涂料	1. 基层类型； 2. 喷刷涂料部位； 3. 腻子种类； 4. 刮腻子要求； 5. 涂料品种、喷刷遍数	m^3	按设计图示尺寸以面积计算
011204001	石材墙面	1. 墙体类型； 2. 安装方式； 3. 面层材料品种、规格、颜色； 4. 缝宽、嵌缝材料种类； 5. 防护材料种类； 6. 磨光、酸洗、打蜡要求	m^3	按镶贴表面积计算
011204004	块料墙面			

三、任务实施

(一)室外装修墙面的定义与绘制

1. 室外装修墙面的定义

以首层为例，讲解室外墙面装修构件的定义与绘制。首层外墙面装修做法有三种，外墙面1为白色面砖外墙，其起点和终点底标高为首层勒脚顶部(－0.45＋1.5＝1.05)，因此，在“属性列表”面板中的“起点底标高”中输入“1.05”。根据建筑立面图的信息，该面砖为白色，所以修改“属性列表”面板中的填充颜色为“白色”。外墙2为勒脚干挂大理石墙面，底标高为室外地坪(－0.45)，顶标高为(－0.45＋1.5＝1.05)，在“属性列表”面板中起点和终点底标高输入“－0.45”，起点和终点顶标高输入“1.05”，为了与面墙1区别，将颜色修改为“浅蓝”。外墙3为涂料墙面，所有的阳台处的墙体均采用外墙3，对于首层其底标高为室外地坪(－0.45)，顶标高为墙顶标高，为了与其他墙体区别，将颜色修改为“棕色”。接下来，双击构件名称查询清单库，为三种外墙面套取相应的清单并录入项目特征，如图6-31～图6-34所示。

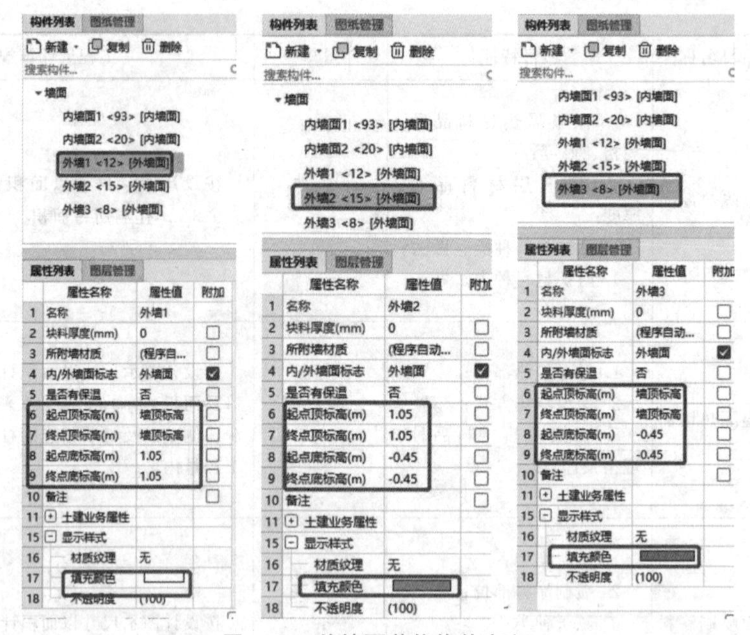

图 6-31　外墙面装修构件定义

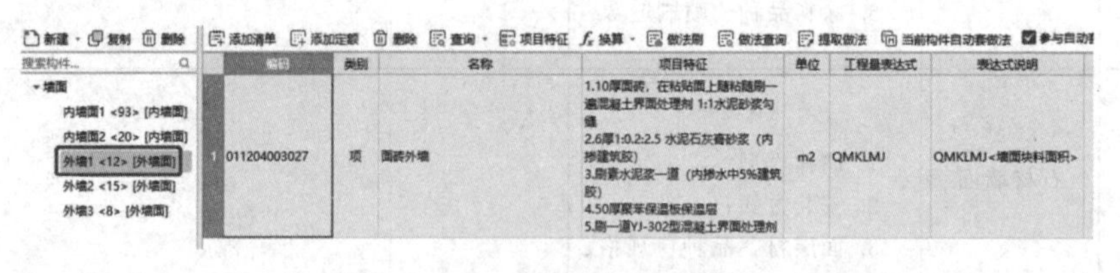

图 6-32　外墙面 1 清单套取

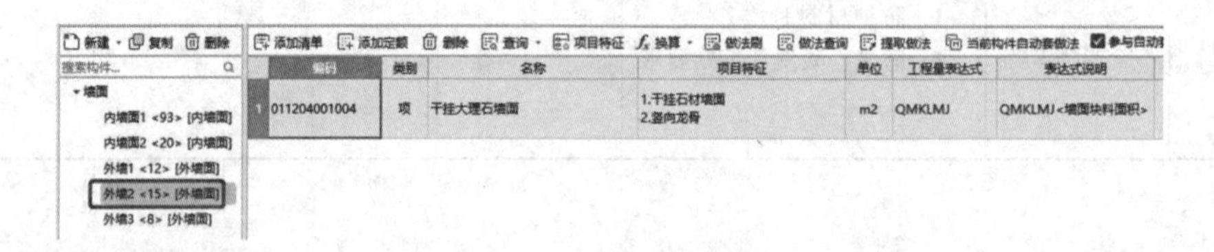

图 6-33　外墙面 2 清单套取

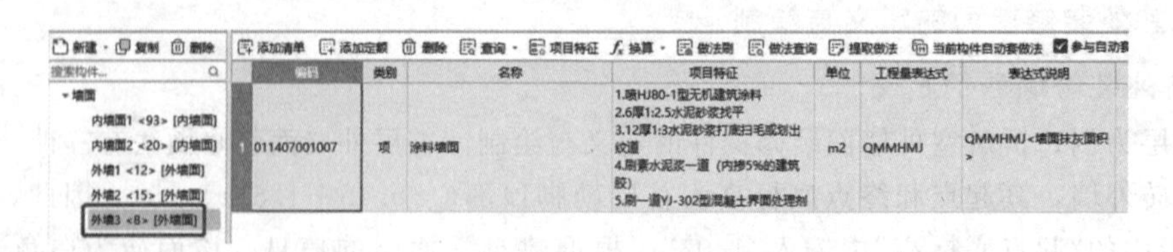

图 6-34　外墙面 3 清单套取

2. 室外装修墙面的绘制

外墙面的装修画法有“点布置”“直线绘制”和“智能布置”，本工程的外墙装修特点适合采用点布置和直线绘制。以外墙面 1 为例，在“构件列表”中选择“外墙面 1”，将视图切换到“三维”状态下，在“绘图”面板选择“点”命令，单击目标墙体，完成外墙 1 的点布置，如图 6-35 所示。

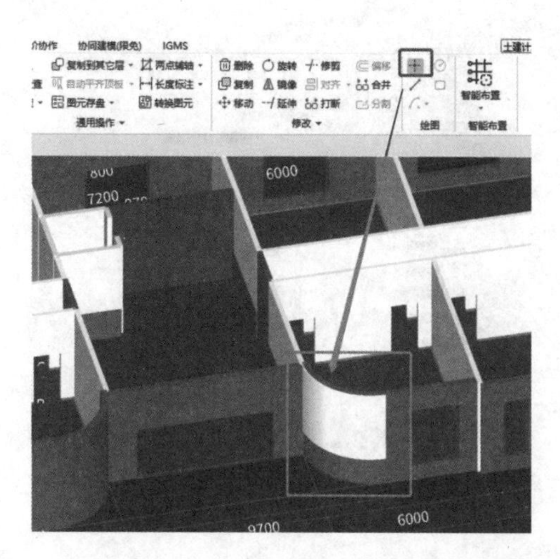

图 6-35　外墙面 1 的点布置操作

将视图切换到“平面”状态下，在“绘图”面板选择“直线”命令，然后单击目标墙体外墙面的起点和终点，完成外墙面 1 的绘制。其余的位置和外墙面综合采用“点”和“直线”命令绘制完成(图 6-36)，首层外墙面装修三维算量模型如图 6-37 所示。

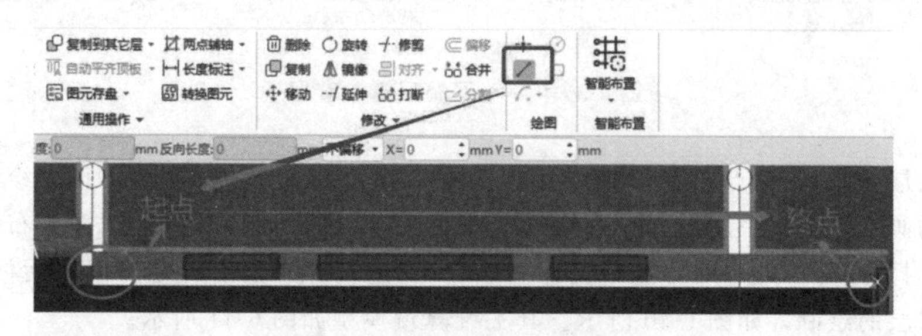

图 6-36　外墙面 1 的直线绘制操作

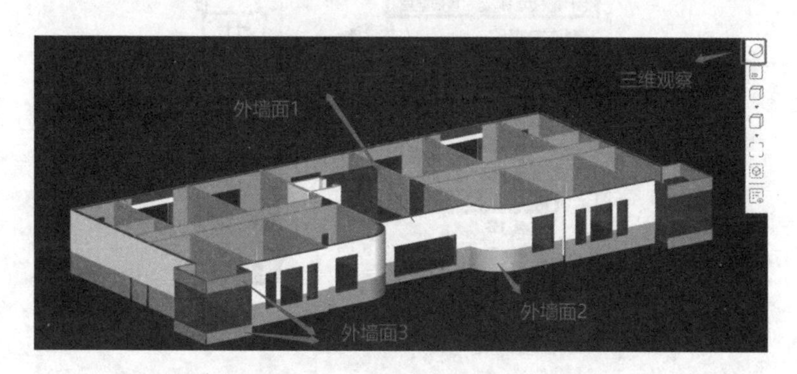

图 6-37　首层外墙面装修三维算量模型

(二)外墙保温层的定义与绘制

以首层为例，讲解保温层的定义和绘制。本工程首层所有外墙均设置保温层，材料为 50 mm 厚的聚苯板保温材料，在导航栏中单击“其他”选项卡，在其下拉列表中选择“保温层”选项，在“构件列表”中新建保温层，厚度输入“50”，起点和终点底标高分别输入“－0.45”(勒脚处)，起点和终点顶标高分别输入“墙顶标高”。然后为外墙保温层套取清单并录入项目特征，如图 6-38 和图 6-39 所示。

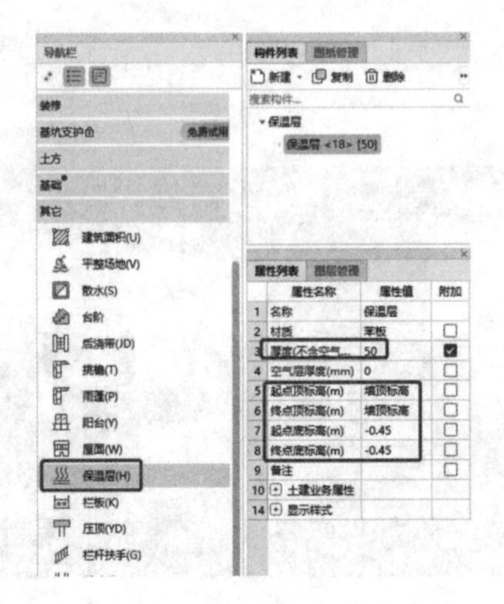

图 6-38　外墙保温层的定义

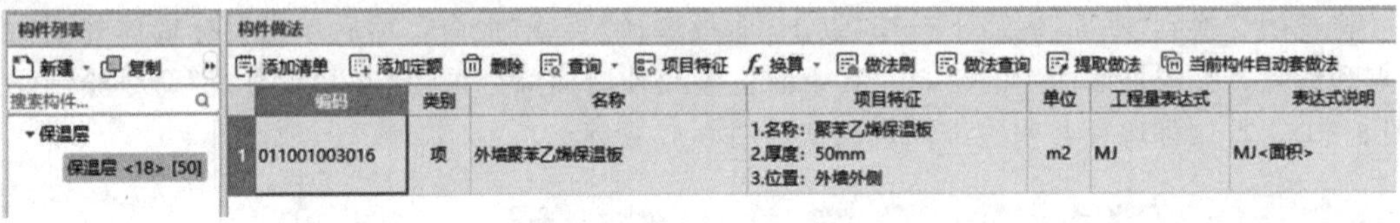

构件列表	编码	类别	名称	项目特征	单位	工程量表达式	表达式说明
保温层 保温层 <18> [50]	1 011001003016	项	外墙聚苯乙烯保温板	1.名称：聚苯乙烯保温板 2.厚度：50mm 3.位置：外墙外侧	m2	MJ	MJ<面积>

图 6-39　外墙保温层清单套取

外墙保温层的画法有“点布置”“直线绘制”和“智能布置”，“点布置”和“直线绘制”的方法同外墙面装修的画法。本次采用“智能布置”完成外墙保温层的绘制，即单击“智能布置”按钮，在下拉菜单中选择“按外墙外边线智能布置保温层”，勾选“首层”所有外墙，确定后便可完成首层所有外墙保温层的绘制，如图 6-40 所示。其三维算量模型如图 6-41 所示。

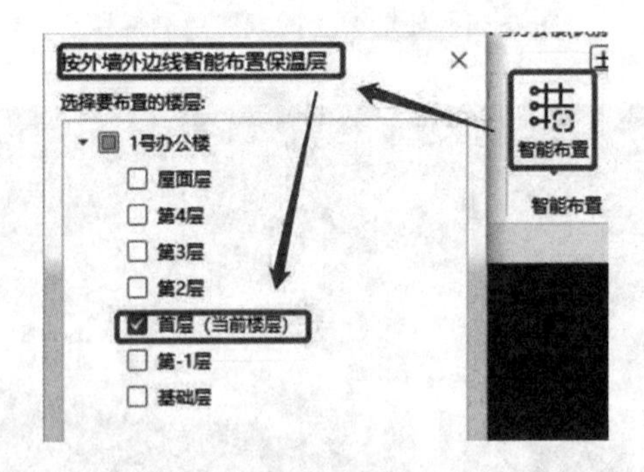

图 6-40　外墙保温层的智能布置

图 6-41　首层外墙保温层三维算量模型

(三)屋面的定义与绘制

1. 屋面的定义

本工程的屋面存在于两个位置，分别是四层顶板处的大屋面和电梯间出屋面的小屋面，但是均采用同一种屋面做法。在导航栏中单击“其他”选项卡，在其下拉列表中选择“屋面”选项，在“构件列表”中新建“屋面 1”，在“底标高”输入框中输入“14.4”(大屋顶标高值)，如图 6-42 所示。

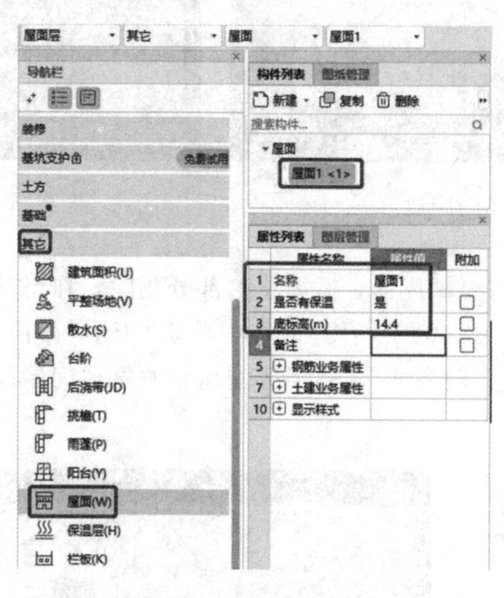

图 6-42　屋面的定义

本工程屋面主要计算的内容包括屋面保温层、屋面防水层、屋面找坡层、屋面找平层和屋顶保护层，分别为其套取对应的清单，并录入项目特征。其中，保温、找平和找坡采用的计算表达式为“MJ”(面积)，就是屋顶的水平投影面积。防水层采用的计算表达式为“FSMJ”(防水面积)，它与“MJ”的区别是：防水面积＝水平投影面积＋卷边立面防水面积(卷边高度≤300 mm)，如果屋顶防水层卷边高度＞300 mm，屋面防水层的表达式就更改为“FSMJ＋JBMJ”(防水面积＋卷边面积)，此时防水面积仅为水平投影面积，卷边面积是立面防水面积(卷边高度＞300 mm)。本工程屋面防水层卷边高度“150”，因此，其清单工程量表达式采用“FSMJ”。屋面清单套取结果如图 6-43 所示。

构件列表：新建 · 复制；搜索构件...；屋面 ▸ 屋面1 <1>

构件做法：添加清单　添加定额　删除　查询　项目特征　换算　做法刷　做法查询　提取做法　当前构件自动套做法

	编码	类别	名称	项目特征	单位	工程量表达式	表达式说明
1	011001002004	项	硬泡聚氨酯现场喷发	80厚现喷硬质发泡聚氨酯	m2	MJ	MJ<面积>
2	011001001006	项	水泥粉煤灰页岩陶粒找坡	40厚1：0.2:3.5水泥粉煤灰页岩陶粒2%找坡	m2	MJ	MJ<面积>
3	011101001002	项	水泥砂浆找平层	20厚1:3水泥砂浆找平层	m2	MJ	MJ<面积>
4	010902001010	项	SBS防水卷材	SBS防水卷材，四周翻边250	m2	FSMJ	FSMJ<防水面积>
5	031201005009	项	银粉保护剂	满喷银粉保护剂	m2	MJ	MJ<面积>

图 6-43　屋面清单的套取

2. 屋面的绘制

屋面的绘制方法有“点布置”“直线绘制”和“智能布置”，本工程的两个屋面均被各自的女儿墙围成了封闭区域，所以采用“点布置”进行绘制。选择“屋面层”，在绘图面板选择“点布置”命令，单击“大屋面位置”，确定按钮后生成(图 6-44)。

单于本工程防水层有卷边设计，继续生成立面防水层，在“屋面二次编辑”面板中单击“设置防水卷边”按钮，单击大屋面，单击鼠标右键，在弹出的“设置防水卷边”对话框中输入“150”，单击“确定”按钮后生成防水卷边，如图 6-45 所示。

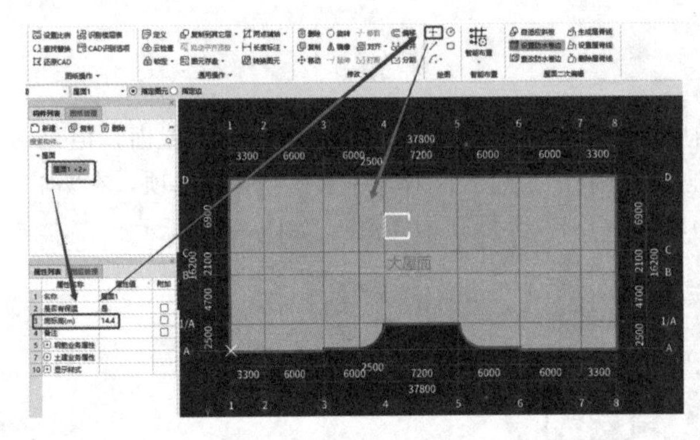

图 6-44　屋面清单的套取

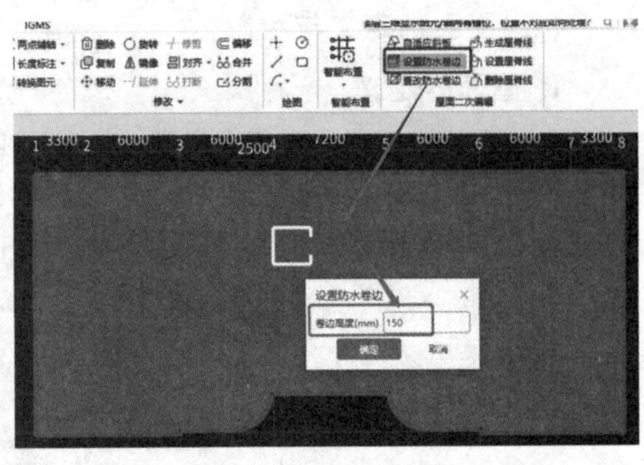

图 6-45　大屋面防水卷边设置

大屋面的电梯间位置不需要做屋面，需要将这部分删除，在“修改”面板中单击“分割”按钮，单击大屋面，单击鼠标右键，然后在“绘图”面板中单击“矩形”按钮，拉框绘制电梯间区域，单击鼠标右键确定，系统提示“分割完成”，选择分割出来的电梯间屋面，单击鼠标右键再选择“删除”命令，如图 6-46 所示。

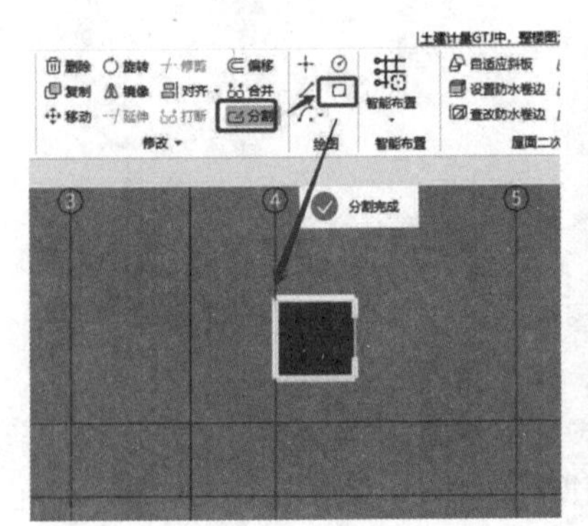
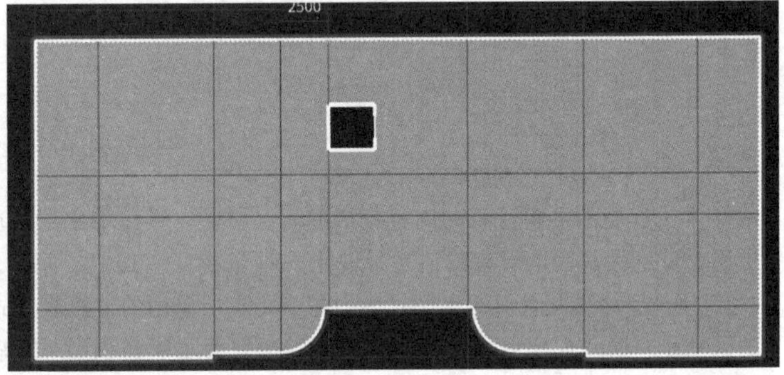

图 6-46　电梯井位置屋面的分割和删除操作

将楼层选择为第“4 层”，将电梯间小屋面的底标高改为“15.9”，选择“点布置”命令布置到指定位置，采用设置防水卷边为电梯间小屋面设置防水卷边，高度也是 150，如图 6-47 所示。两个屋顶绘制完成后，按快捷键 F12，弹出“显示设置”对话框，执行“楼层显示”命令，勾选“相邻楼层”复选框，可以同时显示位于不同楼层的两个大小屋面三维算量模型，如图 6-48 所示。

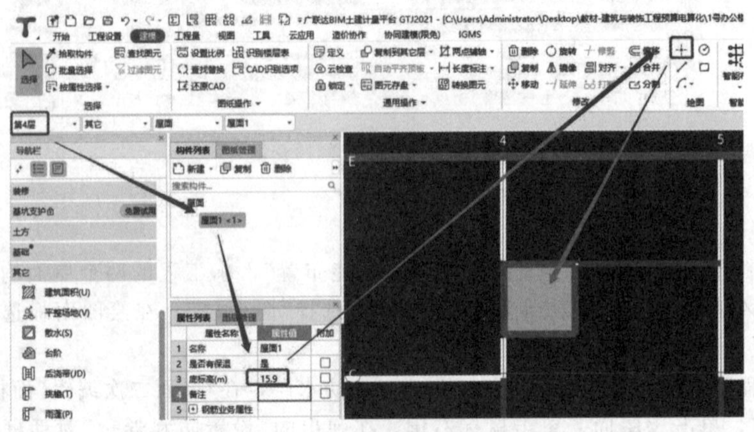

图 6-47　电梯间小屋面的布置

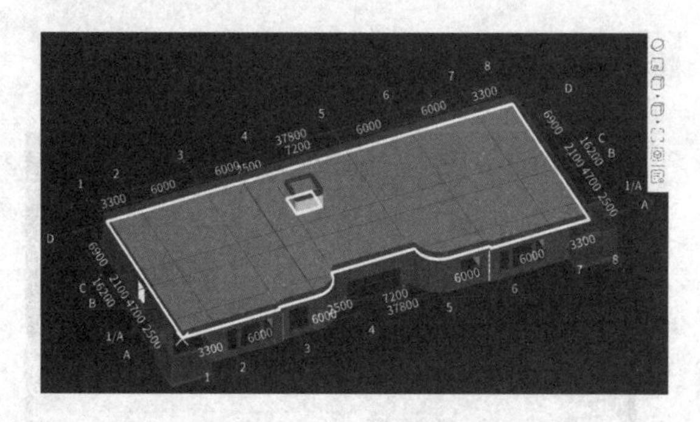

图 6-48　屋面三维算量模型

(四)首层外装修及屋面工程量汇总计算

在菜单栏“工程量”选项卡中单击“汇总计算”按钮，勾选“首层”中“装修”下拉列表中的“外墙1”“外墙2”“其他”中的“保温层”及“第4层”、“屋面层其他”中的“屋面”，单击“确定”按钮，计算成功后执行“查看报表”命令，设置报表范围为“首层装修外墙”“保温层”及“第4层”“屋面”，由此得出的清单工程量如图6-49所示。

	序号	编码	项目名称	单位	工程量
1			实体项目		
2	1	010902001010	SBS防水卷材 SBS防水卷材，四周翻边250	100m2	6.07421
10	2	011001001006	水泥粉煤灰页岩陶粒找坡 40厚1:0.2:3.5水泥粉煤灰页岩陶粒2%找坡	100m2	5.881278
18	3	011001002004	硬泡聚氨酯现场喷发 50厚现场喷硬泡发泡聚氨酯	100m2	5.881278
26	4	011001003016	外墙聚苯乙烯保温板 1.名称：聚苯乙烯保温板 2.厚度：50mm 3.位置：外墙外侧	100m2	4.258883
48	5	011101001002	水泥砂浆找平层 20厚1:3水泥砂浆找平层	100m2	5.881278
56	6	011204001004	干挂大理石墙面 1.干挂石材墙面 2.竖向龙骨	100m2	1.122418
75	7	011204003027	面砖外墙 1.10厚面砖，在粘贴面上随粘随刷一遍混凝土界面处理剂 1:1水泥砂浆勾缝 2.6厚1:0.2:2.5 水泥石灰膏砂浆（内掺建筑胶） 3.刷素水泥浆一遍（内掺水中5%建筑胶） 4.50厚聚苯保温板保温层 5.刷一道YJ-302型混凝土界面处理剂	100m2	1.542202
91	8	011407001007	涂料墙面 1.喷HJ80-1型无机建筑涂料 2.6厚1:2.5水泥砂浆找平 3.12厚1:3水泥砂浆打底扫毛或划出纹道 4.刷素水泥浆一遍（内掺5%建筑胶） 5.刷一道YJ-302型混凝土界面处理剂	100m2	0.280383
103	9	031201006009	银粉保护剂 满刷银粉保护剂	10m2	58.81278

图 6-49　首层装修外墙和屋面清单工程量

(五)室外装修工程量的检查与校核

在“土建计算结果”面板中，单击“查看计算式”按钮，在三维图元中单击外墙面和保温层，可以在弹出的“查看工程量计算式”对话框中看到外墙面和墙面保温层的工程量计算过程；单击屋面，可以看到屋面内面积和防水面积及卷边面积的计算过程。如图6-50～图6-52所示。

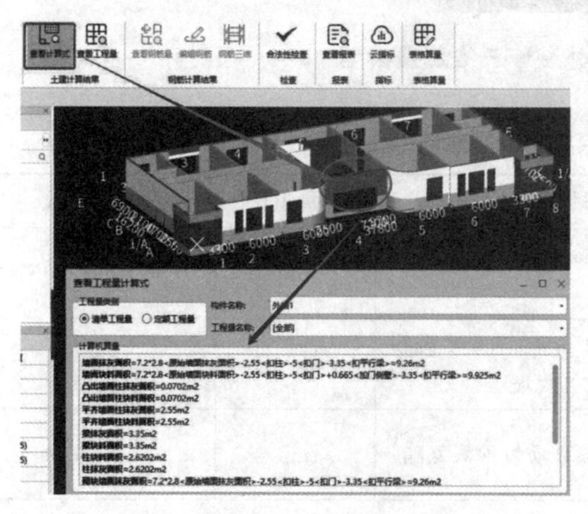

图 6-50　外墙面工程量计算过程

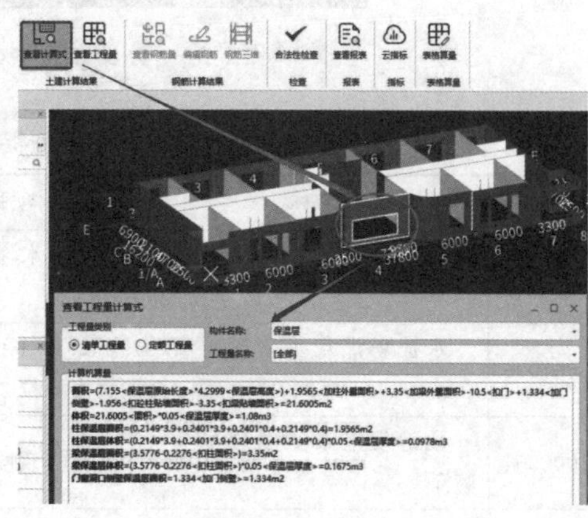

图 6-51　墙面保温层工程量计算过程

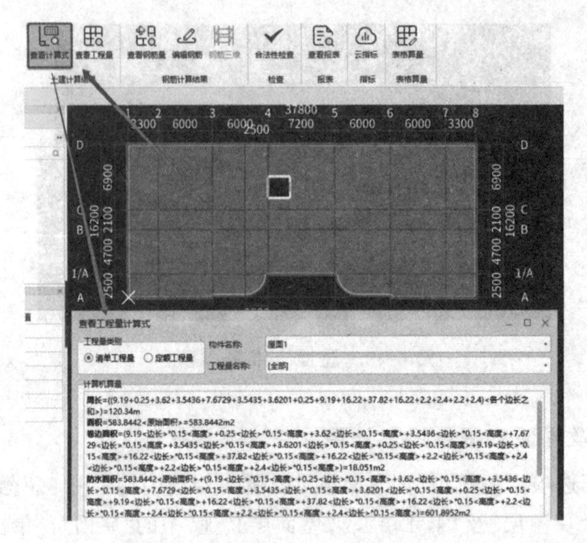

图 6-52　屋面工程量计算过程

四、任务结果

用相同的方法完成其余层外墙面和墙面保温层的定义和绘制，按快捷键 F12，在“显示设置”面板中选择“全部楼层”，在“图元显示”面板中勾选“墙面”和“屋面”复选框，全楼外装修三维算量模型如图 6-53 所示。对各个室外装修构件套取相应的清单，经汇总计算后得到 1 号办公楼室外装修清单工程量，见表 6-7。

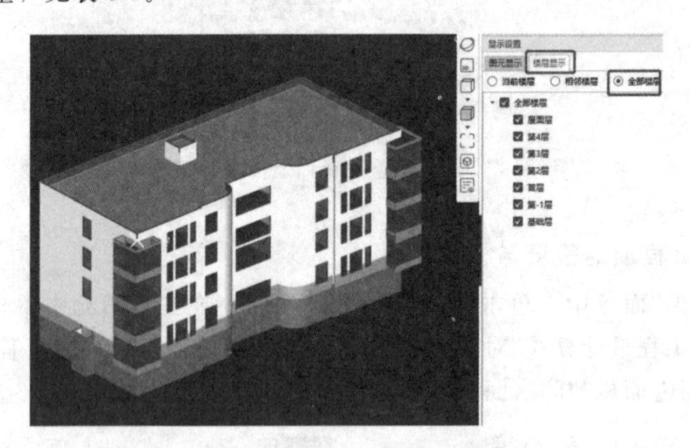

图 6-53　办公楼全楼外装修三维算量模型

表 6-7　外墙面、外墙保温层和屋面清单工程量

项目编码	项目名称	项目特征	计量单位	工程量
010902001010	SBS 防水卷材	SBS 防水卷材，四周翻边 250 mm	m^2	601.90
011001001006	水泥粉煤灰页岩陶粒找坡	40 mm 厚 1∶0.2∶3.5 水泥粉煤灰页岩陶粒 2%找坡	m^2	583.84
011001002004	硬泡发泡聚氨酯现场喷涂	80 mm 厚现喷硬质发泡聚氨酯	m^2	583.84

续表

项目编码	项目名称	项目特征	计量单位	工程量
011001003016	外墙聚苯乙烯保温板	1. 名称：聚苯乙烯保温板； 2. 厚度：50 mm； 3. 位置：外墙外侧	m^2	1 533.65
011101001002	水泥砂浆找平层	20 mm厚1∶3水泥砂浆找平层	m^2	583.84
011204001004	干挂大理石墙面	1. 干挂石材墙面； 2. 竖向龙骨	m^2	112.24
011204003027	面砖外墙	1. 10 mm厚面砖，在粘贴面上随粘随刷一遍混凝土界面处理剂，1∶1水泥砂浆勾缝； 2. 6 mm厚1∶0.2∶2.5水泥石灰膏砂浆(内掺建筑胶)； 3. 刷素水泥浆一道(内掺5%的建筑胶)； 4. 50 mm厚聚苯保温板保温层； 5. 刷一道YJ-302型混凝土界面处理剂	m^2	794.09
011407001007	涂料墙面	1. 喷HJ80-1型无机建筑涂料； 2. 6 mm厚1∶2.5水泥砂浆找平； 3. 12 mm厚1∶3水泥砂浆打底扫毛或划出纹道； 4. 刷素水泥浆一道(内掺5%的建筑胶)； 5. 刷一道YJ-302型混凝土界面处理剂	m^2	92.70
031201005009	银粉保护剂	满喷银粉保护剂	m^2	583.84

课后习题

一、单选题

1. 下列命令中不可以应用到房间布置的是(   )。

   A. 点布置　　B. 矩形布置　　C. 智能布置

2. “楼层显示”调整的快捷键是(   )。

   A. F2　　B. F3　　C. F4　　D. F12

3. 下列命令中不是房间识别操作命令的是(   )。

   A. 按房间识别　　B. 按清单识别

   C. 按构件识别　　D. 按Excel装修表识别

4. 软件中显示或隐藏“楼地面”的快捷键是(   )。

   A. W　　B. S　　C. V　　D. P

5. 根据《房屋建筑与装饰工程工程量计算规范》(GB 50854—2013)，楼地面涂膜防水工程量按设计图示尺寸以面积计算，当防水反边高度大于(　　)mm，按墙面防水计算。

A. 200　　B. 300　　C. 400　　D. 500

6. 根据《房屋建筑与装饰工程工程量计算规范》(GB 50854—2013)，块料墙面工程量按(　　)计算。

A. 图示尺寸以面积　　B. 墙面抹灰面积

C. 镶贴表面积　　D. 镶贴周长

7. 根据《房屋建筑与装饰工程工程量计算规范》(GB 50854—2013)，楼地面涂膜防水工程量按设计尺寸以面积计算，不需要扣除的部分是(　　)。

A. 凸出地面的构筑所占面积　　B. 凸出地面的设备基础所占面积

C. 单个面积≤0.3 m^2 的孔洞　　D. 单个面积>0.3 m^2 的孔洞

8. 根据《房屋建筑与装饰工程工程量计算规范》(GB 50854—2013)，块料楼地面工程量按设计图示尺寸以面积计算，下列选项中无需并入相应工程量的是(　　)。

A. 门洞开口部分　　B. 空圈开口部分

C. 暖气包槽开口部分　　D 单个面积≤0.3 m^2 的孔洞

9. 下列不是外墙面绘制操作命令的是(　　)。

A. 点　　B. 直线　　C. 矩形　　D. 智能布置

10. 下列是保温层属性中私有属性的是(　　)。

A. 名称　　B. 材质　　C. 厚度　　D 标高

11. 屋面绘制必须在封闭区域前提下使用的操作命令是(　　)。

A. 点布置　　B. 直线　　C. 矩形　　D. 智能布置

12. 根据《房屋建筑与装饰工程工程量计算规范》(GB 50854—2013)，保温隔热墙面的计量单位是(　　)。

A. 墙面长度　　B. 墙面面积

C. 墙面体积　　D. 保温个人材料质量

13. 根据《房屋建筑与装饰工程工程量计算规范》(GB 50854—2013)，保温隔热墙面工程量按设计图示尺寸以面积计算，(　　)并入保温墙体工程量内。

A. 门窗洞口侧壁　　B. 与墙相连的梁

C. >0.3 m^2 孔洞侧壁　　D. ≤0.3 m^2 孔洞侧壁

14. 当屋面防水卷边的尺寸超过 300 mm 时，屋面卷材防水面积的工程量表达式应该为(　　)。

A. MJ　　B. FSMJ　　C. MJ+JBMJ　　D. FSMJ+JBMJ

15. 当屋面防水卷边的尺寸不超过 300 mm 时，屋面卷材防水面积的工程量表达式应该为(　　)。

A. MJ　　B. FSMJ　　C. MJ+JBMJ　　D. FSMJ+JBMJ

16. 根据《房屋建筑与装饰工程工程量计算规范》(GB 50854—2013)，计算卷材防水层工程量时，女儿墙弯起部分工程量(　　)。

A. 应单独列项计算　　B. 应考虑在报价中

C. 一律按弯起 250 mm 高度计算　　D. 应并入屋面工程量计算

二、判断题

1. 当房间不封闭无法采用点布置的时候，可以采用虚墙解决该问题。(　　)

2. “设置防水卷边”操作后，软件会计算立面防水面积。(　　)

3. 手动绘制内装修的思路是：新建房间—布置房间—新建各装修构件—添加依附构件。(　　)

4. 根据《房屋建筑与装饰工程工程量计算规范》(GB 50584—2013)，抹灰天棚中梁的两个侧面和底面的抹灰面积并入天棚面积内计算。 (　　)

5. 软件中的外墙面在装修的时候，其标高值可以修改。 (　　)

6. 屋面的定义在导航栏中的“装修”菜单下。 (　　)

7. 保温层智能布置的前提是内外墙已经被标识。 (　　)

8. 根据《房屋建筑与装饰工程工程量计算规范》(GB 50584—2013)，平、斜屋面工程量均按水平投影面积计算。 (　　)

9. 保温隔热屋面的工程量计算单位是体积。 (　　)

10. 软件中布置了房间就无需在单独布置各个装饰构件。 (　　)

11. 墙裙一般在室内而勒脚在室外。 (　　)

12. 天棚和吊顶属于同一种构件。 (　　)

三、实操题

下载活动中心工程图纸和外部清单，绘制其室内墙面、地面和天棚的三维算量模型，套取外部清单，并计算其工程量。

微课：实操题

模块七 楼梯和零星构件建模与工程量计算

单元一　楼梯及其钢筋建模与工程量计算

工作任务目标

1. 能够识读楼梯结构施工图，提取建模的关键信息。
2. 能够绘制楼梯及其钢筋的三维算量模型。
3. 能够套取楼梯的清单和定额，正确提取其混凝土、模板和钢筋的工程量。

教学微课

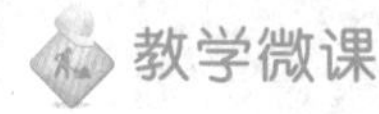

微课：楼梯的绘制与计量

微课：楼梯钢筋的绘制与计量

职业素质目标

具备台阶式向上的意识，树立刻苦钻研、爱岗敬业、尽职尽责、不断提升的职业精神。

思政故事

“最美奋斗者”黄大年

黄大年带领团队创造了多项“中国第一”，为中国“巡天探地潜海”填补多项技术空白，为深地资源探测和国防安全建设做出了突出贡献。我们要学习他心有大我、至诚报国的爱国情怀，学习他敢为人先的敬业精神，学习他淡泊名利、甘于奉献的高尚情操，把爱国之情、报国之志融入祖国改革发展的伟大事业之中、融入人民创造历史的伟大奋斗之中，从自己做起，从本职岗位做起，为实现“两个一百年”奋斗目标、实现中华民族伟大复兴的中国梦贡献智慧和力量。

一、工作任务布置

分析1号办公楼工程楼梯建筑及结构施工图，绘制首层楼梯的三维建模模型，套取清单和定额，并统计其混凝土、模板的清单工程量及钢筋工程量。

二、任务分析

(一)图纸分析

查阅1号办公楼结施-13“楼梯详图”中1-1剖面图可知：首层楼梯有两段AT1，其板厚为

130 mm，梯板下部纵筋为 Φ12@200，梯板支座端上部钢筋为 Φ10@200；TL1 有三根，一跨，截面尺寸为 200 mm×400 mm，箍筋为 Φ8@200(双肢箍)，上部通长筋为 2Φ14，下部通长筋为 3Φ16；1.9 m 高度的 PTB1 构件，其厚度为 100 mm，配筋双层双向 Φ8@150；楼梯中未注明分布钢筋，在图纸说明中得知为 Φ8@250；在结构设计说明第七条主要结构材料中的第 2 条表格中得知楼梯混凝土强度为 C30。

注意：TL2 在绘制梁构件中进行计算。

(二)清单计算规则分析

查阅《房屋建筑与装饰工程工程量计算规范》(GB 50854—2013)可知，楼梯的混凝土清单工程量计算规则见表 7-1。

表 7-1 楼梯混凝土清单工程量计算规则

项目编码	项目名称	项目特征	计量单位	工程量计算规则
010506001	直形楼梯	1. 混凝土种类(商品混凝土、现场拌制，泵送、非泵送)； 2. 混凝土强度等级； 3. 楼梯类型(板式、梁式)； 4. 梯板厚度(不含梯阶)	m^2	按设计图示尺寸的水平投影面积以平方米计算，不扣除宽度不大于 500 mm 的楼梯井，伸入墙内部分不计算

其模板清单工程量计算规则见表 7-2。

表 7-2 楼梯模板与支架清单工程量计算规则

项目编码	项目名称	项目特征	计量单位	工程量计算规则
011702024	楼梯模板	1. 楼梯类型； 2. 材质	m^2	按楼梯(包括休息平台、平台梁、斜梁和楼层板的连接梁)的水平投影面积，以平方米计算，不扣除宽度不大于 500 mm 的楼梯井所占面积，楼梯踏步、踏步板、平台梁等侧面模板不另计算，伸入墙内部分也不增加

三、任务实施

(一)新建楼梯

在导航栏中单击“楼梯”选项卡，其下拉列表中包含“楼梯”“直形梯段”“螺旋梯段”“楼梯井”构件，如图 7-1 所示。

单击“楼梯”按钮，在其下拉列表中选择“楼梯”选项，在“构件列表”中单击“新建”按钮，出现“新建楼梯”两个选项卡和“新建参数化楼梯”，计算混凝土工程量，需要单击“新建楼梯”按钮，LT-1 新建完成，在下方“属性列表”中将混凝土强度等级调整为 C30。

(二)绘制楼梯

打开图纸查看楼梯位置。楼梯 CAD 图如图 7-2 所示。

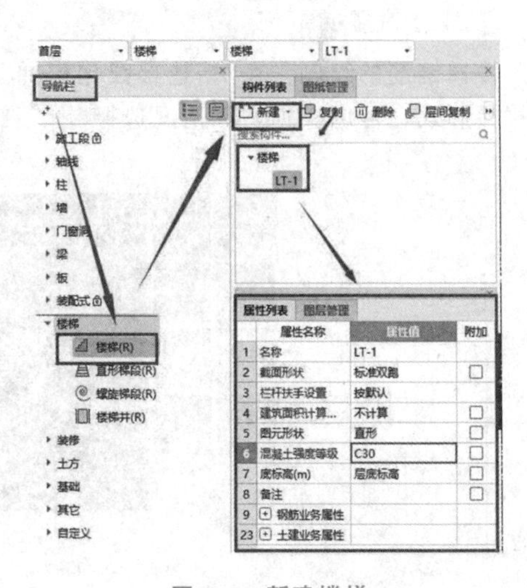

图 7-1 新建楼梯

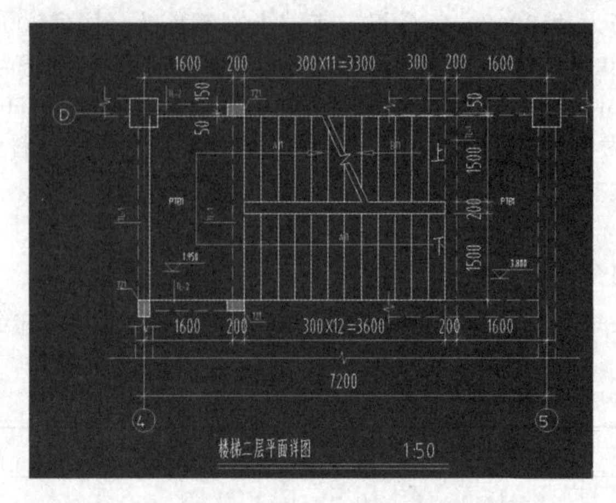

图 7-2　楼梯 CAD 图

绘图时为方便绘制，按 L 键将绘制好的梁隐藏。

在建模状态下，选择“绘图”面板中的“矩形”命令，按住 Shift 键的同时，鼠标左键单击矩形楼梯的右上角附近的轴线交点，弹出“请输入偏移值”对话框，将数据更改为 X＝0；Y＝－50，再单击“确定”按钮，如图 7-3 所示。再继续绘制楼梯的左下角的对角点，即 TZ1 的右上角的角点。LT1 绘制完成。

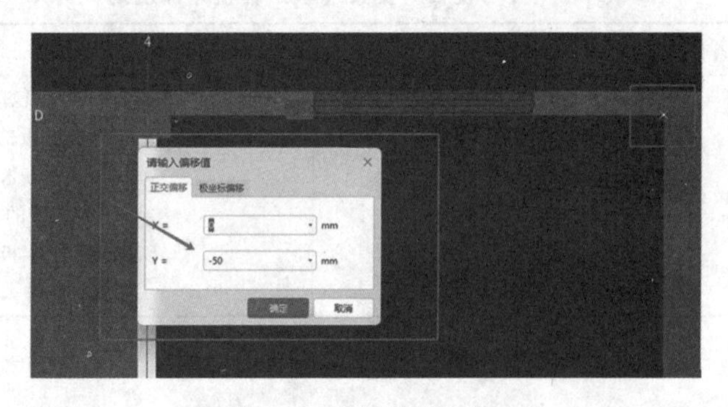

图 7-3　绘制楼梯角点

(三)绘制楼梯钢筋

楼梯钢筋的绘制：在“新建参数化楼梯”里进行属性设置并绘制。由于软件内置了多种常用的楼梯形式，可以根据实际情况选择(图 7-4)。

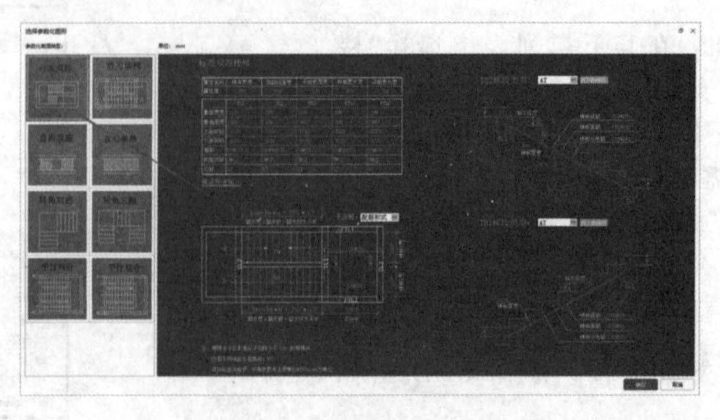

图 7-4　选择参数化图形

本项目楼梯绘制操作：新建参数化楼梯后，选择“标注双跑”对应的参数图，输入相关参数信息，单击“确定”按钮，完成建立。注意平台板、TB1 和 TB2 梯段类型的选择，如图 7-5 所示。

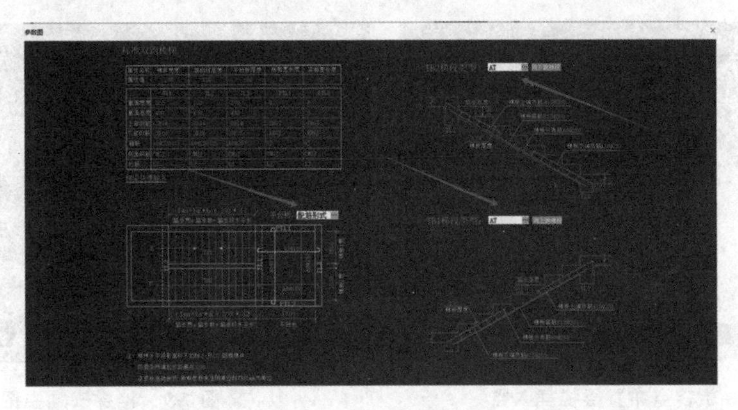

图 7-5　楼梯参数信息

输入参数信息后，单击“确定”按钮，回到建模状态，鼠标拖拽的就是刚建好的楼梯构件，勾选“旋转点”复选框，注意休息平台的方向，如图 7-6 所示。

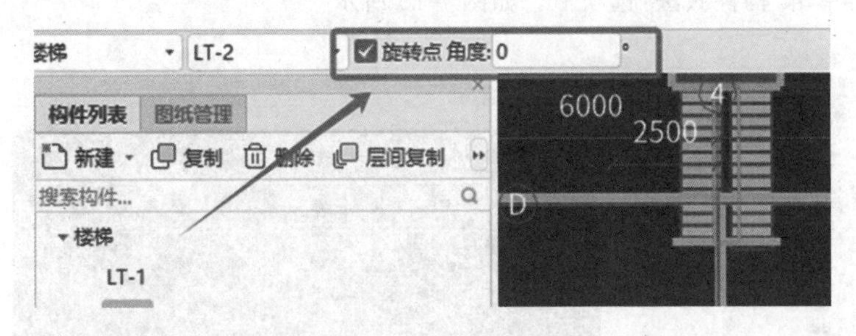

图 7-6　旋转点布置楼梯

按住 Shift 键的同时，鼠标左键单击矩形楼梯的右上角附近的轴线交点，弹出“请输入偏移值”对话框，将数据更改为 X=0；Y=－50，再单击“确定”按钮，如图 7-7 所示。

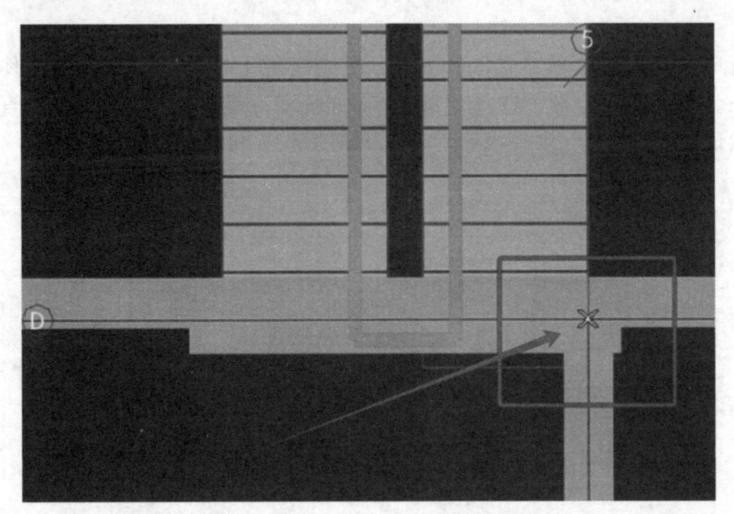

图 7-7　旋转点布置楼梯切入点

位置确定后，单击鼠标左键指定插入点，即轴线交点，此时楼梯便布置完成，如图 7-8 和图 7-9 所示。

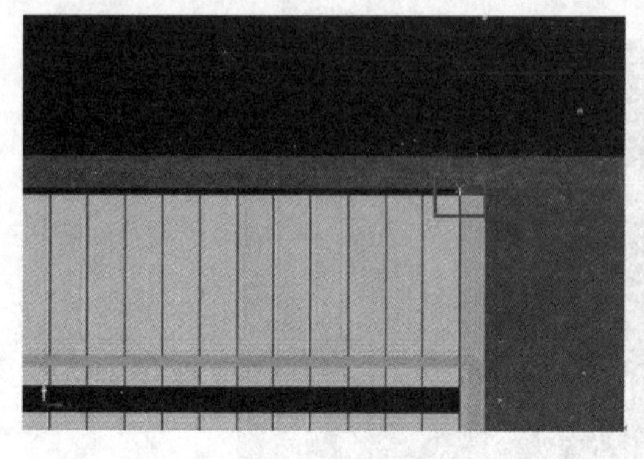

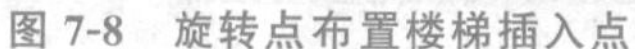

图 7-8　旋转点布置楼梯插入点

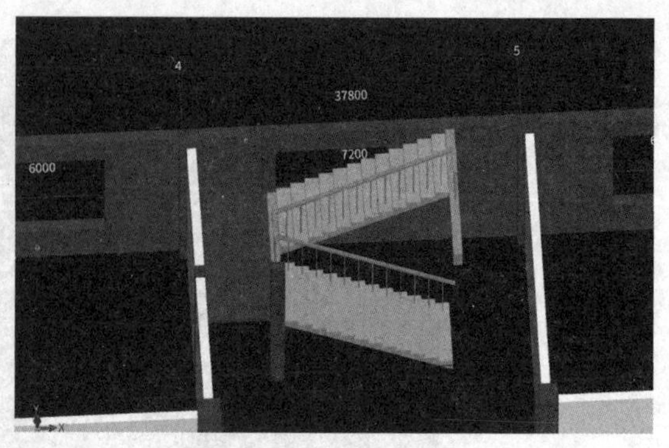

图 7-9　楼梯三维视图

（四）楼梯清单和定额套取

先套取楼梯的混凝土清单和定额，在导航栏中选择“楼梯”选项，双击构件名称，进入构件“定义”界面，再单击“构件做法”选项卡，如图 7-10 所示。

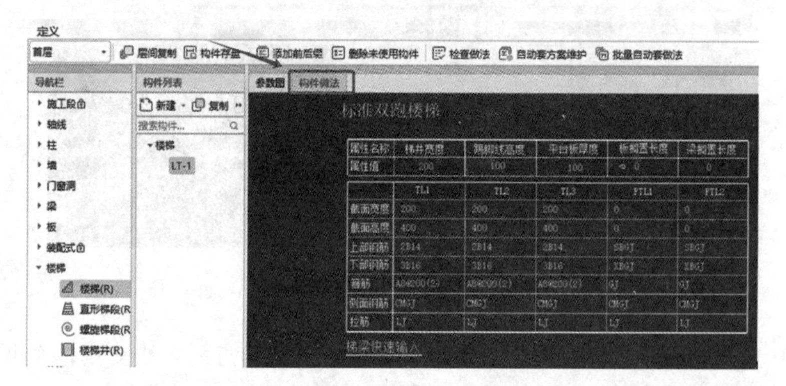

图 7-10　构件做法

查询匹配清单，选择清单项“010506001001 现浇混凝土楼梯 整体楼梯 直形”，根据清单规则录入项目特征。查询匹配定额，选择定额项“5-46 现浇混凝土楼梯 整体楼梯 直形”，工程量表达式均为软件默认的“TYMJ”（水平投影面积），如图 7-11 和图 7-12 所示。

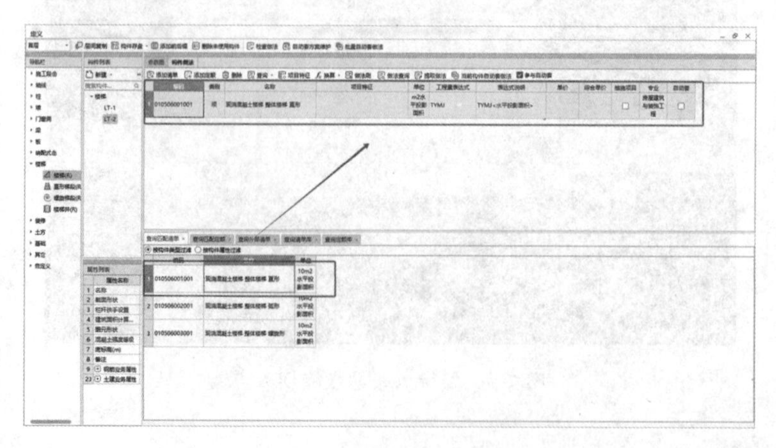

图 7-11　楼梯混凝土清单套取

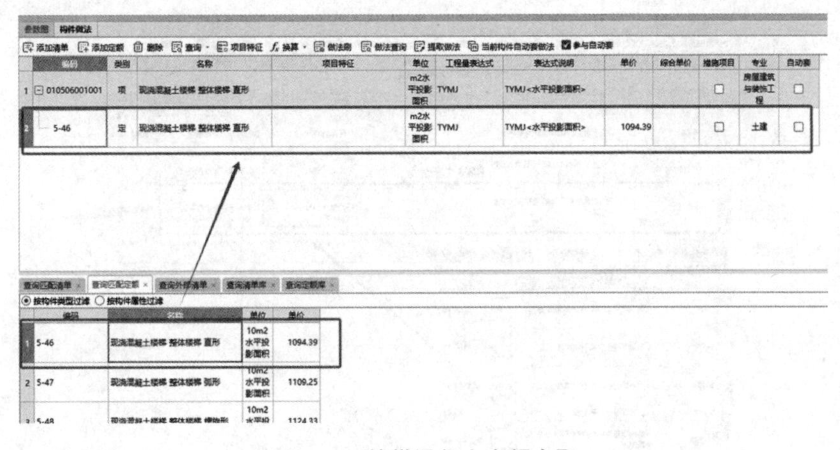

图 7-12　楼梯混凝土定额套取

套取楼梯模板的清单和定额。单击“查询清单库”按钮，单击“措施项目”下拉列表中的“模板”按钮，在其下拉列表中单击“现浇混凝土模板”按钮，再选择“楼梯”选项，如图 7-13 所示。

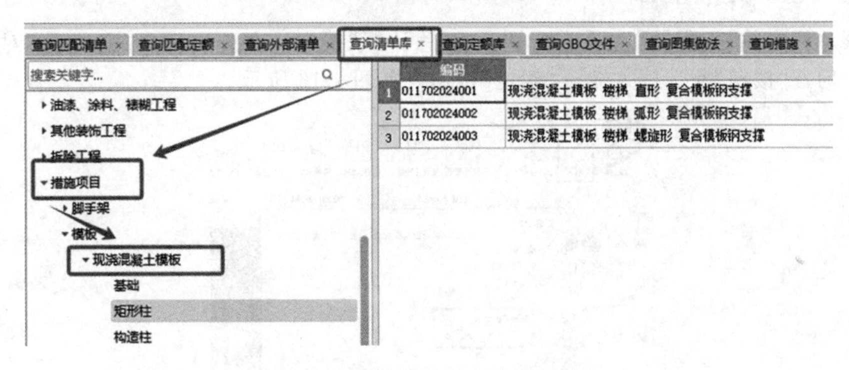

图 7-13　楼梯模板查询清单库

在清单库中双击选择清单项“011702024001 现浇混凝土模板 楼梯 直形 复合模板钢支撑”，工程量表达式选择“TYMJ”(水平投影面积)，根据清单规则录入项目特征。查询匹配定额，选择定额项“17-228 现浇混凝土模板 楼梯 直形 复合模板钢支撑”，工程量表达式为选择“TYMJ”(水平投影面积)，如图 7-14 和图 7-15 所示。

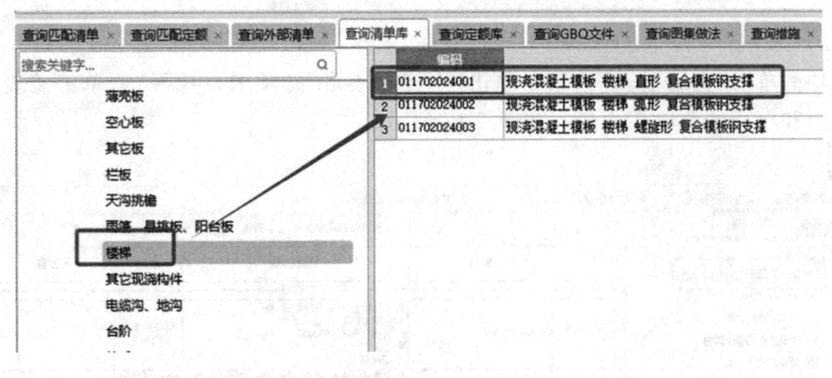

图 7-14　楼梯模板清单套取

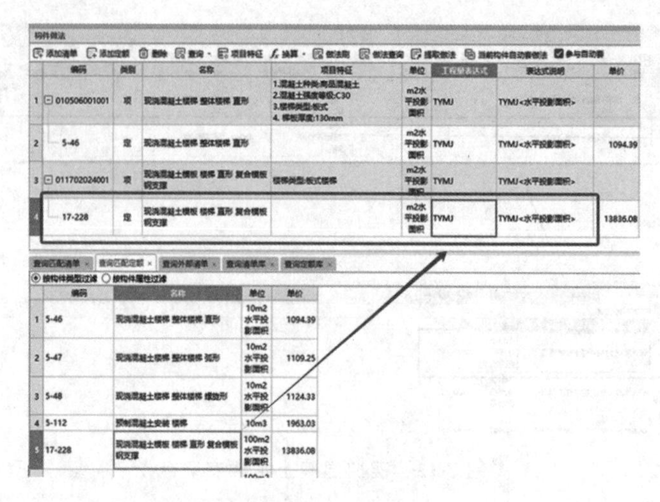

图 7-15　楼梯模板定额套取

（五）楼梯及其钢筋汇总计算

单击菜单栏中的“工程量”选项卡，单击“汇总计算”按钮，在弹出的“汇总计算”对话框中选择“首层”，勾选“楼梯”复选框，单击“确定”按钮，如图 7-16 所示。

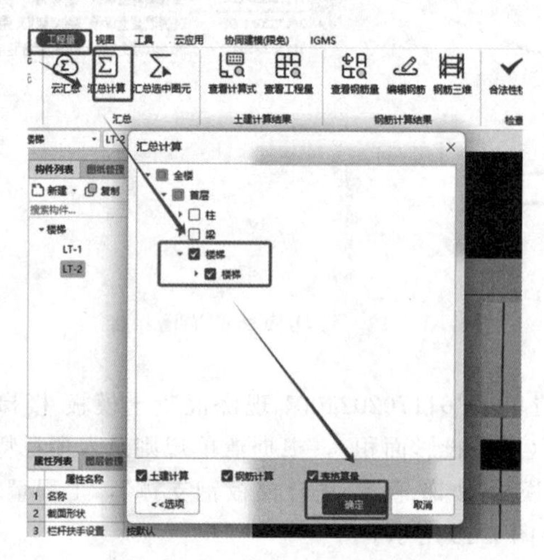

图 7-16　汇总计算楼梯工程量

计算成功后单击“查看报表”按钮，单击“土建报表量”选项卡，选择“清单汇总表”选项，查看楼梯混凝土和模板的清单工程量，如图 7-17 所示。

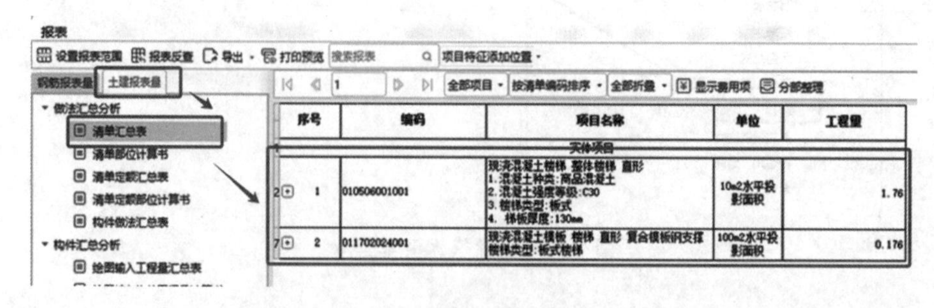

图 7-17　楼梯混凝土及模板清单工程量

单击“钢筋报表量”选项卡，选择“钢筋统计汇总表”选项，得到楼梯的钢筋工程量，如图 7-18 所示。

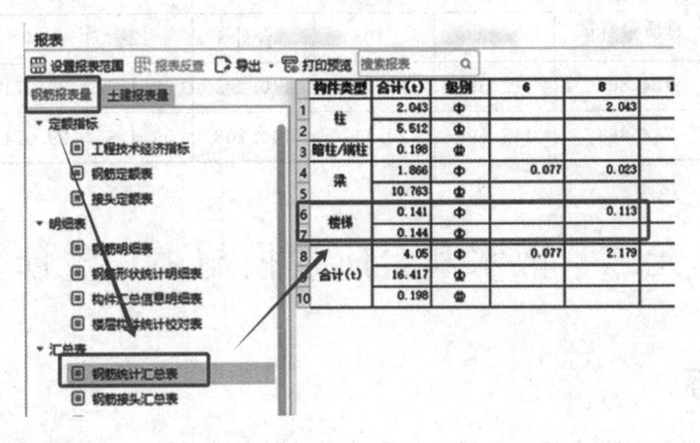

图 7-18　楼梯钢筋构件工程量

(六)楼梯工程量的检查与校核

在“土建计算结果”面板中，单击“查看计算式”按钮，再单击楼梯图元，可以在弹出的“查看工程量计算式”对话框中看到楼梯混凝土及模板工程量的计算过程(图 7-19)。

在“钢筋计算结果”面板中，选择“钢筋三维”和“编辑钢筋”命令，可以查询楼梯钢筋的空间三维形态及每根钢筋长度和质量的计算过程(图 7-20)。

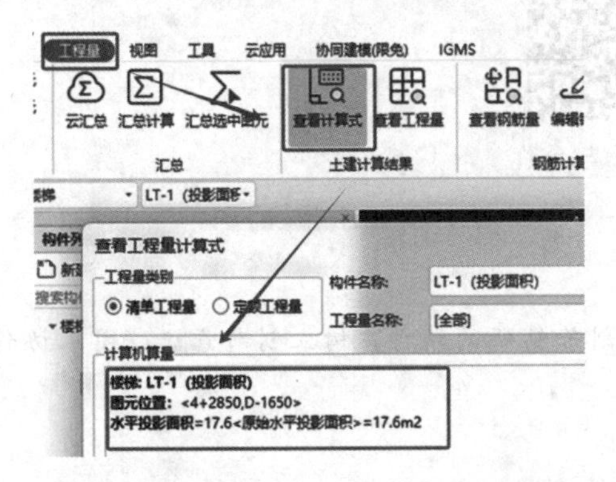

图 7-19　楼梯混凝土及模板工程量计算过程

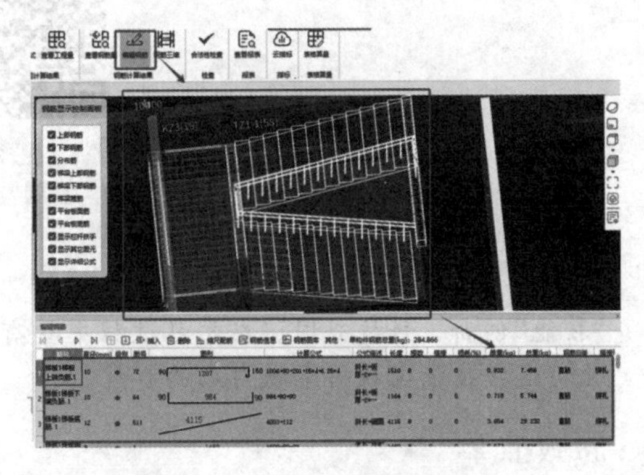

图 7-20　楼梯钢筋工程量计算过程

四、任务结果

楼梯混凝土及模板清单工程量见表 7-3，楼梯构件钢筋工程量见表 7-4。

表 7-3　楼梯混凝土及模板支架清单工程量

项目编码	项目名称	项目特征	计量单位	工程量
010506001001	直形楼梯	1. 混凝土种类：商品混凝土； 2. 混凝土强度等级：C30； 3. 楼梯类型：板式	10 m^2 水平投影面积	1.76
011702024001	楼梯模板	1. 楼梯类型：板式楼梯； 2. 材质：复合模板、钢支撑	100 m^2 水平投影面积	0.176

表 7-4　楼梯构件钢筋工程量

楼层名称	构件名称	钢筋总质量/kg	HPB300			HRB335			
			8	10	合计	12	14	16	合计/kg
首层	LT-1	284.866	112.596	28.112	140.708	59.416	29.074	55.668	144.158
	合计/kg	284.866	112.596	28.112	140.708	59.416	29.074	55.668	144.158

单元二　散水和台阶建模与工程量计算

工作任务目标

1. 能够识读散水和台阶建筑施工图，提取建模的关键信息。
2. 能够绘制散水和台阶三维算量模型。
3. 能够套取散水和台阶的清单和定额，正确提取其混凝土、模板的工程量。

教学微课

微课：散水与台阶
绘制与计量

职业素质目标

“技能”创新、科技兴国。在学习过程中要有刻苦钻研的精神，树立创新意识、团队协作精神，为实现科技强国战略奉献自己的智慧。

思政故事

“技能中国行动”点亮中国梦

“十四五”期间，人力资源和社会保障部组织实施“技能中国行动”文件精神。启发青年一代养成勤学苦练、精益求精、追求卓越的品质，立志走技能成才、技能报国之路，努力成为大国工匠，为实现中华民族伟大复兴的中国梦和社会主义现代化强国而奉献自己的力量。

一、工作任务布置

分析1号办公楼工程散水与台阶施工图，绘制其三维模型，套取清单和定额，并统计其混凝土、模板的清单工程量。

二、任务分析

(一)图纸分析

查阅1号办公楼建施-12“1-1剖面、节点、大样图”和建施-04“一层平面图”可知，本工程散水宽度为900 mm，60 mm厚C15细石混凝土面层，撒1∶1水泥砂子压实赶光；150 mm厚

3∶7 灰土；素土夯实。

查阅 1 号办公楼建施-12“1-1 剖面、节点、大样图”和建施-04“一层平面图”可知，台阶整体宽度为2 800+7 200+2 800=12 800(mm)，20 mm 厚花岗石板铺面，撒素水泥面，30 mm 厚 1∶4 硬性水泥砂浆粘结层，100 mm 厚 C15 混凝土，300 mm 厚 3∶7 灰土垫层，素土夯实。台阶外边线为异形。

(二)清单计算规则分析

查阅《房屋建筑与装饰工程工程量计算规范》(GB 50854—2013)可知，散水与台阶的混凝土清单工程量计算规则见表 7-5。

表 7-5　散水、台阶混凝土清单工程量计算规则

项目编码	项目名称	项目特征	计量单位	工程量计算规则
010507001	散水、坡道	1. 垫层材料种类、厚度； 2. 面层厚度； 3. 混凝土种类； 4. 混凝土强度等级； 5. 变形缝填塞材料种类	m^2	按设计图示尺寸以水平投影面积计算。不扣除单个不大于 0.3 m^2 的孔洞所占面积
010507004	台阶	1. 踏步高、宽； 2. 混凝土种类； 3. 混凝土强度等级	1. m^2 2. m^3	1. 以平方米计量，按设计图示尺寸以水平投影面积计算； 2. 以立方米计量，按设计图示尺寸以体积计算

其模板清单工程量计算规则见表 7-6。

表 7-6　散水、台阶模板与支架清单工程量计算规则

项目编码	项目名称	项目特征	计量单位	工程量计算规则
011702029	散水模板	1. 名称； 2. 材质	m^2	按模板与散水的接触面积计算
011702027	台阶模板	1. 台阶踏步宽； 2. 材质	m^2	按图示台阶水平投影面积计算，台阶端头两侧不另计算模板面积。架空式混凝土台阶，按现浇楼梯计算
注：散水模板执行垫层相应项目。				

三、散水构件任务实施

(一)新建散水

在软件中单击首层状态，再在左侧导航栏中单击“其他”按钮，在下拉列表中选择“散水”选项，在“构件列表”中单击“新建”按钮，选择“新建散水”选项，就生成了一个新的“SS-1”。有关 SS-1 的名称、厚度、材质、混凝土类型、混凝土强度等级、底标高等属性，都在“属性列表”面板中根据图纸的内容进行更改，如图 7-21 所示。

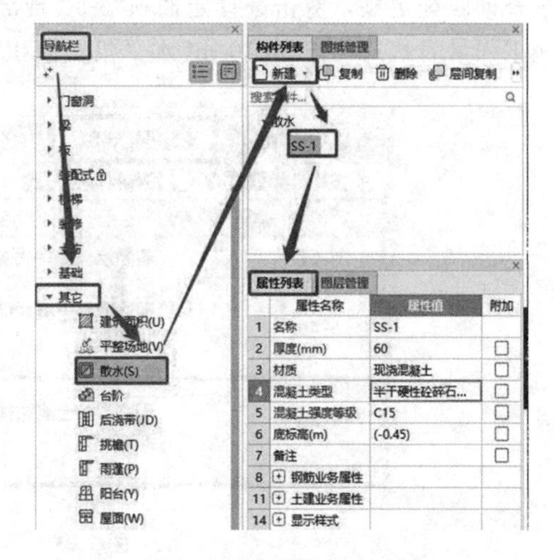

图 7-21　散水的定义

(二)绘制散水

散水建好后，单击“智能布置”按钮，单击选中外墙外边线，按外墙外边线进行布置，然后框选绘图区域的所有外墙，单击鼠标右键确定，弹出“设置散水宽度”对话框，根据图纸分

析的内容，将散水宽度调整为“900”，单击“确定”按钮，散水布置完成，如图 7-22 所示。

(三)散水清单和定额套取

先套取 SS-1 的混凝土清单和定额，选择“SS-1”，双击进入“构件做法”界面，如图 7-23 所示。

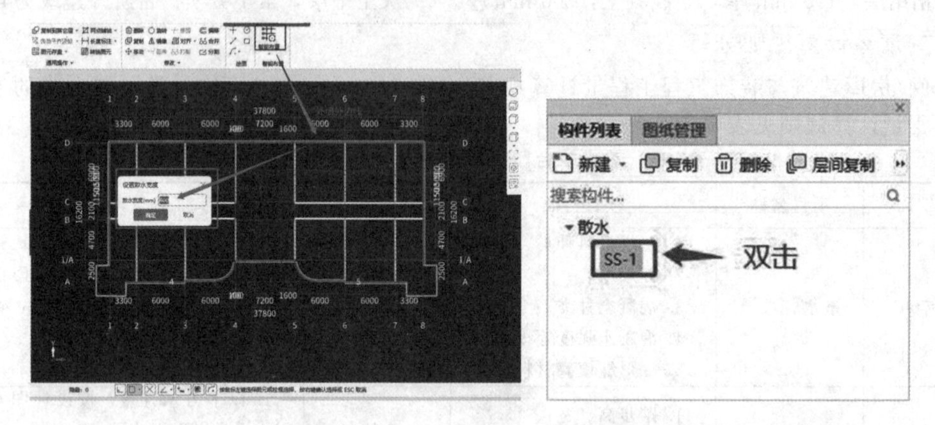

图 7-22　散水的绘制　　　图 7-23　散水的定义

单击“查询匹配清单”，双击选择清单项“010507001002 现浇混凝土其它构件 整体散水 预拌混凝土”，根据清单规则录入项目特征，如图 7-24 所示。

查询匹配清单 × 查询匹配定额 × 查询外部清单 × 查询清单库 × 查询定额库 ×

◉ 按构件类型过滤 ○ 按构件属性过滤

	编码	名称	单位
1	010401013001	砖散水、地坪 平铺	100m2
2	010507001001	现浇混凝土其它构件 混凝土散水 预拌混凝土	10m2水平投影面积
3	010507001002	现浇混凝土其它构件 整体散水 预拌混凝土	10m2水平投影面积

图 7-24　散水混凝土工程量清单

查询匹配定额，双击选择定额项“5-50 现浇混凝土其它构件 整体散水 预拌混凝土”，清单和定额工程量表达式均选择“10 m² 水平投影面积”，如图 7-25 所示。

查询匹配清单 × 查询匹配定额 × 查询外部清单 × 查询清单库 × 查询定额库 ×

◉ 按构件类型过滤 ○ 按构件属性过滤

	编码	名称	单位	单价
1	4-67	砖散水、地坪 平铺	100m2	2079.88
2	5-49	现浇混凝土其它构件 混凝土散水 预拌混凝土	10m2水平投影面积	551.51
3	5-50	现浇混凝土其它构件 整体散水 预拌混凝土	10m2水平投影面积	1351.6

图 7-25　散水混凝土定额

接下来套取SS-1的模板清单和定额。在“查询匹配清单”面板中没有相关清单，需要到清单库中进行查询。单击“查询清单库”选项卡，在导航栏中单击“措施项目”按钮，选择“模板”，选择“现浇混凝土模板”下的“基础”选项，在基础的清单项中，双击选择“011702001001 现浇混凝土模板 基础垫层 复合模板”。注意，需要把项目名称中的“基础垫层”改为“散水”。工程量表达式选择“MJ”(模板面积)，如图7-26所示。

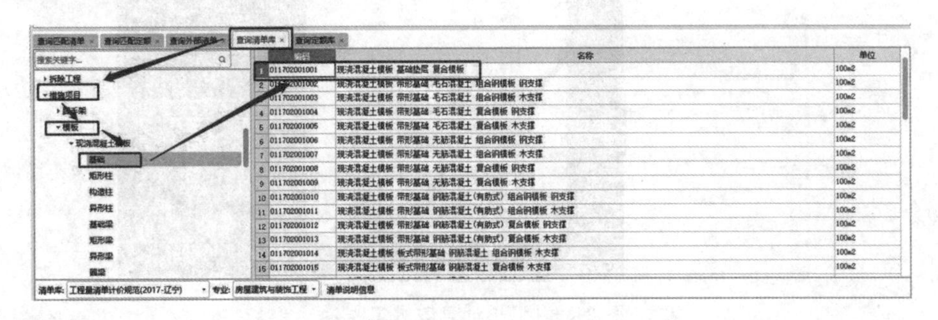

图7-26 散水模板清单

用同样的方法在“查询匹配定额”面板中没有相关定额，需要到定额库中进行查询。单击“查询定额库”选项卡，在左侧导航栏中单击“措施项目”下拉按钮，选择“模板”，选择“现浇混凝土模板”下的“基础”选项，在基础的定额项中，双击选择“17-123 现浇混凝土模板 基础垫层 复合模板”。注意，需要把项目名称中的“基础垫层”改为“散水”，工程量表达式选择“MJ”(模板面积)，如图7-27所示。

	编码	名称	单位	单价
1	17-123	现浇混凝土模板 基础垫层 复合模板	100m2	4263.65
2	17-124	现浇混凝土模板 带形基础 毛石混凝土 组合钢模板 钢支撑	100m2	3837.77
3	17-125	现浇混凝土模板 带形基础 毛石混凝土 组合钢模板 木支撑	100m2	4104.13
4	17-126	现浇混凝土模板 带形基础 毛石混凝土 复合模板 钢支撑	100m2	4668.28
5	17-127	现浇混凝土模板 带形基础 毛石混凝土 复合模板 木支撑	100m2	4982.27
6	17-128	现浇混凝土模板 带形基础 无筋混凝土 组合钢模板 钢支撑	100m2	4037.68
7	17-129	现浇混凝土模板 带形基础 无筋混凝土 组合钢模板 木支撑	100m2	4073.97
8	17-130	现浇混凝土模板 带形基础 无筋混凝土 复合模板 钢支撑	100m2	4853.04
9	17-131	现浇混凝土模板 带形基础 无筋混凝土 复合模板 木支撑	100m2	4987.84
10	17-132	现浇混凝土模板 带形基础 钢筋混凝土(有肋式) 组合钢模板 钢支撑	100m2	4437.21
11	17-133	现浇混凝土模板 带形基础 钢筋混凝土(有肋式) 组合钢模板 木支撑	100m2	4663.65
12	17-134	现浇混凝土模板 带形基础 钢筋混凝土(有肋式) 复合模板 钢支撑	100m2	5215.49
13	17-135	现浇混凝土模板 带形基础 钢筋混凝土(有肋式) 复合模板 木支撑	100m2	5527.03
14	17-136	现浇混凝土模板 板式带形基础 钢筋混凝土 组合钢模板 木支撑	100m2	4105.59
15	17-137	现浇混凝土模板 板式带形基础 钢筋混凝土 复合模板 木支撑	100m2	4910.29

图7-27 散水模板定额

SS-1构件做法完成后如图7-28所示。

	编码	类别	名称	项目特征	单位	工程量表达式	表达式说明	单价	综合单价	措施项目	专业	自动套
1	010507001002	项	现浇混凝土其它构件 整体散水 预拌混凝土	1.垫层材料种类,厚度:150厚3:7灰土 2.面层厚度:60厚 3.混凝土种类:细石混凝土面层 4.混凝土强度等级:C15 5.变形缝填塞材料种类:沥青砂浆	m2水平投影面积	MJ	MJ<面积>			☐	房屋建筑与装饰工程	☐
2	5-50	定	现浇混凝土其它构件 整体散水 预拌混凝土		m2水平投影面积	MJ	MJ<面积>	1351.6		☐	土建	☐
3	011702001001	项	现浇混凝土模板 散水 复合模板		m2	MBMJ	MBMJ<模板面积>			☐	房屋建筑与装饰工程	☐
4	17-123	定	现浇混凝土模板 散水 复合模板		m2	MBMJ	MBMJ<模板面积>	4263.65		☐	土建	☐

图7-28 散水做法

(四)散水汇总计算

单击菜单栏中的“工程量”选项卡，选择“汇总计算”命令，在弹出的“汇总计算”对话框中选择“其他”，勾选“散水”复选框，单击“确定”按钮，如图7-29所示。

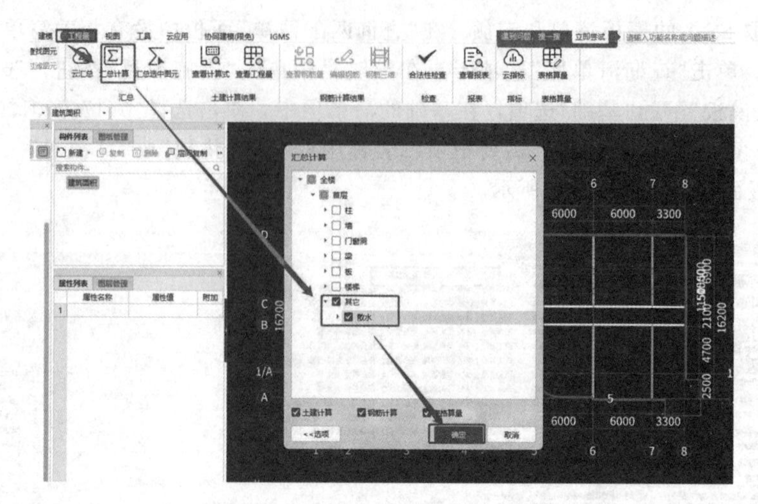

图 7-29　汇总计算散水工程量

四、台阶构件任务实施

(一)新建台阶

先在软件中单击首层状态，再在左侧导航栏中单击“其它”按钮，在下拉列表中选择“台阶”选项，单击“构件列表”面板中的“新建”按钮，选择“新建台阶”选项，就新建生成了一个“TAIJ-1”。有关 TAIJ-1 的名称、台阶高度、踏步高度、材质、混凝土类型、混凝土强度等级、顶标高等属性，都在“属性列表”面板中根据图纸的内容进行更改，如图 7-30 所示。至此，台阶新建完成。

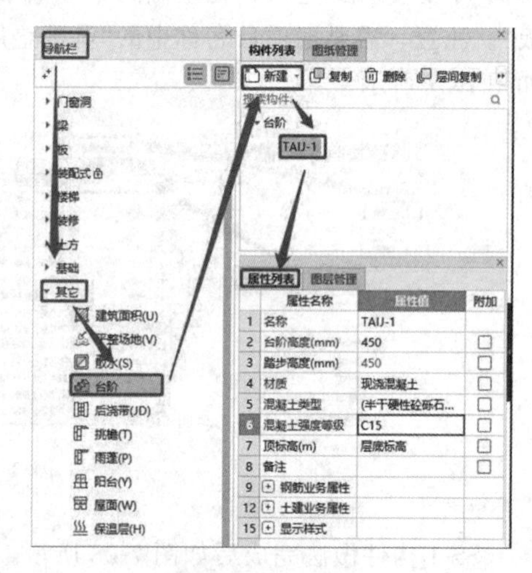

图 7-30　新建台阶

(二)绘制台阶

当台阶建好后，回到建模状态，在英文状态下，按 S 键，将绘制好的散水隐藏，方便绘制台阶。在“绘图”工具栏中选择“直线”命令，从起点开始，分别单击第一点、第二点(图 7-31)。

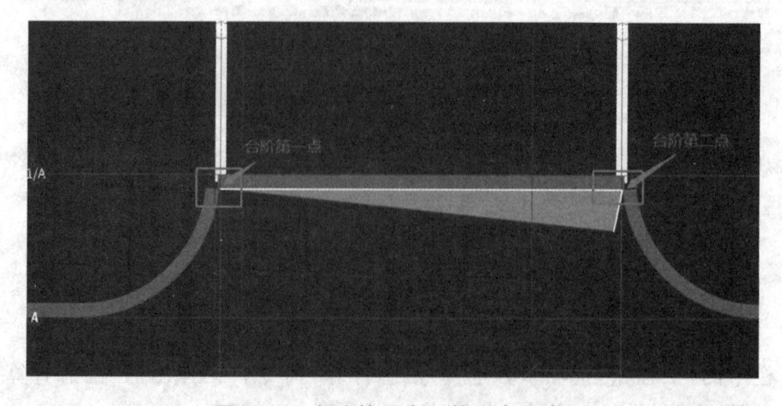

图 7-31　台阶第一点、第二点示意

切换回绘图区“三点画弧”，单击弧形外墙的弧线顶点为第三点，如图 7-32 所示。

图 7-32　台阶第三点示意图

台阶第四点为弧形墙端点(图 7-33)。

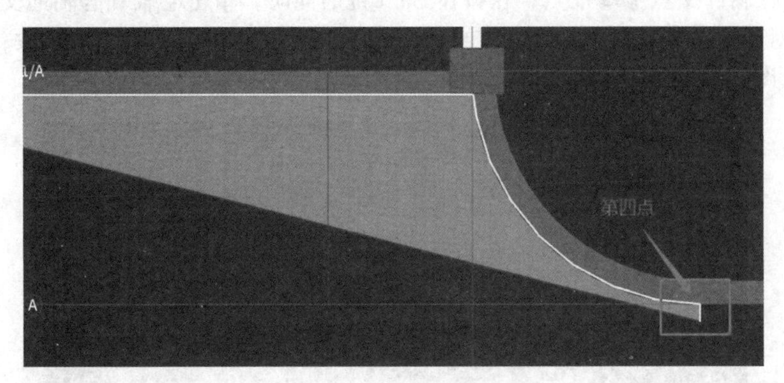

图 7-33　台阶第四点示意

切换回绘图区执行“直线”命令，以⑤轴和Ⓐ轴的交点为基准点，在按住 Shift 键的同时，单击⑤轴和Ⓐ轴的交点，弹出“请输入偏移值”对话框，在对话框中设置 X＝2 800、Y＝0，单击“确定”按钮，完成第五点的绘制，如图 7-34 所示。

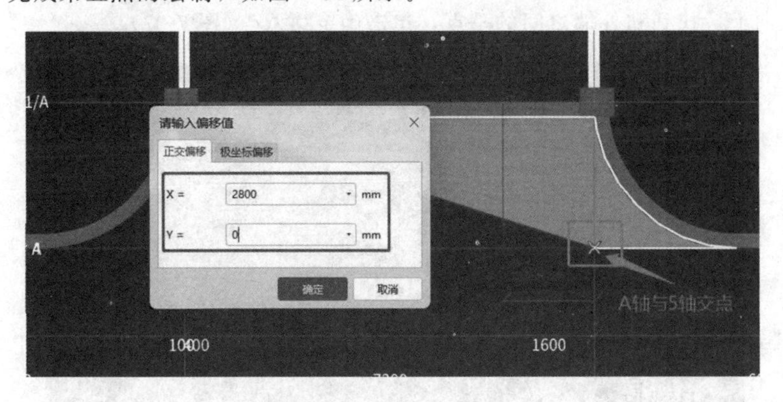

图 7-34　台阶第五点绘制

以⑤轴和Ⓐ轴的交点为基准点，按住 Shift 键的同时，单击⑤轴和Ⓐ轴的交点，弹出“请输入偏移值”对话框，在对话框中设置 X＝2 800、Y＝－1 600，单击“确定”按钮，完成第六点的绘制，如图 7-35 所示。

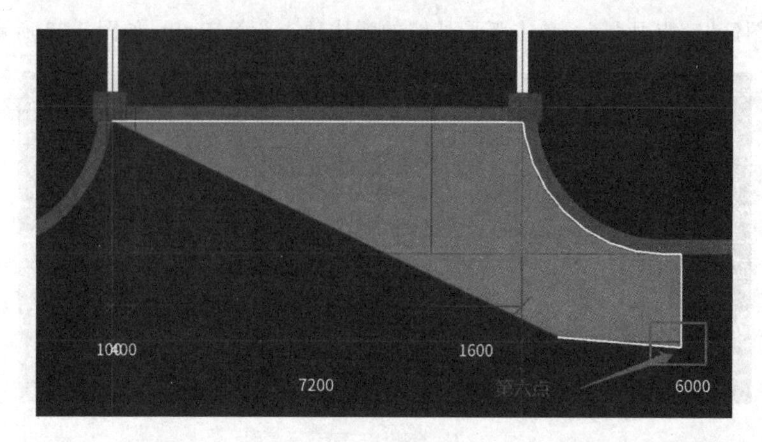

图 7-35　台阶第六点示意

以④轴和Ⓐ轴的交点为基准点，在按住 Shift 键的同时，单击④轴和Ⓐ轴的交点，弹出“请输入偏移值”对话框，在对话框中设置 X=－2 800、Y=－1 600，单击“确定”按钮，完成第七点的绘制，如图 7-36 所示。

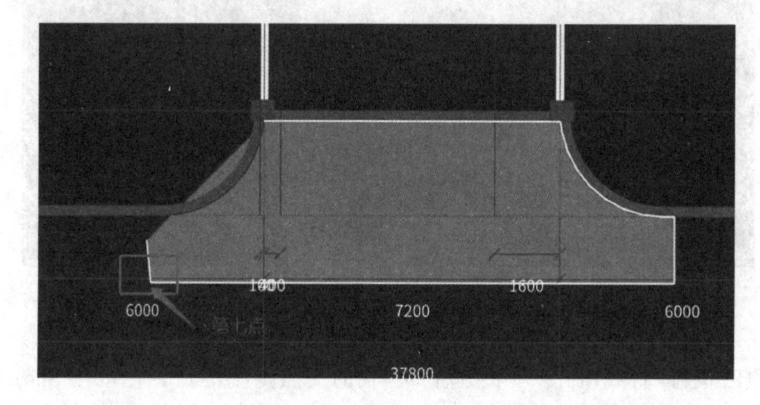

图 7-36　台阶第七点示意

从第七点向上，找到和外墙之间的垂点，单击确定第八点(图 7-37)。

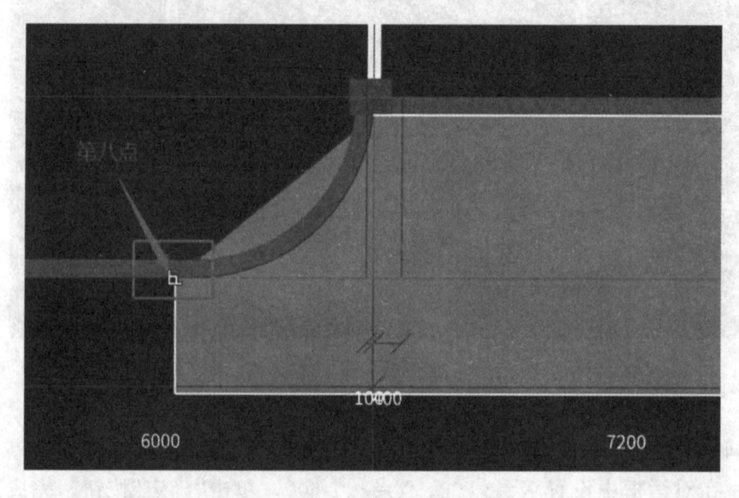

图 7-37　台阶第八点示意

切换三点画弧，找到弧形外墙的中心点，单击确定第九点，单击鼠标右键确定，回到起点，台阶外形绘制完成。可以看到粉色构件就是台阶，即绘制的台阶，如图 7-38 所示。

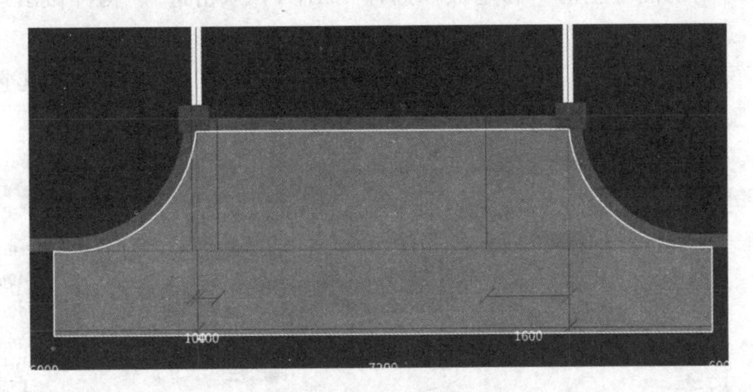

图 7-38　台阶绘制完成

继续绘制三面踏步。可以单击“台阶二次编辑”面板中的“设置踏步边”按钮，单击要设置的三面踏步边，然后单击鼠标右键确定。弹出“设置踏步边”对话框，根据图纸信息在该对话框中输入踏步个数为 3；踏步宽度为 300，单击“确定”按钮，完成踏步边设置，如图 7-39 所示。

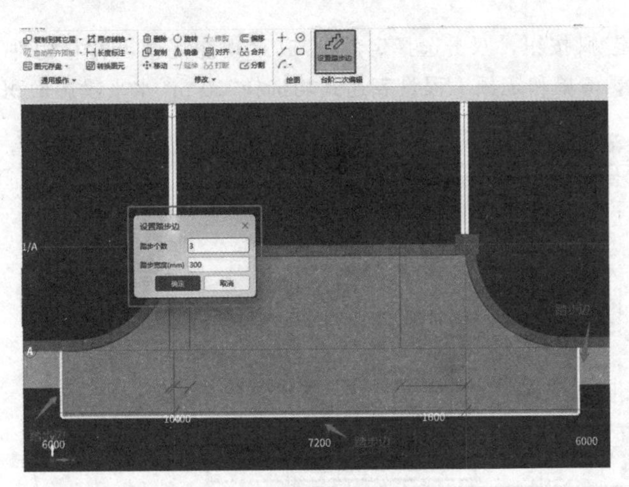

图 7-39　台阶踏步边绘制

至此，台阶绘制完成，如图 7-40 所示。

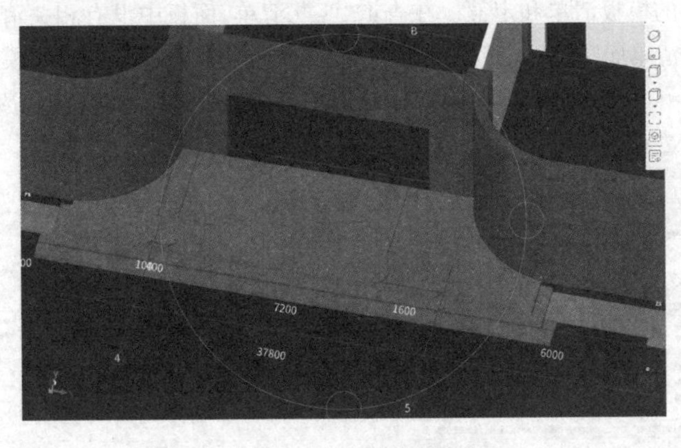

图 7-40　台阶绘制完成

（三）台阶清单和定额套取

首先套取 TAIJ-1 的混凝土清单和定额，选择 TAIJ-1，双击进入“构件做法”界面，如图 7-41 所示。

单击“查询匹配清单”按钮，双击选择清单项“010507004003 现浇混凝土其它构件 整体台阶 三步混凝土台阶 预拌混凝土”，根据清单规则录入项目特征，如图 7-42 所示。

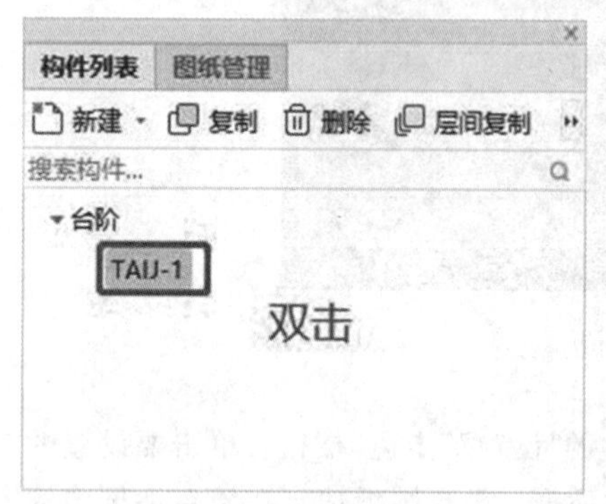

图 7-41　台阶的定义

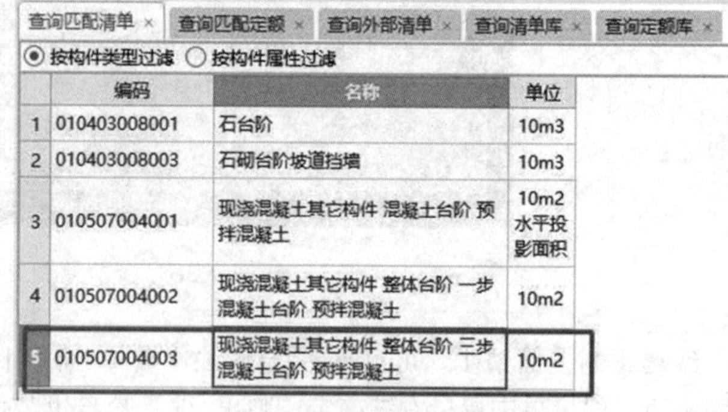

	编码	名称	单位
1	010403008001	石台阶	10m3
2	010403008003	石砌台阶坡道挡墙	10m3
3	010507004001	现浇混凝土其它构件 混凝土台阶 预拌混凝土	10m2 水平投影面积
4	010507004002	现浇混凝土其它构件 整体台阶 一步混凝土台阶 预拌混凝土	10m2
5	010507004003	现浇混凝土其它构件 整体台阶 三步混凝土台阶 预拌混凝土	10m2

图 7-42　台阶混凝土清单

单击“查询匹配定额”按钮，双击选择定额项“5-55 现浇混凝土其它构件 整体台阶 三步混凝土台阶 预拌混凝土”，清单和定额工程量表达式均选择“10 m² 水平投影面积”，如图 7-43 所示。

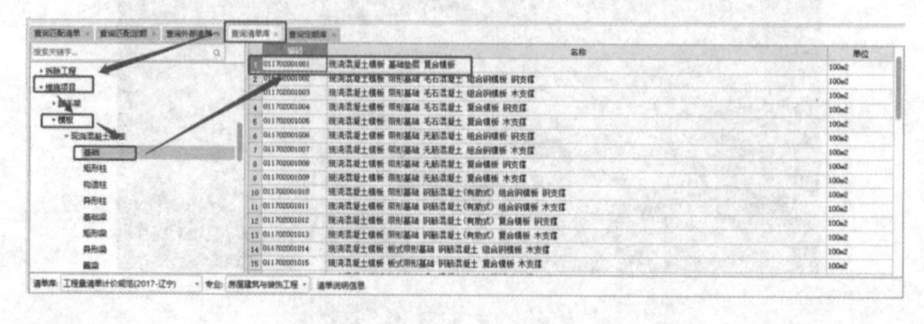

	编码	名称	单位	单价
1	4-110	石平台	10m3	3063.29
2	4-111	石砌台阶坡道挡墙	10m3	2658.99
3	5-53	现浇混凝土其它构件 混凝土台阶 预拌混凝土	10m2 水平投影面积	592.34
4	5-54	现浇混凝土其它构件 整体台阶 一步混凝土台阶 预拌混凝土	10m2	2775.31
5	5-55	现浇混凝土其它构件 整体台阶 三步混凝土台阶 预拌混凝土	10m2	2853.74

图 7-43　台阶混凝土定额

然后套取 TAIJ-1 的模板清单和定额。在查询“匹配清单”面板中没有相关清单，需要到清单库中进行查询。单击“查询清单库”按钮，在导航栏中单击“措施项目”按钮，选择“模板”，选择“现浇混凝土模板”下的“台阶”选项，在台阶的清单项中，双击选择“011702027001 现浇混凝土模板 台阶 复合模板木支撑”。工程量表达式选择“MJ”(台阶整体水平投影面积)，如图 7-44 所示。

图 7-44　台阶模板清单

同样的方法，在“查询匹配定额”面板中没有相关定额，需要到定额库中进行查询。单击“查询定额库”按钮，在导航栏中单击“措施项目”按钮，选择“模板”，再选择“现浇混凝土模板”下拉列表中的“台阶”选项；在台阶的定额项中，双击选择“17-235 现浇混凝土模板 台阶 复合模板木支撑”，工程量表达式选择“MJ”（台阶整体水平投影面积），如图 7-45 所示。

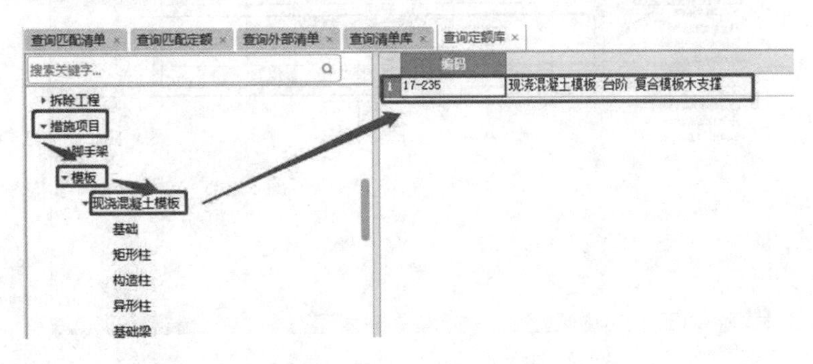

图 7-45　台阶模板定额

TAIJ-1 构件做法完成如图 7-46 所示。

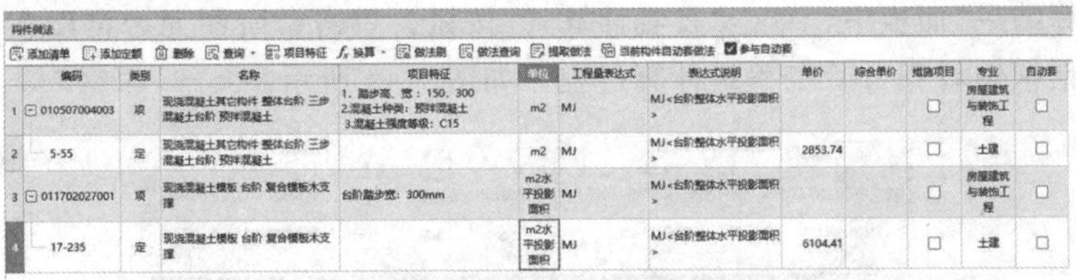

构件做法

添加清单　添加定额　删除　查询　项目特征　换算　做法刷　做法查询　提取做法　当前构件自动套做法　参与自动套

	编码	类别	名称	项目特征	单位	工程量表达式	表达式说明	单价	综合单价	措施项目	专业	自动套
1	010507004003	项	现浇混凝土其它构件 整体台阶 三步混凝土台阶 预拌混凝土	1. 踏步高、宽：150、300 2.混凝土种类：预拌混凝土 3.混凝土强度等级：C15	m2	MJ	MJ<台阶整体水平投影面积>				房屋建筑与装饰工程	
2	5-55	定	现浇混凝土其它构件 整体台阶 三步混凝土台阶 预拌混凝土		m2	MJ	MJ<台阶整体水平投影面积>	2853.74			土建	
3	011702027001	项	现浇混凝土模板 台阶 复合模板木支撑	台阶踏步宽：300mm	m2水平投影面积	MJ	MJ<台阶整体水平投影面积>				房屋建筑与装饰工程	
4	17-235	定	现浇混凝土模板 台阶 复合模板木支撑		m2水平投影面积	MJ	MJ<台阶整体水平投影面积>	6104.41			土建	

图 7-46　台阶做法

(四)台阶工程量汇总计算

单击菜单栏中的“工程量”选项卡，在“汇总”面板中单击“汇总计算”按钮，在弹出的“汇总计算”对话框中勾选“其它”下拉列表中的“台阶”，单击“确定”按钮，如图 7-47 所示。

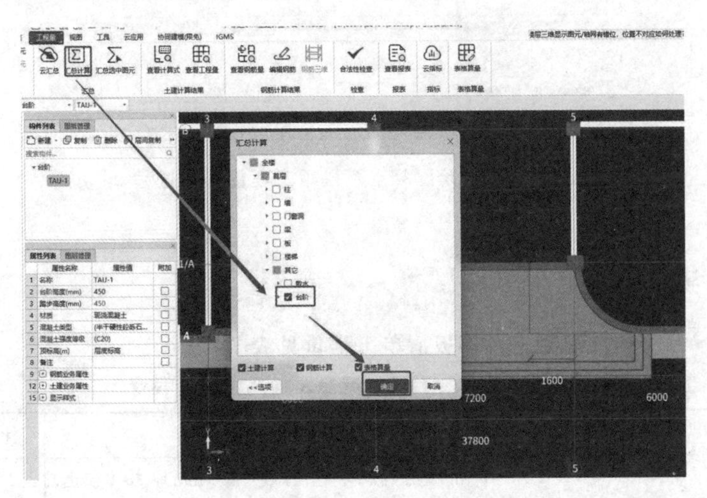

图 7-47　台阶绘制计算

计算成功后单击“查看报表”按钮，单击“土建报表量”面板中的“清单汇总表”，查看台阶的混凝土和模板的清单工程量(图 7-48)。

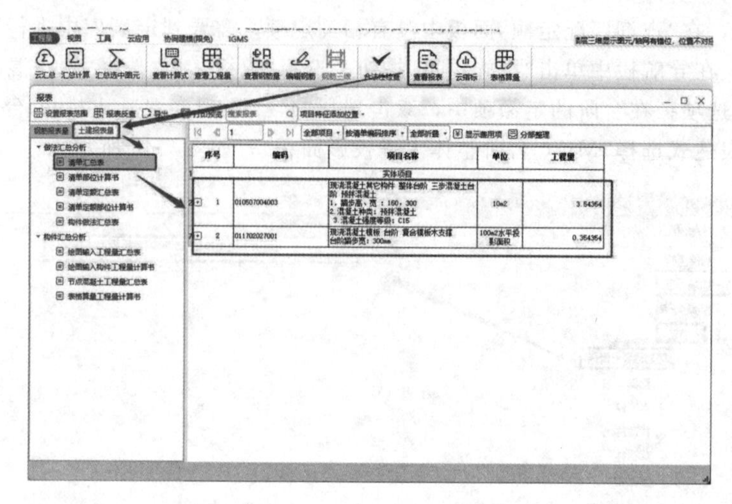

图 7-48　台阶构件工程量

(五)台阶工程量检查与校核

在“土建计算结果”面板中，单击“查看计算式”按钮，单击台阶图元，可以在弹出的“查看工程量计算式”对话框中看到台阶工程量计算过程，如图 7-49 所示。

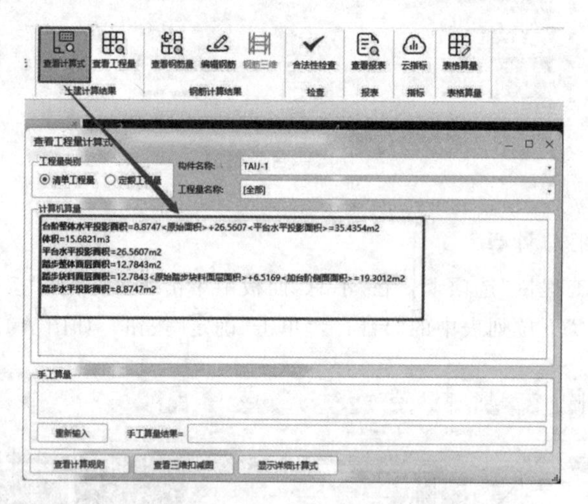

图 7-49　台阶混凝土及模板工程量计算过程

五、任务结果

本工程散水、台阶构件混凝土及模板清单工程量见表 7-7。

表 7-7　散水、台阶混凝土及模板清单工程量

项目编码	项目名称	项目特征	计量单位	工程量
010507001002	散水	1. 垫层材料种类，厚度：150 mm 厚 3∶7 灰土； 2. 面层厚度：60 mm 厚； 3. 混凝土种类：细石混凝土面层； 4. 混凝土强度等级：C15； 5. 变形缝填塞材料种类：沥青砂浆	m^3	115.36

续表

项目编码	项目名称	项目特征	计量单位	工程量
010507004003	台阶	1. 踏步高、宽 ：150 mm、300 mm； 2. 混凝土种类：预拌混凝土； 3. 混凝土强度等级：C15	m^2	35.44
011702001001	散水模板	1. 名称：散水模板； 2. 材质：复合模板	m^2	15.38
011702027001	台阶模板	1. 台阶踏步宽：300 mm； 2. 材质：复合模板、木支撑	m^2	35.44

单元三　雨篷建模与工程量计算

工作任务目标

1. 能够识读雨篷结构施工图，提取建模的关键信息。
2. 能够绘制雨篷三维算量模型。
3. 能够套取雨篷的清单和定额，正确提取工程量。

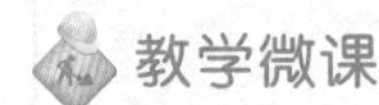

教学微课

微课：栏板雨篷绘制与计量

职业素质目标

激励学生在面对苦难的时候要有强大的抗压能力，勇于奋斗永不屈服。

思政故事

卧薪尝胆

春秋时期，吴国和越国之间战争连年不断。有一次，吴王夫差攻下越国都城，将越王勾践俘虏到吴国当奴隶，使勾践饱尝羞辱，3 年后夫差放勾践回国，勾践立志要一雪前耻，为了磨炼自己的意志，他天天在草堆上过夜，在房梁上挂上苦胆，经常品尝苦胆的味道，提醒自己不要忘记在吴国受到的屈辱，经过 20 年的努力，越国的实力逐渐强大起来，打败了吴国并杀死了吴王夫差，从而使越国成为强国之一。越王勾践面对困难时，不放弃、不畏缩，卧薪尝胆，用艰苦的环境磨炼意志，终成大业。

一、工作任务布置

分析 1 号办公楼工程雨篷结构施工图，绘制雨篷三维模型，套取雨篷的清单和定额，并统计其工程量。

二、任务分析

(一)图纸分析

查阅 1 号办公楼建施-05“二层平面图”可知本工程雨篷长度为 7.2 m，宽度为 3.85 m；查阅建施-01“建筑设计总说明”中第八条可知，本工程雨篷属于玻璃钢雨篷，面层为玻璃钢，底层为钢管网架，属于成品，由厂家直接定做。

(二)清单工程量计算规则分析

查阅《房屋建筑与装饰工程工程量计算规范》(GB 50854—2013)可知，现浇混凝土雨篷清单工程量计算规则见表 7-8。

表 7-8　现浇混凝土雨篷清单工程量计算规则

项目编码	项目名称	项目特征	计量单位	工程量计算规则
011506003	玻璃雨篷	1. 玻璃雨篷固定方式； 2. 龙骨材料种类、规格、中距； 3. 玻璃材料品种、规格； 4. 嵌缝材料种类； 5. 防护材料种类	m^2	按设计图示尺寸水平投影面积计算

三、任务实施

(一)新建雨篷

先单击首层，再在导航栏中单击“其它”按钮，在下拉列表中选择“雨篷”选项，在“构件列表”中单击“新建”按钮，选择“新建雨篷”选项，就新建生成了一个“YP-1”。有关 YP-1 的名称、板厚、材质、混凝土类型、混凝土强度等级、顶标高等属性，都在“属性列表”面板中根据图纸的内容进行更改，如图 7-50 所示。至此，雨篷新建完成。

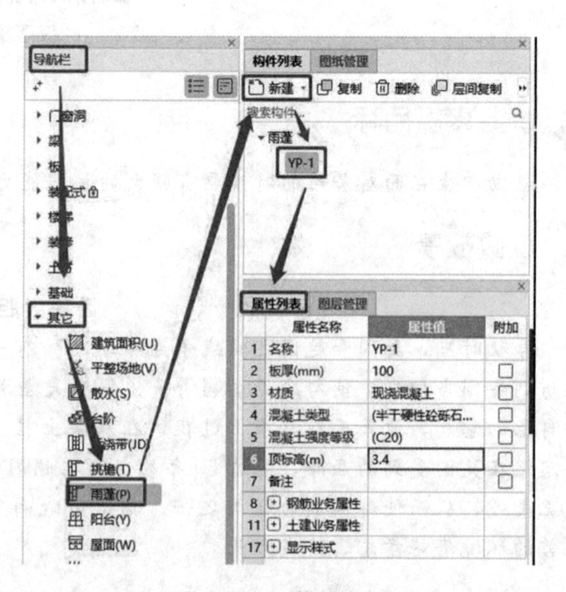

图 7-50　雨篷的定义

(二)绘制雨篷

单击“绘图”面板中的“矩形”按钮，以矩形多线段绘制图元。根据图纸，雨篷左上角为④轴与柱的交点；右下角的角点，以⑤轴和柱交点为基准点，向下平移 3 850 mm。为了绘制方便，可以由⑭轴向下平移 250 mm 做辅助轴线，得到交点。绘制左上角第一点，再按住 Shift 键的同时，单击⑤轴与柱交点，弹出“输入偏移值”对话框，在对话框中设置 X=0、Y=－3 850，单击“确定”按钮，如图 7-51 所示。

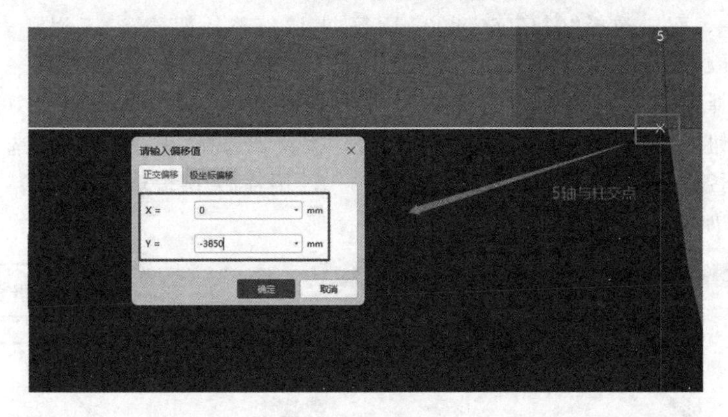

图 7-51　雨篷绘制

雨篷绘制完成，结果如图 7-52 所示。

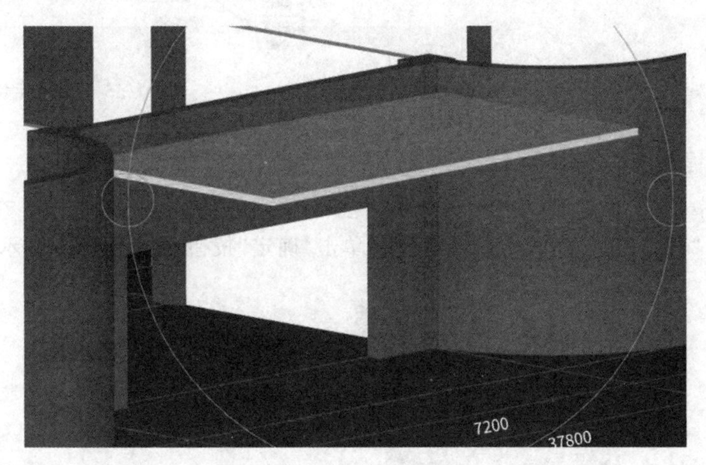

图 7-52　雨篷构件

(三)雨篷清单和定额套取

套取玻璃雨篷清单和定额来选择雨篷，双击进入“构件做法”界面，如图 7-53 所示。

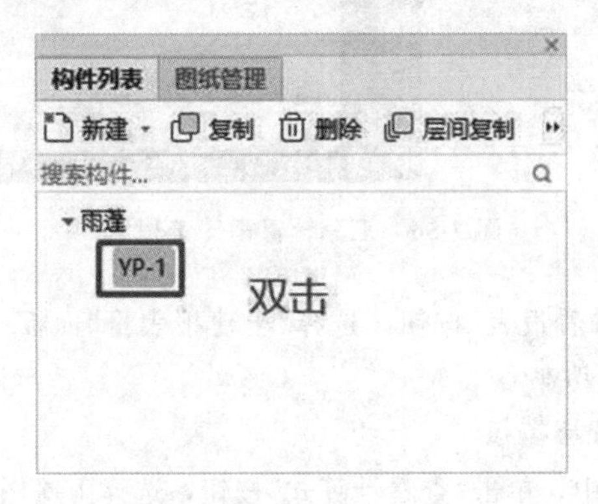

图 7-53　雨篷套取做法

在“查询匹配清单”面板中没有相关清单，需要到清单库中进行查询。单击“查询清单库”按钮，在导航栏单击“其他装饰工程”按钮，选择“雨篷、旗杆”选项，在其下拉列表中选择“玻璃雨篷”；在清单项中，双击选择“011506003002 雨篷 夹层玻璃托架式”；工程量表达式选择“MJ”(面积)，如图 7-54 所示。

同样方法选择定额。在“查询匹配定额”中没有相关定额，需要到定额库中进行查询。单击“查询定额库”按钮，在导航栏单击“其他装饰工程”按钮，选择“雨篷、旗杆”选项，在其下拉列表中选择“玻璃雨篷”；在定额项中，双击选择“15-165 雨篷 夹层玻璃托架式”；工程量表达式选择“MJ”(面积)，如图 7-55 所示。

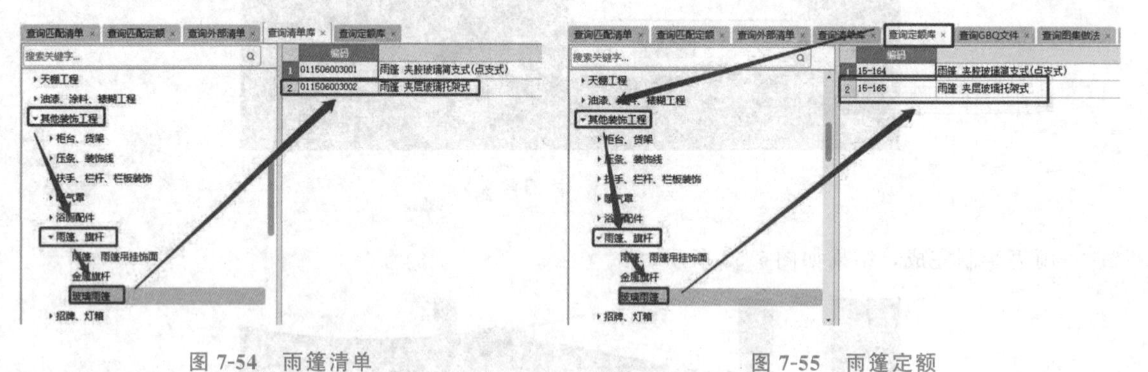

图 7-54　雨篷清单　　　　图 7-55　雨篷定额

(四)雨篷工程量汇总计算

单击菜单栏中的“工程量”选项卡，单击“汇总”面板中的“汇总计算”按钮，在弹出的“汇总计算”对话框中勾选“其它”下拉列表中的“雨篷”，单击“确定”按钮，如图 7-56 所示。

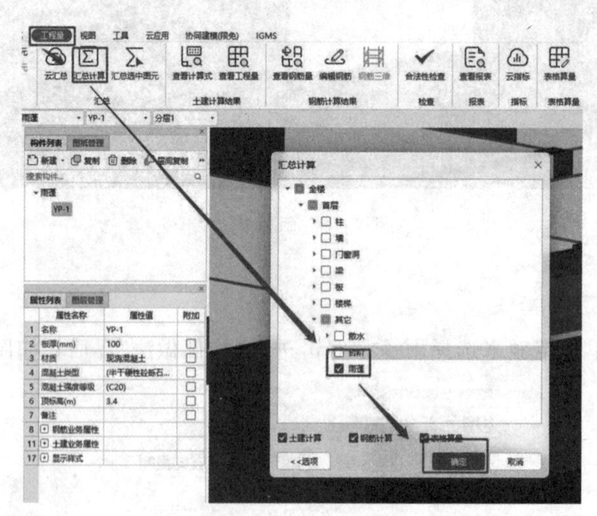

图 7-56　汇总计算雨篷工程量

当计算成功后，单击“查看报表”按钮，选择“土建报表量”面板中的“清单汇总表”，查看雨篷的清单工程量，如图 7-57 所示。

(五)雨篷工程量的检查与校核

在“土建计算结果”面板中，单击“查看计算式”按钮，选择雨篷图元，可以在弹出的“查看工程量计算式”对话框中看到雨篷工程量的计算过程(图 7-58)。

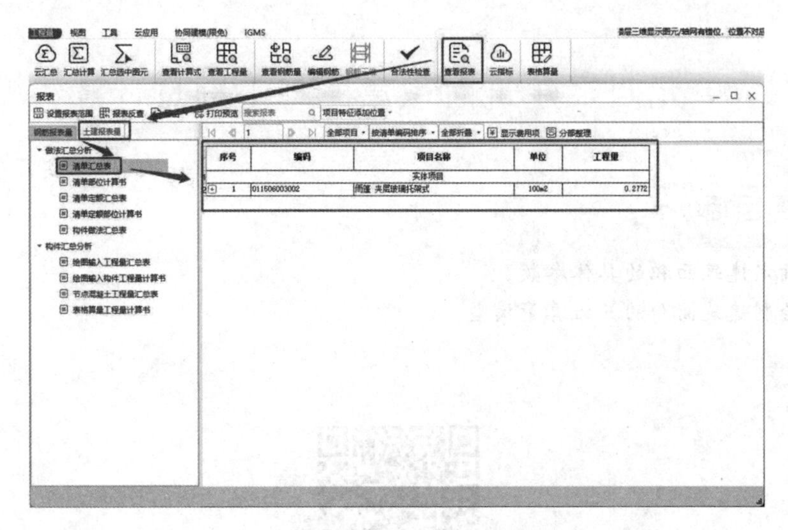

图 7-57　雨篷清单工程量

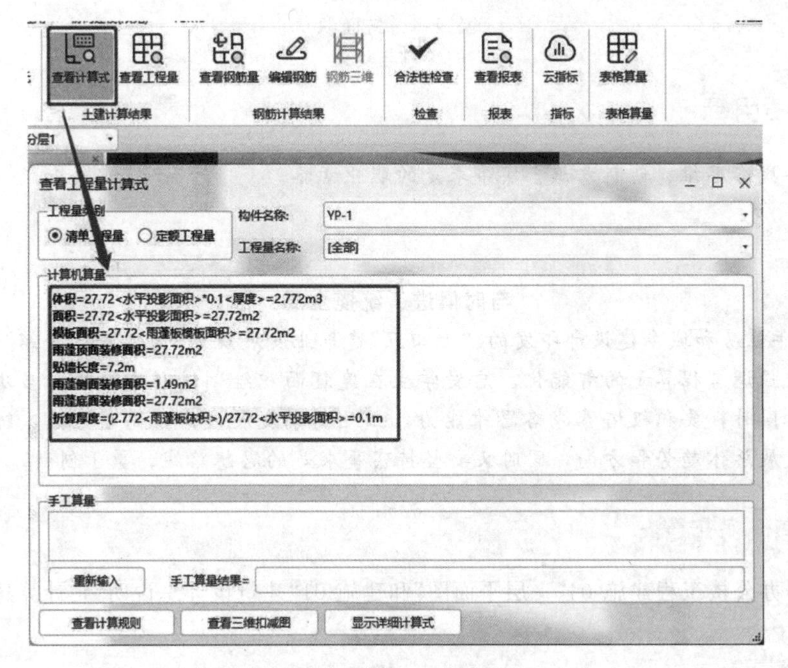

图 7-58　雨篷工程量计算过程

四、任务结果

本工程雨篷清单工程量见表 7-9。

表 7-9　雨篷清单工程量

项目编码	项目名称	项目特征	计量单位	工程量
011506003002	玻璃雨篷	夹层玻璃托架式	m^2	27.72

单元四　建筑面积建模与工程量计算

工作任务目标

1. 能够确定建筑面积的具体参数。
2. 能够绘制建筑面积的三维算量模型。

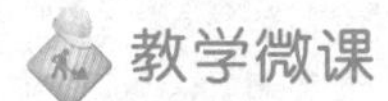

教学微课

微课：建筑面积的绘制与计量

职业素质目标

培养具备战略思维、创新意识、实事求是的职业素养。

思政故事

与时俱进、统揽全局

以2022年住房和城乡建设部印发的《“十四五”建筑业发展规划》为依托，介绍“十四五”时期的发展目标。强调工程算量的智能化，启发学生在建筑面积绘制过程中应进行多次演练，熟练其操作技巧。同时，要积极培养战略思维能力，立足国家发展方向，高瞻远瞩，统揽全局，善于把握事物发展总体趋势和方向，同时又要坚持实事求是的思想路线，勇于创新，争先创优。

一、工作任务布置

分析1号办公楼工程建施-04“一层平面图”和建施-01“建筑设计总说明”，计算建筑面积。

二、任务分析

分析1号办公楼工程建施-04“一层平面图”和建施-01“建筑设计总说明”，外墙外侧均做50 mm厚聚苯颗粒，分析2017年辽宁省《房屋建筑与装饰工程定额》，将外墙保温材料的厚度加入建筑面积中。

三、任务实施

（一）新建建筑面积

单击导航栏中的“其他”按钮，选择“建筑面积”选项，在“构件列表”中单击“新建”按钮，在其下拉列表中选择“新建建筑面积”，JZMJ-1新建完成。“属性列表”面板中的名称、底标高、建筑面积计算规则等，根据本项目内容进行更改，如图7-59所示。

(二)绘制建筑面积

单击“绘图”面板中的“点”按钮，以点画法绘制图元。在建筑图内任意一点单击鼠标，只要外墙是封闭的，就可以绘制出建筑面积。单击鼠标选择建筑面积，单击“修改”面板中的“偏移”按钮，当将鼠标光标放在外墙的外侧时，左侧会出现一个窗口，在窗口中输入“50”，如图 7-60 所示。

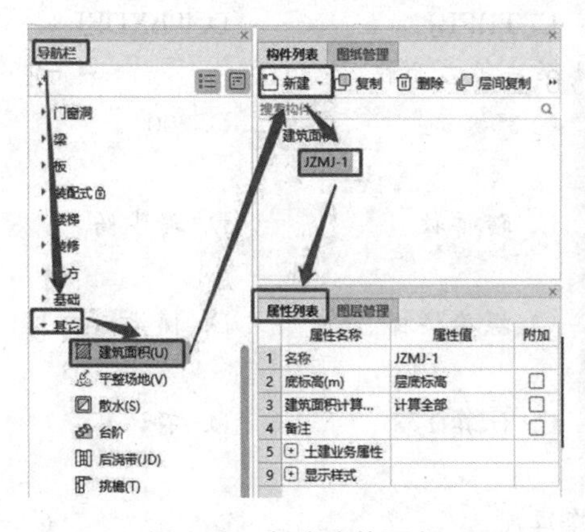

图 7-59　新建建筑面积

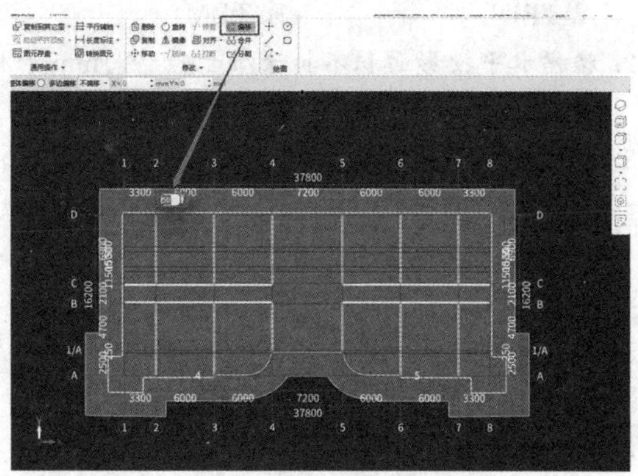

图 7-60　绘制建筑面积

按 Enter 键确定，包含保温材料的 50 mm 厚聚苯颗粒，也计算在建筑面积中。

(三)建筑面积汇总计算

单击菜单栏中的“工程量”选项卡，单击“汇总”面板中的“汇总计算”按钮，在弹出的“汇总计算”对话框中勾选“其他”下拉列表中的“建筑面积”，单击“确定”按钮，如图 7-61 所示。

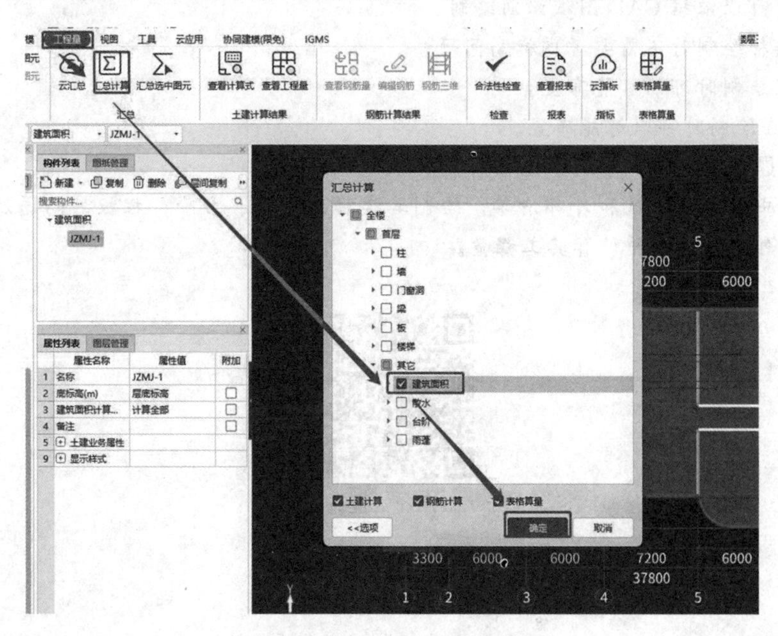

图 7-61　汇总计算建筑面积

当计算成功后，单击“查看工程量”按钮，选择计算建筑面积构件，就可以查看建筑面积的工程量数据。

课后习题

一、单选题

1. 梯板底筋的标识为(　　)。

A. TBDJ　　B. TBMJ　　C. TBFBJ　　D. TBXDFJ

2. 楼梯水平投影面积不扣除小于(　　)mm的楼梯井所占面积。

A. 500　　B. 400　　C. 300　　D. 200

3. 踏步段水平长度等于(　　)。

A. 踏步宽　　B. 踏步宽乘以踏步数　　C. 踏步数　　D. 踏步高

4. 导航栏中的楼梯不包括(　　)。

A. 楼梯　　B. 直形楼梯　　C. 螺旋楼梯　　D. 梯梁

5. 建筑面积计算方式不包括(　　)。

A. 计算全部　　B. 计算1/2　　C. 计算1/3　　D. 不计算

二、判断题

1. 计算建筑面积时需要计算保温层隔热材料的净厚度。(　　)
2. 建筑物的阳台，不计算建筑面积。(　　)
3. 散水、坡道、台阶工程量，按设计图示尺寸以体积计算。(　　)
4. 建筑面积在软件中不可以层间复制。(　　)
5. 散水的“属性列表”中不要求填写底标高。(　　)
6. 新建楼梯没有点布置功能。(　　)
7. 楼梯也可以依据CAD图纸识别绘制。(　　)
8. 新建楼梯绘制时不需要考虑标高问题。(　　)
9. 台阶在绘制时可以智能布置。(　　)
10. 散水在绘制时可以智能布置。(　　)

三、实操题

下载活动中心工程图纸和外部清单，绘制其楼梯、散水、台阶、栏板、雨篷及建筑面积算量模型，套取外部清单，并计算其工程量。

微课：实操题

模块八

建筑与装饰工程计价

单元一　分部分项工程量清单编制及费用计算

工作任务目标

1. 能够使用工程计价软件 GCCP 新建工程计价项目，正确选择清单库和定额库。

2. 能够完成分部分项工程清单列项、编写项目特征，录入工程量。

3. 能够根据清单项目特征完成定额组价并进行定额换算价差调整完成综合单价和综合合价的确定。

教学微课

微课：分部分项工程量清单的编制及费用计算

职业素质目标

具备理解事物本质、探究事物原理的能力。

思政故事

按图索骥

按图索骥

春秋时期，秦国有个叫孙阳的人擅于相马，人们都叫他伯乐。他根据自己的相马经验编写了一本《相马经》。孙阳的儿子熟记《相马经》里有“高大的额头，像铜钱般圆大的眼睛；蹄子圆大而端正，像堆迭起来的块”的话语，以为自己也有了认马的本领。一日他出门看见一只大癞蛤蟆。“这家伙的额头隆起来，眼睛又大又亮，腿又长，不正是一匹千里马吗?”他非常高兴，把癞蛤蟆带回家，对父亲说：“爸爸，我找到一匹千里马，只是蹄子稍差些。”父亲一看，哭笑不得，便幽默地说：“可惜这马太喜欢跳了，不能用来拉车啊!”

对于编制工程量清单和清单计价的工作，大家只有深刻理解清单和定额的原理，熟知各项工作的工艺工法和工作内容，才能做到清单编制不多项、不漏项，使定额的套取和换算合理、准确。

一、工作任务布置

根据 1 号办公楼施工图和 GTJ 计量文件，编制分部分项工程量清单，对工程内容进行清单列项，编写项目特征，录入 GTJ 计量软件计算和提取工程量。根据项目特征为每条清单套取正确的定额子目，并依据项目特征进行定额换算。根据清单计价招标控制价的编制要求，对各施工材料依据信息价进行价差调整，最后确定每条清单的综合单价和综合合价。

二、任务分析

工程量清单计价包括招标控制价和投标报价，二者的计价内容一致，均包含分部分项工程费、措施费、其他项目费、规费和税金。二者最大的区别是基础费率(包括管理费、利润和规费费率)不同，通常投标报价的基础费率要高于投标报价。二者材料价格的调整依据不同，招标控制价材料价格按照官方发布的信息价进行价差调整，投标报价则具有更大的自主性，可通过市场价格自主报价。本模块所有的任务均以招标控制价的编制为例进行讲解分析。

本工程在 GTJ 计量软件模型搭建过程中，一些项目(如土石方工程、砌筑工程、混凝土工程、门窗工程)已经在构件中套取了清单和定额，因此在计价软件中只需要进行材料价差的调整。有些项目(如室内外装修工程、屋面防水工程、保温隔热工程)由于其定额组合复杂，而且需要大量的定额换算操作，因此在计量软件中只进行了清单套取和清单项目特征编写，需要在计价软件中根据项目特征组套定额子目，定额换算和依据信息价进行价差调整。有些项目(如钢筋工程)，由于其在计量软件的工程量计算过程依附于各构件，而在计价过程中脱离结构构件，只根据其规格型号进行清单和定额套取，因此只能在计量软件计算和提取工程量，在计价软件中完成插入清单项、编写项目特征、输入工程量、套取定额、调整价差的全部操作。

为提高分部分项工程量清单的编制和价格计算的准确度，对有不同特点的分项采用有针对性的编制方法，具体见任务实施过程。

三、任务实施

(一)新建招标项目

打开广联达云计价软件 GCCP 6.0，单击“新建预算”按钮，由于本工程以招标控制价为编制案例，故选择“招标项目”选项。本书以辽宁省地区为例，录入项目名称“1 号办公楼工程”，地区标准选择“辽宁省网络数据交换标准(辽宁 2017 定额)”。定额标准为“辽宁省 2017 序列定额”，单价形式为“综合单价”，计税方式为“增值税(一般计税方法)”。单击“立即新建”按钮，如图 8-1 所示。接下来，先在下一个界面(图 8-2)单击“单项工程”按钮，单击鼠标右键，在弹出的快捷菜单中选择“快速新建单位工程”选项，再选择“建筑与装饰工程”。

单击“取费设置”按钮查看工程各项费率，费用选项为“招标控制价建议费率(默认)”，其中建筑工程的管理费费率为 11.05%，利润为 9.75%，如图 8-3 所示。

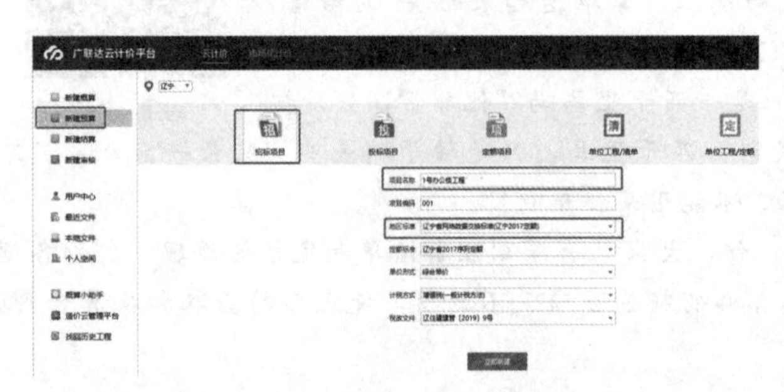

图 8-1　新建招标项目操作

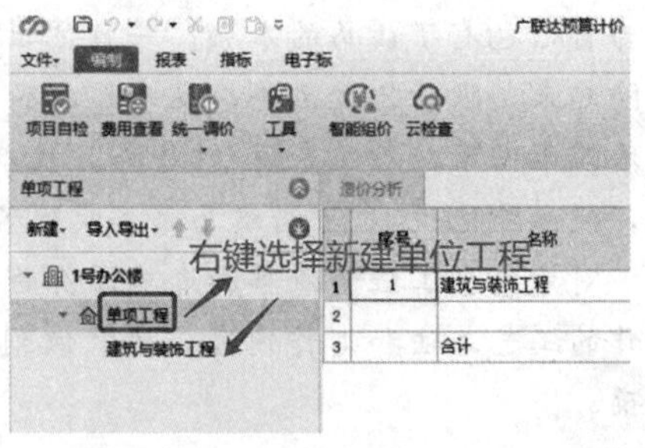

图 8-2　新建建筑与装饰工程单位工程

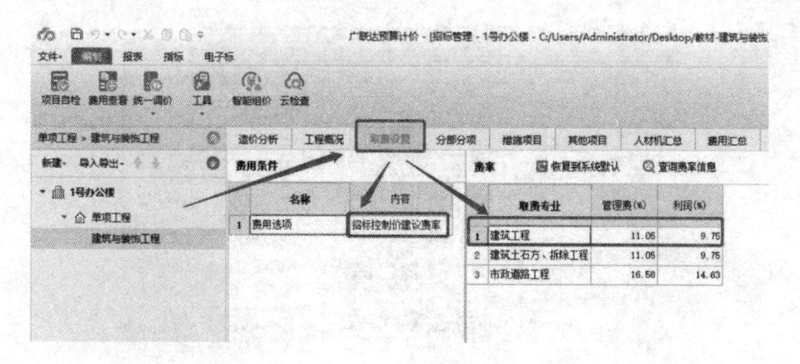

图 8-3　工程取费设置操作

(二)量价一体化

在“编制”菜单中单击“量价一体化”按钮，在下拉列表中选择“导入算量文件”选项，找到“1号办公楼”GTJ 算量文件，单击“导入”按钮，并在弹出的对话框中勾选“1 号办公楼”和“导入做法”复选框，单击“确定”按钮，完成 GTJ 计算项目的清单列项，如图 8-4 和图 8-5 所示。

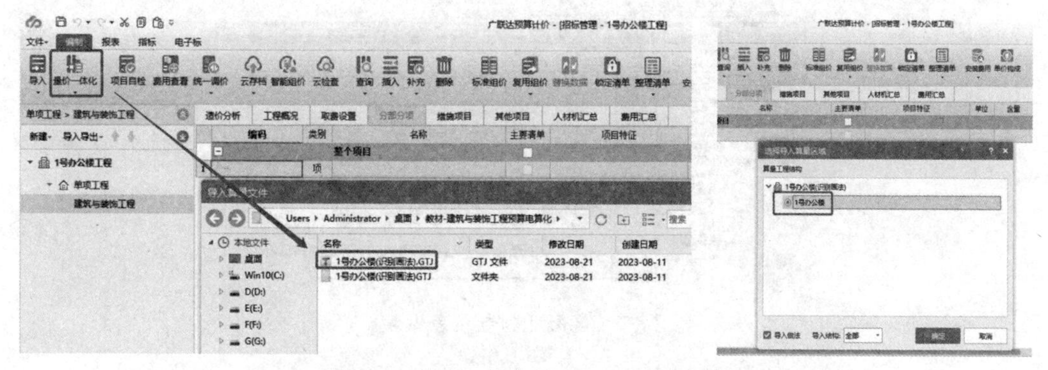

图 8-4　量价一体化导入 GTJ 算量文件

算量工程文件导入

清单项目　措施项目

全部选择　全部取消

	导入	编码	类别	名称	单位	工程量
1	☑	010103001009	项	机械回填土 机械夯实	10m3	166.1466
2	☑	1-101	定	机械回填土 机械夯实	10m3	166.1466
3	☑	010104003001	项	挖掘机挖一般土方 一、二类土	10m3	420.4205
4	☑	1-109	定	挖掘机挖一般土方 一、二类土	10m3	420.4205
5	☑	010104003007	项	挖掘机挖槽坑土方 一、二类土	10m3	13.9551
6	☑	1-115	定	挖掘机挖槽坑土方 一、二类土	10m3	13.9551
7	☑	010104006009	项	小型自卸汽车运土方 运距≤1km	10m3	268.2291
8	☑	1-142	定	小型自卸汽车运土方 运距≤1km	10m3	268.2291
9	☑	010401003003	项	实心砖墙240厚	10m3	2.1414
10	☑	4-7	定	实心单面清水砖墙 墙厚240mm	10m3	2.1414
11	☑	010401005001	项	煤陶粒空心砖墙	10m3	36.7991
12	☑	4-27	定	空心砖墙 混水 墙厚120mm	10m3	36.7991
13	☑	010401005002	项	陶粒空心砖外墙	10m3	17.7526
14	☑	4-28	定	空心砖墙 混水 墙厚240mm	10m3	17.7526
15	☑	010404001001	项	垫层 灰土	10m3	2.1642
16	☑	4-129	定	垫层 灰土	10m3	2.1642
17	☑	010501001001	项	现浇混凝土基础 基础垫层	10m3	9.744
18	☑	5-1	定	现浇混凝土基础 基础垫层	10m3	9.744

导入　关闭　☐ 清空导入

图 8-5　导入选项设置操作

工程量清单编制完成后需要按清单规范(或定额)提供的专业、章、节进行归类整理，保证查看项目时清晰易懂。单击“整理清单”按钮，在弹出的对话框中勾选“需要章分部标题”和“需要节分部标题”复选框，单击“确定”按钮，软件自动完成清单项的整理工作，此时，清单列项界面左侧出现按章和节出现的目录树，如图 8-6 所示。

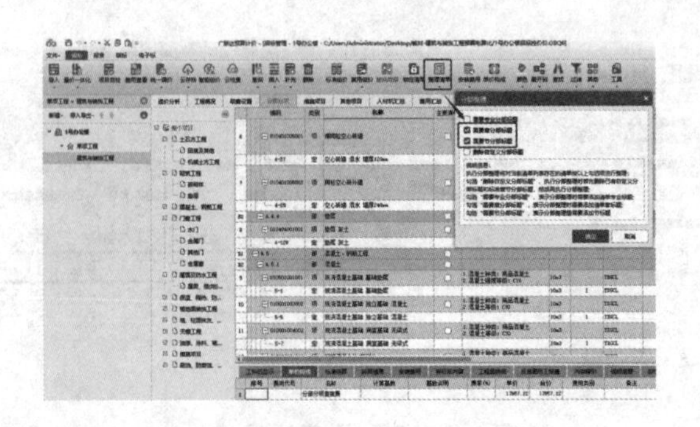

图 8-6　整理清单操作

为导入的混凝土调整材料价差，单击“人材机汇总”按钮，在“所有人材机”下拉列表中选择“材料表”选项，选择“C00023 预拌混凝土 C15”，单击“信息价”按钮，双击该条价格，此时的不含税市场价格自动变更为“269”，如图 8-7 所示。接下来，依次完成其余混凝土价差的调整，经过变更的混凝土材料价格条目变成黄色。

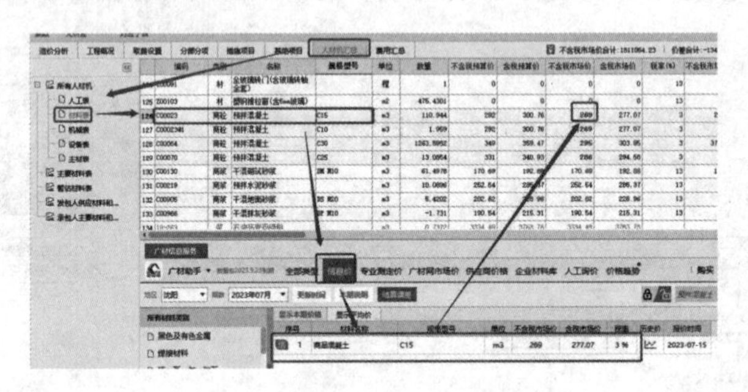

图 8-7　混凝土材料价差调整

(三)钢筋工程清单列项和组价

先在 GTJ 算量软件中提取钢筋工程量，然后在 GTJ 软件的“设置报表范围”对话框中勾选“绘图输入”和“表格算量”面板中的全部楼层和全部构件，“钢筋类型”选择“直筋”和“措施筋”复选框，单击“确定”按钮后在“钢筋报表量”目录树下的“汇总表”下拉列表中选择“钢筋级别直径汇总表”选项，得到直筋和措施筋中各级别钢筋的工程量，然后在空白区单击鼠标右键将报表导出为 Excel 文件。接下来继续在“设置报表范围”对话框勾选“箍筋”复选框，单击“确定”按钮后选择“钢筋级别直径汇总表”选项，得到本工程各级别箍筋的钢筋工程量，在空白区单击鼠标右键将其导出保存为 Excel 文件，如图 8-8 和图 8-9 所示。

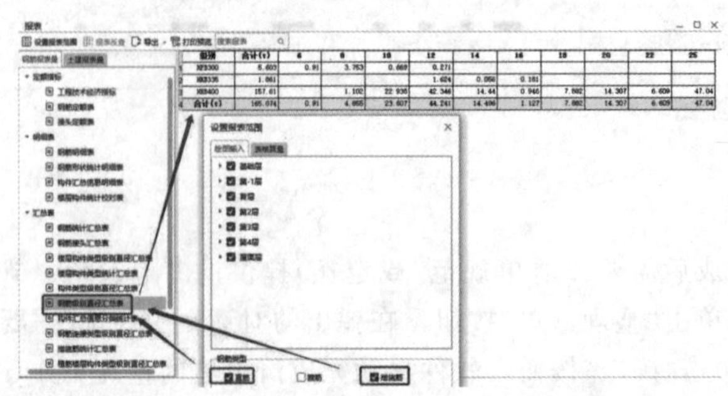

图 8-8　直筋和措施筋工程量提取(一)

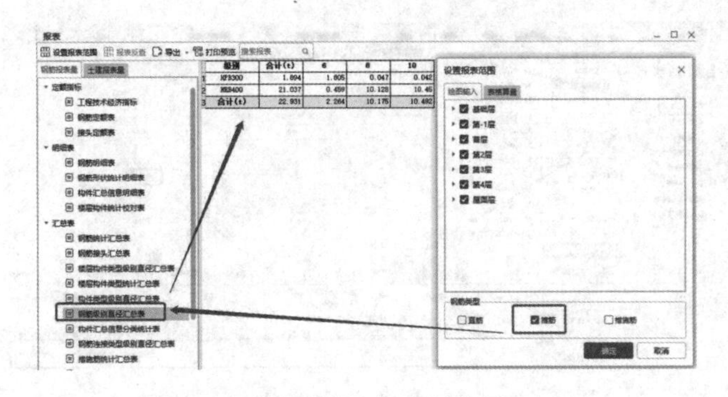

图 8-9　直筋和措施筋工程量提取(二)

以 HPB 300 级直径 8 mm 钢筋为例讲解钢筋清单和定额的套取操作。单击“查询”按钮，在弹出的“查询”对话框中选择“钢筋工程”下拉列表中的“现浇构件圆钢筋”选项，选择“010515001002 现浇构件图钢筋 钢筋 HPB300 直径 8 mm”清单，双击该条清单后完成该项钢筋的清单列项，在“项目特征”中输入“钢筋种类、规格：HPB 300 直径 8 mm”，如图 8-10 所示。

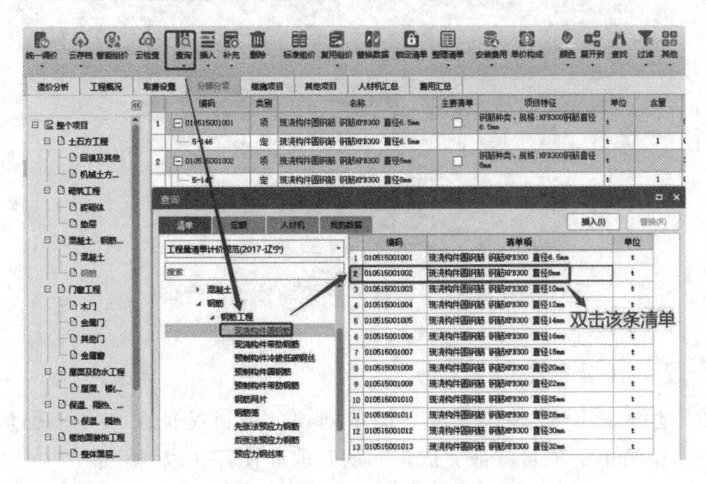

图 8-10　钢筋清单查询列项及项目特征编写

定额 5-147 项会随着清单项的插入同时套取，单击 5-147 定额项，单击“工料机显示”按钮，将钢筋材料名称修改为“HPB300”，“规格及型号”输入“φ8”，该项操作为了方便后续钢筋主材价格的调整。然后在清单项“工程量表达式”中输入“3. 753”，单位为“t”。单击“人材机汇总”按钮，在左侧目录树中选择“材料表”选项，找到“HPB300 直径 8 mm”项目，单击该项材料，单击“信息价”按钮，弹出该材料信息价格，双击该信息价后“不含税市场价”，自动变更为“3. 53”，如图 8-11 和图 8-12 所示。

	编码	类别	名称	主要清单	项目特征	单位	含量	工程量表达式	工程量
B2	A.5.2		钢筋						
1	010515001001	项	现浇构件圆钢筋 钢筋HPB300 直径6.5mm		钢筋种类、规格:HPB300钢筋直径6.5mm	t		0.91	0.91
	5-146	定	现浇构件圆钢筋 钢筋HPB300 直径6.5mm			t	1	QDL	0.91
2	010515001002	项	现浇构件圆钢筋 钢筋HPB300 直径8mm		钢筋种类、规格:HPB300钢筋直径8mm	t		3.753	3.753
	[illegible]	定	现浇构件圆钢筋 钢筋HPB300 直径8mm			t	1	QDL	3.753
3	010515001003	项	现浇构件圆钢筋 钢筋HPB300 直径10mm		钢筋种类、规格:HPB300钢筋直径10mm	t		0.669	0.669
	5-148	定	现浇构件圆钢筋 钢筋HPB300 直径10mm			t	1	QDL	0.669

	编码	类别	名称	规格及型号	单位	损耗率	含量	数量	不含税预算价	含税预算价	不含税市场价	含税市场价	税率(%)
1	R00000	人	合计工日		工日		9.217	34.5914	*****	*****	*****	*****	0
2	C0025382	材	HPB300	φ8	kg		1,020	3828.06	3.3	3.73	3.53	3.99	13
3	C00073	材	镀锌铁丝	φ0.7	kg		8.91	33.4392	4	4.52	4	4.52	13

图 8-11　钢筋主材名称修改及工程量输入操作

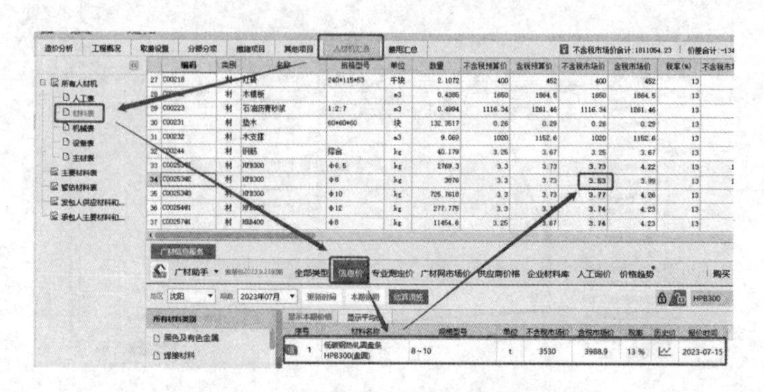

图 8-12　钢筋信息价主材价格调整

单击“分部分项”按钮，可以看到“HPB300 直径 8 mm”的钢筋综合单价为 4 762.62 元/t，综合合价为 17 874.11 元，单击“单价构成”按钮可以看到该综合单价和合价的各项费用组成，如图 8-13 所示。

	编码	类别	名称	单位	含量	工程量表达式	工程量	单价	合价	综合单价	综合合价
B2	A.5.2		钢筋								854179.13
1	010515001001	项	现浇构件圆钢筋 钢筋HPB300 直径6.5mm	t		0.91	0.91			5139.63	4677.06
	5-146	定	现浇构件圆钢筋 钢筋HPB300 直径6.5mm	t	1	QDL	0.91	5087.99	4630.07	5139.63	4677.06
2	010515001002	项	现浇构件圆钢筋 钢筋HPB300 直径8mm	t		3.753	3.753			4762.62	17874.11
	5-147	定	现浇构件圆钢筋 钢筋HPB300 直径8mm	t	1	QDL	3.753	4717.87	17706.17	4762.62	17874.11
3	010515001003	项	现浇构件圆钢筋 钢筋HPB300 直径10mm	t		0.669	0.669			4910.96	3285.43
	5-148	定	现浇构件圆钢筋 钢筋HPB300 直径10mm	t	1	QDL	0.669	4870.02	3258.04	4910.96	3285.43
4	010515001004	项	现浇构件圆钢筋 钢筋HPB300 直径12mm	t		0.271	0.271			4716.44	1278.16
	5-149	定	现浇构件圆钢筋 钢筋HPB300 直径12mm	t	1	QDL	0.271	4683.99	1269.36	4716.44	1278.16
5	010515001017	项	现浇构件 带肋钢筋HRB400 直径8mm	t		1.102	1.102			4695.24	5174.15

	序号	费用代号	名称	计算基数	基数说明	费率(%)	单价	合价	费用类别	备注
1	一	A	直接费	A1+A2+A3+A4+A5	人工费+材料费+主材费+设备费+机械费		4568.68	17146.26	分部分项直接费	(1)+(2)+(3)+(4)+(5)
2	1	A1	人工费	RGF	人工费		907.87	3407.24	人工费	
3	2	A2	材料费	CLF+RLDLJC	材料费+燃料动力价差		3636.24	13646.81	材料费	
4	3	A3	主材费	ZCF	主材费		0	0	主材费	
5	4	A4	设备费	SBF	设备费		0	0	设备费	
6	5	A5	机械费	JXFYSJ+JSRGJC+JSQTJC	机械费预算价+机上人工价差+机上其他价差		24.57	92.21	机械费	
7	二	B	管理费	RGFYSJ+JXFYSJ	人工费预算价+机械费预算价	11.06	103.03	386.67	管理费	
8	三	C	利　润	RGFYSJ+JXFYSJ	人工费预算价+机械费预算价	9.75	90.91	341.19	利润	
9			综合单价	A+B+C	直接费+管理费+利　润		4762.62	17874.11	工程造价	(一)+(二)+(三)

图 8-13　钢筋综合单价和综合合价查询

(四)装饰工程定额套取

装饰构件随着“量价一体化”操作完成了清单列项、项目特征录入和工程量录入，在 GCCP 软件中主要操作是根据清单的项目特征完成定额的套取和换算。以“楼面 3”“内墙面 1”“外墙面 1”“天棚 1”“吊顶 1”和“踢脚 1”为例讲解。

分析楼面 3-800×800 大理石楼面的项目特征，20 mm 厚大理石板需要套取“11-21 块料面层的石材楼地面 0.64 m² 以内”，单击“工料机显示”按钮，其中白水泥为“稀水泥擦缝”，“浆”材料替换为 18-281 项“抹灰砂浆-水泥砂浆 1∶3”，该材料为黏结层，如图 8-14 所示。

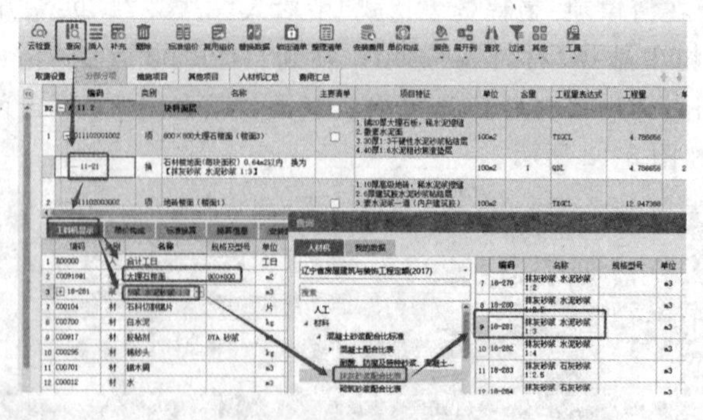

图 8-14　楼面 3 定额套取操作 1

项目特征中“40 厚 1∶6 水泥粗砂焦渣垫层”没有对应的定额项，选择近似项目“4-142 垫层炉

(矿)渣水泥石灰拌合”，然后将材料换为“水泥粗砂焦渣”，规格型号为“1∶6”。这样就完成了楼面3的定额组价，其综合单价为203.54元/m^2，如图8-15所示。

	编码	类别	名称	主要清单	项目特征	单位	含量	工程量表达式
B2	A.11.2		块料面层	□				
1	011102001002	项	800×800大理石楼面（楼面3）	□	1.铺20厚大理石板，稀水泥擦缝 2.撒素水泥面 3.30厚1:3干硬性水泥砂浆粘结层 4.40厚1:6水泥粗砂焦渣垫层	100m2		TXGCL
	11-21	换	石材楼地面(每块面积) 0.64m2以内　换为【抹灰砂浆 水泥砂浆 1:3】			100m2	1	QDL
	4-142 H18-370 C00756	换	垫层 炉(矿)渣 水泥石灰拌合　换为【水泥炉渣 1:6】			10m3	0	
2	011102003002	项	地砖楼面（楼面1）	□	1.10厚高级地砖，稀水泥浆擦缝 2.6厚建筑胶水泥砂浆粘结层 3.素水泥浆一道（内掺建筑胶） 4.20厚1:3水泥砂浆找平层 5.素水泥浆一道（内掺建筑胶）	100m2		TXGCL

工料机显示　单价构成　标准换算　换算信息　安装费用　特征及内容　工程量明细　反查图形工程量　内容指引　说明信息

	编码	类别	名称	规格及型号	单位	损耗率	含量	数量	不含税预算价	含税预算价	不含税市场价	含税市场价
1	R00000	人	合计工日		工日		5.002	0	*****	*****	*****	*****
2	C00756	配比	水泥炉渣	1:6	m3		10.2	0	175.99	198.87	175.99	198.87
3	C00012	材	水		m3		2	0	3.86	3.97	3.86	3.97
4	ZHFY	其他	综合费用		元		82.43	0	1	1	1	1

图 8-15　楼面 3 定额套取操作 2

分析内墙面1-水泥砂浆墙面的项目特征，第1条“喷水性耐擦洗涂料”一般为乳胶漆，因此套取定额“14-189 乳胶漆 室内 墙面 二遍”；第2条“5厚1∶2.5水泥砂浆找平”，套取立面找平层“12-28立面砂浆找平层、界面剂，打底找平15 mm厚”，单击“标准换算”按钮，在弹出的对话框中将实际厚度改为“5”，定额编号自动修改为“12-28＋12-29 * -10”，其中“12-29”指定的是立面砂浆找平层、界面剂，打底找平每增减1 mm，计算厚其厚度为“5 mm”，然后单击“工料机显示”按钮，将浆体材料替换为“抹灰砂浆-水泥砂浆-1∶2”；第3条为“9厚1∶3水泥砂浆打底扫毛”，也套取12-28项，标准换算厚度为“9 mm”，浆体材料替换为“抹灰砂浆-水泥砂浆-1∶3”；第4条“素水泥浆一道甩毛(内掺建筑胶)”，套取“12-31立面砂浆找平层、界面剂、素水泥浆(有107胶)”。这样完成了内墙面1的组价，其综合单价为44.05元/m^2，如图8-16～图8-21所示。

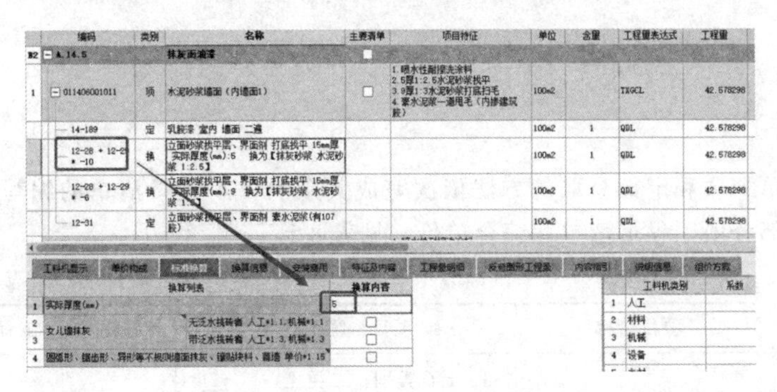

图 8-16　内墙面 1 定额套取操作 1

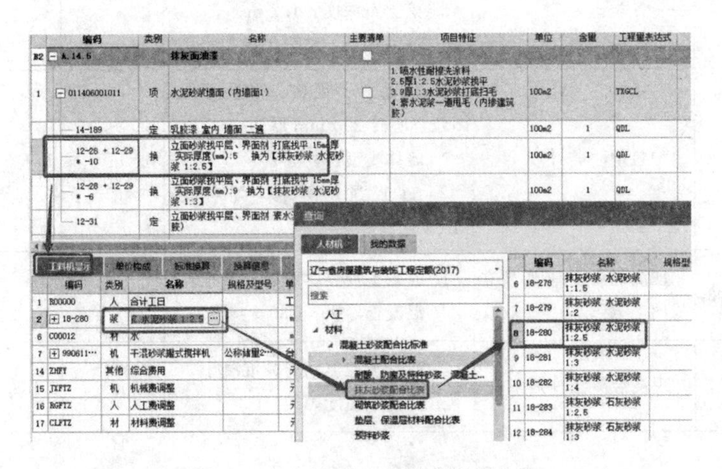

图 8-17　内墙面 1 定额套取操作 2

011204003029	项	面砖外墙（外墙面1）			2398.36	2398.36	建筑工程	建筑工程
12-61	换	块料墙面 面砖 加浆勾缝 5mm以内 换为【抹灰砂浆 水泥砂浆 1:1】	606.53	606.53	630.42	630.42	建筑工程	建筑工程
12-28 + 12-29 * -9	换	立面砂浆找平层、界面剂 打底找平 15mm厚 实际厚度(mm):6 换为【抹灰砂浆 混合砂浆 1:0.5:4】 换为【建筑胶】	1293.13	1293.13	1340.29	1340.29	建筑工程	建筑工程
12-31	定	立面砂浆找平层、界面剂 素水泥浆(有107胶)	205.87	205.87	212.33	212.33	建筑工程	建筑工程
12-30	定	立面砂浆找平层、界面剂 墙面界面剂	208.86	208.86	215.32	215.32	建筑工程	建筑工程

图 8-18 外墙面 1 定额套取操作

011406001012	项	抹灰天棚			4196.32	58142.66	[建筑工程]	建筑工程
14-190	定	乳胶漆 室内 天棚面 二遍	1608.53	22287.2	1657.57	22966.68	建筑工程	建筑工程
13-1 + 13-2 * -7	换	混凝土天棚 一次抹灰(10mm) 实际厚度(mm):3 换为【抹灰砂浆 水泥砂浆 1:2.5】	1040.98	14423.43	1081.04	14978.49	建筑工程	建筑工程
13-1 + 13-2 * -5	换	混凝土天棚 一次抹灰(10mm) 实际厚度(mm):5 换为【抹灰砂浆 水泥砂浆 1:3】	1200.25	16630.22	1245.38	17255.53	建筑工程	建筑工程
12-31	定	立面砂浆找平层、界面剂 素水泥浆(有107胶)	205.87	2852.46	212.33	2941.97	建筑工程	建筑工程

图 8-19 天棚 1 定额套取操作

	编码	类别	名称	单价	合价	综合单价	综合合价
B2	A.13.2		天棚吊顶				172377.6
1	011302001070	项	铝合金条板吊顶（吊顶1）			15544.08	172377.6
	13-29	定	平面、跌级天棚 装配式U型轻钢天棚龙骨(不上人型) 规格 450*450mm 平面	3338.23	37019.63	3430.69	38044.97
	13-123	定	平面、跌级天棚 铝合金条板天棚 闭缝	12050.09	133630.65	12113.39	134332.63

图 8-20 吊顶 1 定额套取操作

3	011105003002	项	400×400，100高深色地砖踢脚（踢脚1）			9260.46	13819.11
	11-74	换	块料踢脚线 陶瓷地面砖 换为【建筑胶】	6339.26	9459.89	6536.84	9754.73
	12-28 + 12-29 * -7	换	立面砂浆找平层、界面剂 打底找平 15mm厚 实际厚度(mm):8 换为【抹灰砂浆 水泥砂浆 1:2】	1436.49	2143.63	1487.86	2220.29
	12-28 + 12-29 * -10	换	立面砂浆找平层、界面剂 打底找平 15mm厚 换为【抹灰砂浆 水泥砂浆 1:3】 实际厚度(mm):5	1190.7	1776.85	1235.76	1844.09

图 8-21 踢脚 1 定额套取操作

四、任务结果

按照本节清单列项和定额套取的方法依次完成其余项目工程量清单的编写和价格计取，得到 1 号办公楼分部分项工程量清单和综合单价，见表 8-1。

表 8-1 1 号办公楼分部分项工程量清单及综合单价表(部分)

序号	项目编码	项目名称	项目特征描述	计量单位	工程量	综合单价/元
1	010104003001	挖掘机挖一般土方一、二类土	1. 土石类别：二类土； 2. 开挖方式：挖掘机开挖； 3. 挖土石深度：1.2 m； 4. 场内运距：综合考虑	m^3	4 204.205	3.35
2	010401005002	陶粒空心砖外墙	1. 砖品种、规格、强度等级：陶粒空心砖 250 mm 厚； 2. 墙体类型：外墙； 3. 砂浆强度等级、配合比：M5.0 水泥砂浆	m^3	177.525 8	321.279
3	010501003002	现浇混凝土基础 独立基础 混凝土	1. 混凝土种类：商品混凝土； 2. 混凝土等级：C30	m^3	53.508	321.614
4	010502001001	现浇混凝土柱矩形柱	1. 混凝土种类：商品混凝土； 2. 混凝土强度等级：C30	m^3	150.47	328.338

续表

序号	项目编码	项目名称	项目特征描述	计量单位	工程量	综合单价/元
5	010507001001	现浇混凝土其他构件 混凝土散水 预拌混凝土	1. 3∶7灰土垫层，150 mm厚； 2. 面层60 mm厚； 3. C15细石混凝土； 4. 沥青玛𤥻脂嵌缝	10 m^{2}水平投影面积	99.887 1	46.09
6	010515001003	现浇构件圆钢筋 钢筋HPB300 直径10 mm	钢筋种类、规格：HPB300、钢筋直径10 mm	t	0.669	4 910.95
7	010515001019	现浇构件带肋钢筋HRB335 直径14 mm	钢筋种类、规格：HRB335、钢筋直径14 mm	t	0.056	4 528.55
8	010515012003	箍筋圆钢 HPB300 直径8 mm	钢筋种类、规格：箍筋HPB300钢筋直径8 mm	t	0.047	5 202.59
9	010801007001	成品木门扇安装	1. M1021； 2. 木夹板门，门洞宽1 000 mm，门洞高2 100 mm	m^2	2.0.5	29.98
10	010807001005	塑钢成品窗安装推拉	1. 窗代号及洞口尺寸：C0924窗宽900 mm，窗高2 400 mm； 2. 框、扇材质：塑钢	m^2	502.941	86.39
11	010902001010	SBS防水卷材(屋面1)	SBS防水卷材，四周翻边250 mm	m^2	607.421	41.74
12	011001002004	硬泡聚氨酯现场喷发(屋面1)	80 mm厚现喷硬质发泡聚氨酯	m^2	588.13	77.30
13	011102003016	400 mm×400 mm防滑地砖防水楼面(楼面2)	1. 10 mm厚防滑地砖，稀水泥浆擦缝； 2. 撒素水泥浆； 3. 20 mm厚1∶2干硬水泥砂浆粘结层； 4. 20 mm厚1∶3水泥砂浆找平层； 5. 素水泥浆一道； 6. 平均35 mm厚C15细石混凝土	m^2	265.695 1	130.1
14	010902002007	涂膜防水 聚氨酯防水涂膜2 mm厚(楼面2防水)	1.5 mm厚聚氨酯涂膜防水层靠墙边处卷边150 mm	m^2	301.15	23.52
15	011204001002	普通大理石板墙裙	1. 稀水泥浆擦缝； 2. 贴10 mm厚大理石板； 3. 素水泥浆一道； 4. 6 mm厚1∶0.5∶2.5水泥石灰膏砂浆罩面； 5. 8 mm厚1∶3水泥砂浆打底扫毛画出纹道； 6. 素水泥浆一道甩毛(内掺建筑胶)	m^2	22.072	187.7

单元二　措施项目清单编制及费用计算

工作任务目标

1. 能够完成单价措施项目清单列项和费用计算。
2. 能够完成总价措施项目取费基数和费率的确定。

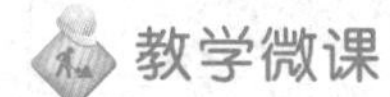

教学微课

微课：措施项目清单的编制及费用计算

职业素质目标

具备认真工作、爱岗敬业的工作态度。

思政故事

叶公好龙

叶公好龙

春秋时期，楚国人叶公喜欢龙，不但住的地方随时随地可以看到龙，他的生活起居也离不开龙。他每天一有空闲就画画、写字，画的是龙，写的也是龙。天界的真龙得知人间有这样一个好龙成癖的人，十分感动，决定下凡来人间走一趟，向叶公表示谢意，给他些恩惠。一天，叶公正在午睡，屋外突然风雨大作，电闪雷鸣。叶公惊醒了，急忙起来关窗户，没想到这时真龙从窗户外探进头来，叶公顿时被吓得魂飞魄散，面如土色，瘫倒在地，不省人事。龙非常失望，原来叶公是喜欢假龙，不喜欢真龙。

敬业是职业道德的灵魂，是社会主义核心价值观，正是依靠敬业精神，中华民族创造了灿烂的文明。而作为造价人，要真心热爱工作，表里如一，不做虚伪、假装爱龙的叶公。

一、工作任务布置

根据1号办公楼施工图和GTJ计量文件编制单价措施项目工程量清单，对工程内容进行清单列项，编写项目特征，录入GTJ计量软件计算和提取工程量。根据项目特征为每条单价措施项目清单套取正确的定额子目，并依据项目特征进行定额换算，最后确定每条单价措施项目清单的综合单价和综合合价。根据辽宁省2017费用定额(《辽宁省建设工程计价依据》)关于建筑工程招标控价的相关规定，确定总价措施项目取费基数和费率，完成总价措施项目每条清单合价的计算。

二、任务分析

措施项目费是指为完成建设工程施工，发生于该工程施工前和施工过程中的技术、生活、安全、环境保护等方面的费用。措施项目费包括单价措施项目费和总价措施项目费。

单价措施项目与分部分项工程项目类似，通过计算工程量，套取定额确定综合单价的方式计算费用，包括大型机械设备进出场及安拆费、混凝土模板及支架费、脚手架费、垂直运输费、施工排水及井点降水、临时设施费。本工程中单价措施项目计算混凝土模板及支架费、脚手架费、垂直运输费。

总价措施项目通常以取费基数乘以费率的方式确定费用，包括一般措施项目和其他措施项目。

一般措施项目是指工程定额中规定的措施项目中不包括的且不可计量的，为完成工程项目施工，发生于该工程施工前和施工过程中非工程实体项目的费用，一般工程均有发生的，包括安全施工费、环境保护和文明施工费、雨期施工费。本工程计取所有一般措施项目费用。

其他措施项目是指工程定额中规定的措施项目中不包括的且不可计量的，为完成工程项目施工，发生于该工程施工前和施工过程中非工程实体项目的费用，仅特定工程或特殊条件下发生的，包括夜间施工增加费、二次搬运费、冬期施工费、已完工程及设备保护费、市政工程干扰费。夜间施工费按照签证的工日进行结算，二次搬运费和已完工程及设备保护费在结算时按照签证计算，市政工程施工干扰费，仅对符合发生市政工程干扰情形的工程项目或项目一部分，按对应工程量的人工费和机械费之和的4%计取，本工程仅计取冬期施工费。

在辽宁省2017费用定额中，企业管理费、利润、文明施工费、环境保护费、雨期施工费、冬期施工费、市政工程施工干扰费、安全施工费均为社会平均水平的基础费率，其中企业管理费、利润、文明施工费、环境保护费、雨期施工费、冬期施工费、市政工程施工费的费率可以提高系数也可以降低系数，对于安全施工费其费率系数保持不变或提高系数，不允许降低系数。

本工程采用的费率是招标控制价建议费率，在辽宁省2017费用定额中单独设立其费率高于投标报价基础费率，为招标控制价的编制人提供一个参考，应考虑工程复杂程度、工程规模、工期要求、风险等因素确定费率。

三、任务实施

(一)单价措施项目清单编制与费用计算

1. 模板支架费用

本工程中模板支架的清单和定额通过分部分项工程量价一体化操作已经完成了独立基础、筏板基础、垫层、梁、板、柱、剪力墙、楼梯、台阶模板支架的清单列项和定额套取。

2017辽宁省《房屋建筑与装饰工程定额》中规定，现浇混凝土柱、梁、板、墙的支模高度是指设计室内地坪至板底、梁底之间的高度，以3.6 m以内为准。超过3.6 m部分模板超高支撑费用，按超过部分模板面积，套用相应定额乘以1.2的n次方(n为超过3.6 m后每超过1 m的次数，若超过高度不足1.0 m时舍去不计)。支撑高度超过8 m时，按施工方案另行计算。

本工程中地下室和首层的层高为3.9 m，因此部分剪力墙、部分柱和全部板构件的支撑高度超过了3.6 m，需要套取对应的模板支架的超高费用。由于其支撑超过的高度为0.3 m，套取的超高定额无需乘以系数。此外梁构件所处地下室和首层的层高虽然超过3.9 m，但是其支撑高度是计算到梁底，所以其支撑高度均没有达到3.6 m，所以无须计算模板超高。

首先通过GTJ软件提取柱、剪力墙和板的模板支架超高工程量。在“工程量”菜单下单击“报表”按钮，选择“土建报表量”，单击“绘图输入工程量汇总表”，单击柱构件可以看到各个柱子模板的超高面积(图8-22)，在空白处单击鼠标右键导出为Excel表格，按照此方法依次完成剪力墙、板构件模板超高面积的提取，具体见表8-2～表8-4。

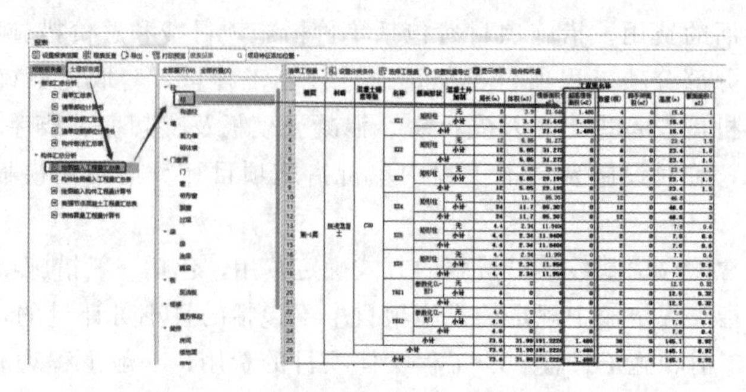

图 8-22 模板支架超高工程量提取

表 8-2 柱模板支架超高工程量

楼层	材质	名称	截面形状	工程量名称
				超高模板面积/m²
地下室	现浇混凝土	KZ1	矩形柱	1.488
		小计		1.488
合计				1.488

表 8-3 剪力墙模板支架超高工程量

楼层	材质	厚度/mm	名称	工程量名称 超高模板面积/m²
地下室	现浇混凝土	200	Q3[电梯井壁]	2.844
		300	Q1[直形墙]	38.433
			Q1 弧形墙[弧形墙]	3.359 8
			Q2[直形墙]	40.202
	小计			84.838 8
首层	现浇混凝土	200	Q3[电梯井壁]	3.648
	小计			3.648
合计				88.486 8

表 8-4 板模板支架超高工程量

楼层	结构类别	厚度/mm	名称	工程量名称	
				超高模板面积/m²	超高侧面模板面积/m²
地下室	现浇板	100	PTB-楼层[平板]	5.381 2	0.159 4
		120	B-h120[平板]	153.235	0.384
		130	B-h130[平板]	85.53	0.11
		160	B-h160[平板]	266.17	0.201
	小计			510.316 2	0.854 4
首层	现浇板	120	B-h120[平板]	131.9	0
		130	B-h130[平板]	73.249 4	0
		140	B-h140[悬挑板]	16.387 8	2.973 6
		160	B-h160[平板]	228.945	0
	小计			450.482 2	2. 9736
合计				960.798 4	3.828

在 GCCP 软件中找到清单项“011702002001 现浇混凝土模板 矩形柱 组合钢模板 钢支撑”，查询定额选择“17-244 项现浇混凝土模板 柱支撑 支撑高度超过 3.6 m 每超过 1 m 钢支撑”，在定额项后面的工程量表达式中输入超高工程量“1.49”。与 17-175 项共同完成该条模板支架清单的组价，如图 8-23 所示。

4	011702002001	项	现浇混凝土模板 矩形柱 组合钢模板 钢支撑	□		100m2		TXGCL	1.009567	
	17-175	定	现浇混凝土模板 构造柱 组合钢模板 钢支撑			100m2	1	TXGCL	1.009567	3501.84
	17-244	定	现浇混凝土模板 柱支撑 支撑高度超过3.6m 每超过1m 钢支撑			100m2	0.014759	1.49	0.0149	439.44

图 8-23　柱模板支架超高定额套取操作

剪力墙模板支架的清单包括直形墙、弧形墙和电梯井壁三条，分别为其套取模板超高定额，直形墙模板套取定额“17-246 现浇混凝土模板 墙支撑 支撑高度超过 3.6 m 每超过 1 m 钢支撑”，输入超高工程量“78.63”，弧形墙模板套取定额 17-246 项，输入超高工程量“3.36”，电梯井壁模板支架套取定额 17-246 项，输入超高工程量“6.49”，如图 8-24～图 8-26 所示。

9	011702011002	项	现浇混凝土模板 直形墙 复合模板 钢支撑	□		100m2		TXGCL	8.600567	
	17-197	定	现浇混凝土模板 直形墙 复合模板 钢支撑			100m2	1	TXGCL	8.600567	4981.44
	17-246	定	现浇混凝土模板 墙支撑 支撑高度超过3.6m 每超过1m 钢支撑			100m2	0.091424	78.63	0.7863	413.57

图 8-24　直形墙模板支架超高定额套取操作

10	011702012001	项	现浇混凝土模板 弧形墙 木模板 钢支撑	□		100m2		TXGCL	0.529086	
	17-199	定	现浇混凝土模板 弧形墙 木模板 钢支撑			100m2	1	TXGCL	0.529086	6565.81
	17-246	定	现浇混凝土模板 墙支撑 支撑高度超过3.6m 每超过1m 钢支撑			100m2	0.063506	3.36	0.0336	413.57

图 8-25　弧形墙模板支架超高定额套取操作

11	011702013004	项	现浇混凝土模板 电梯井壁 复合模板 钢支撑	□		100m2		TXGCL	3.429764	
	17-204	定	现浇混凝土模板 电梯井壁 复合模板 钢支撑			100m2	1	TXGCL	3.429764	5666.76
	17-246	定	现浇混凝土模板 墙支撑 支撑高度超过3.6m 每超过1m 钢支撑			100m2	0.018923	6.49	0.0649	413.57

图 8-26　电梯井壁模板支架超高定额套取操作

板模板支架的清单包括平板和悬挑板两条，分别为其套取模板超高定额，直形板套取定额“17-247 现浇混凝土模板 板支撑 支撑高度超过 3.6 m 每超过 1 m 钢支撑”，输入超高工程量“945.27”，悬挑板套取定额 17-247 项，输入超高工程量“19.36”，如图 8-27 和图 8-28 所示。

12	011702016002	项	现浇混凝土模板 平板 复合模板 钢支撑	□		100m2		TXGCL	24.540157	
	17-209	定	现浇混凝土模板 平板 复合模板 钢支撑			100m2	1	TXGCL	24.540157	4895.44
	17-247	定	现浇混凝土模板 板支撑 支撑高度超过3.6m 每超过1m 钢支撑			100m2	0.385193	945.27	9.4527	470.14

图 8-27　平板模板支架超高定额套取操作

13	011702023003	项	现浇混凝土模板 悬挑板 直形 复合模板钢支撑	□		100m2 水平…		TXGCL	0.738072	
	17-224	定	现浇混凝土模板 悬挑板 直形 复合模板钢支撑			100m2 水平…	1	TXGCL	0.738072	6989.47
	17-247	定	现浇混凝土模板 板支撑 支撑高度超过3.6m 每超过1m 钢支撑			100m2	0.262305	19.36	0.1936	470.14

图 8-28　悬挑板模板支架超高定额套取操作

2. 垂直运输费

垂直运输工作内容，包括单位工程在合理工期内完成全部工程项目所需要的垂直运输机械台班，不包括机械的场外往返运输、一次安拆及路基铺垫和轨道铺拆等的费用。建筑物垂直运输机械费，根据不同建筑结构及檐高，按建筑面积计算。

先在 GTJ 计量软件中提取 1 号办公楼的建筑面积。在“工程量”菜单下选择“报表”，设置报表范围为全楼的建筑面积，选择“土建报表量”面板“构件总分析”下拉列表中的“绘图输入工程量汇总表”选项。接下来，在空白处单击鼠标右键将建筑面积报表导出保存为 Excel 格式，如图 8-29 所示。

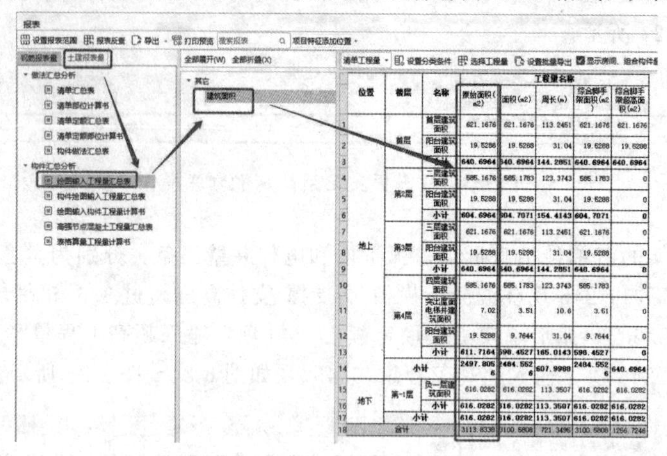

图 8-29　提取建筑面积

地下室建筑面积与地上建筑面积分别计算。地下室项目，按全现浇结构 30 m 内相应项目的 80％计算。在 GCCP 软件中查询清单选择“011704001001 地下室垂直运输费”，输入项目特征，查询定额选择“17-381 建筑物超高增加费 建筑物檐高”，然后选择定额编号“17-381”编辑为“17-381 * 0.8”，定额名称提示“单价 * 0.8”，如图 8-30 所示。

	编码	类别	名称	主要清单	项目特征	单位	含量	工程量表达式	工程量
B2	A.17.4		建筑物超高增加费	☐					
1	011704001001	项	地下室垂直运输费	☐	1.建筑物建筑类型及结构形式:办公楼框架结构 2.地下室建筑面积:616.0282m2 3.建筑物檐口高度、层数:檐高14.85米，地下一层	100m2		616.0282	6.160282
	17-381 *0.8	换	建筑物超高增加费 建筑物檐高 30m以内 单价*0.8			100m2	1	QDL	6.160282

图 8-30　地下室垂直运输费定额套取操作

地上部分套用相应高度的定额项目，当层高超过 3.6 m 时，应另计层高垂直运输增加费，每超过 1 m，其超高部分按相应定额增加 10％，超高不足 1 m 的按 1 m 计算。首层层高为 3.9 m，超过 3.6 m，所以需要计取层高垂直运输增加费，查询清单选择“011703001005 地上主体垂直运输费”，输入项目特征，在“工程量表达式”输入框中输入“2497.8056”，查询定额选择“17-318 垂直运输 20 m(6 层)以内塔式起重机施工 现浇框架”，然后单击“标准换算”按钮，在“实际层高”输入框中输入“3.9”，因为超过高度为 0.3 m，不足 1 m 按 1 m 计算，定额单价应乘以 1.1，软件根据实际层高实现系数自动调整。也可以直接在编号“17-381”后面输入“ * 1.1”，两种方法结果是一致的，在该子目工程量表达式中输入“640.6964”。二至四层的层高没有超过 3.6 m，只需套取定额 17-318，在该子目工程量表达式后输入“1857.1092”，如图 8-31 所示。

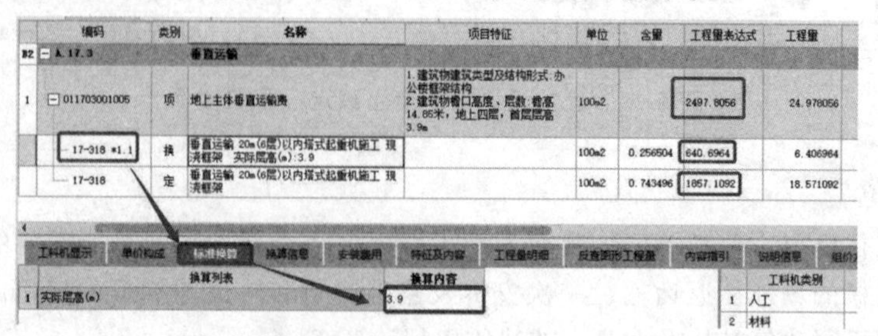

图 8-31　地上主体垂直运输费定额套取操作

3. 脚手架费

脚手架措施项目是指施工需要的脚手架搭、拆、运输及脚手架摊销的工料机消耗。本工程脚手架内容涉及综合脚手架、满堂脚手架、里脚手架。

综合脚手架按设计图示尺寸以建筑面积计算，满堂脚手架按室内净面积计算，其高度为3.6～5.2 m时计算基本层，超过5.2 m，每增加1.2 m计算一个增加层，不足0.6 m按一个增加层乘以系数0.5计算，满堂脚手架增加层=(室内净高−5.2)/1.2 m。

里脚手架按墙面垂直投影面积计算。

地下部分执行地下室综合脚手架项目，二层及二层以上的建筑工程执行多层建筑综合脚手架项目。

满堂基础按满堂脚手架基本层定额乘以系数0.3计算；高度超过3.6 m，每增加1 m按满堂脚手架增加层定额乘以系数0.3计算。

砌筑高度在3.6 m以上的砖内墙，按超过部分投影面积执行单排脚手架项目。

天棚装饰高度在3.6 m以上的，执行满堂脚手架项目，如实际施工中未采用满堂脚手架，应按满堂脚手架项目的30%计算脚手架费用。

凡室内计算了满堂脚手架的，不再计算墙面装饰脚手架，只按每100 m^2 垂直投影面积增加改架工工日，一般每个技工工日1.28个。

通过GTJ软件提取脚手架工程所需工程量见表8-5。

表8-5　脚手架工程量

名称	脚手架类型	工程量
地下室建筑面积	综合脚手架	616.028 2 m^2
筏板基础水平投影面积	满堂脚手架	911.52 m^2
地下室房间天棚面积	满堂脚手架	554.795 m^2
地下室房间内墙面超高投影面积	增加改架工工日 (含量：工日/100 m^2)	1 255.391 5×(0.3/3.9)=96.57(m^2) 96.57×1.28/100/5.547 95=0.22(m^2)
地下室内墙超高立面投影面积	里脚手架	5.35 m^2
地上首层至四层建筑面积	综合脚手架	2 497.805 6 m^2
首层房间天棚面积	满堂脚手架	349.211 5 m^2
首层内墙面超高投影面积	增加改架工工日	903.630 7×(0.3/3.9)=69.51(m^2) 69.51×1.28/100/3.49=0.25(m^2)
首层内墙立面超高面积	里脚手架	1.13 m^2
首层大堂中空天棚面积	满堂脚手架	38.656 5 m^2

根据各项脚手架套取的定额规定，按照图8-32～图8-35分别完成地下室脚手架和主体结构脚手架定额的套取和换算。

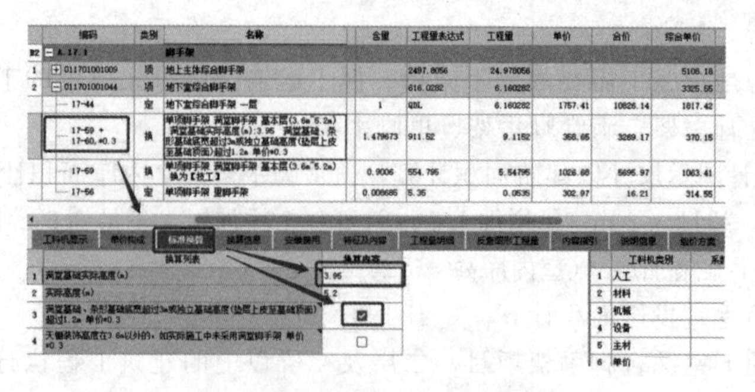

	编码	类别	名称	含量	工程量表达式	工程量	单价	合价	综合单价
B2	A.17.1		脚手架						
1	011701001009	项	地上主体综合脚手架		2497.8056	24.978056			5106.18
2	011701001044	项	地下室综合脚手架		616.0282	6.160282			3325.55
	17-44	定	地下室综合脚手架 一层	1	QDL	6.160282	1757.41	10826.14	1817.42
	17-59 + 17-60,*0.3	换	单项脚手架 满堂脚手架 基本层(3.6m~5.2m) 满堂基础实际高度(m):3.95 满堂基础、条形基础底宽超过3m或独立基础高度(垫层上皮至基础顶面)超过1.2m 单价*0.3	1.479673	911.52	9.1152	358.65	3269.17	370.15
	17-59	换	单项脚手架 满堂脚手架 基本层(3.6m~5.2m) 换为【技工】	0.9006	554.795	5.54795	1026.68	5695.97	1063.41
	17-56	定	单项脚手架 里脚手架	0.008685	5.35	0.0535	302.97	16.21	314.55

	换算列表	换算内容
1	满堂基础实际高度(m)	3.95
2	实际高度(m)	5.2
3	满堂基础、条形基础底宽超过3m或独立基础高度(垫层上皮至基础顶面)超过1.2m 单价*0.3	☑
4	天棚装饰高度在3.6m以外的，如实际施工中未采用满堂脚手架 单价*0.3	☐

	工料机类别
1	人工
2	材料
3	机械
4	设备
5	主材
6	单价

图 8-32 地下室脚手架定额套取操作 1

	编码	类别	名称	含量	工程量表达式	工程量	单价	合价	综合单价
B2	A.17.1		脚手架						
1	011701001009	项	地上主体综合脚手架		2497.8056	24.978056			5106.18
2	011701001044	项	地下室综合脚手架		616.0282	6.160282			3325.55
	17-44	定	地下室综合脚手架 一层	1	QDL	6.160282	1757.41	10826.14	1817.42
	17-59 + 17-60,*0.3	换	单项脚手架 满堂脚手架 基本层(3.6m~5.2m) 满堂基础实际高度(m):3.95 满堂基础、条形基础底宽超过3m或独立基础高度(垫层上皮至基础顶面)超过1.2m 单价*0.3	1.479673	911.52	9.1152	358.65	3269.17	370.15
	17-59	换	单项脚手架 满堂脚手架 基本层(3.6m~5.2m) 换为【技工】	0.9006	554.795	5.54795	1026.68	5695.97	1063.41
	17-56	定	单项脚手架 里脚手架	0.008685	5.35	0.0535	302.97	16.21	314.55

	编码	类别	名称	规格及型号	单位	损耗率	含量	数量	不含税预算价	含税预算价	不含税市场价	含税市场价	税率(%)
1	R00000	人	合计工日		工日		5.304	29.4263	*****	*****	*****	*****	0
2	R00003**	人	改架工		工日		0.22	1.2205	130	130	130	130	0
3	C00094	材	脚手架钢管		kg		7.341	40.7275	4.08	4.61	4.08	4.61	13
4	C00095	材	扣件		个		2.862	15.8228	3.66	4.14	3.66	4.14	13

图 8-33 地下室脚手架定额套取操作 2

	编码	类别	名称	含量	工程量表达式	工程量	单价	合价	综合单价
B2	A.17.1		脚手架						
1	011701001009	项	地上主体综合脚手架		2497.8056	24.978056			5108.08
	17-9	定	多层建筑综合脚手架 框架结构 檐高 20m以内	1	QDL	24.978056	3434.92	85797.62	3519.91
	17-59	换	单项脚手架 满堂脚手架 基本层(3.6m~5.2m)	0.139807	349.2115	3.492115	1030.58	3598.9	1068.12
	17-56	定	单项脚手架 里脚手架	0.000452	1.13	0.0113	302.97	3.42	314.56
	17-59 + 17-60 * 2	换	单项脚手架 满堂脚手架 基本层(3.6m~5.2m) 实际高度(m):7.2	1	QDL	24.978056	1392.88	34791.43	1438.7
2	011701001044	项	地下室综合脚手架		616.0282	6.160282			3325.55

	编码	类别	名称	规格及型号	单位	损耗率	含量	数量	不含税预算价	含税预算价	不含税市场价	含税市场价	税率(%)
1	R00000	人	合计工日		工日		5.304	18.5222	*****	*****	*****	*****	0
2	R00003**	人	改架工		工日		0.25	0.873	130	130	130	130	0
3	C00094	材	脚手架钢管		kg		7.341	25.6356	4.08	4.61	4.08	4.61	13
4	C00095	材	扣件		个		2.862	9.9595	3.66	4.14	3.66	4.14	13
5	C01709	材	脚手架钢管底座		个		0.15	0.5238	96	108.48	96	108.48	13

图 8-34 地上主体脚手架定额套取操作 1

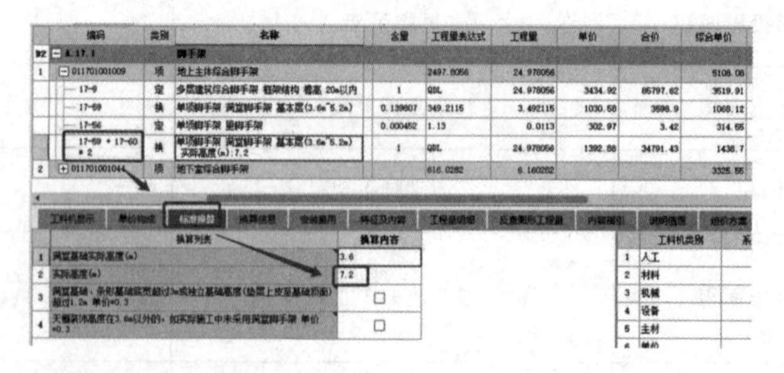

	编码	类别	名称	含量	工程量表达式	工程量	单价	合价	综合单价
B2	A.17.1		脚手架						
1	011701001009	项	地上主体综合脚手架		2497.8056	24.978056			5108.08
	17-9	定	多层建筑综合脚手架 框架结构 檐高 20m以内	1	QDL	24.978056	3434.92	85797.62	3519.91
	17-59	换	单项脚手架 满堂脚手架 基本层(3.6m~5.2m)	0.139807	349.2115	3.492115	1030.58	3598.9	1068.12
	17-56	定	单项脚手架 里脚手架	0.000452	1.13	0.0113	302.97	3.42	314.56
	17-59 + 17-60 * 2	换	单项脚手架 满堂脚手架 基本层(3.6m~5.2m) 实际高度(m):7.2	1	QDL	24.978056	1392.88	34791.43	1438.7
2	011701001044	项	地下室综合脚手架		616.0282	6.160282			3325.55

	换算列表	换算内容
1	满堂基础实际高度(m)	3.6
2	实际高度(m)	7.2
3	满堂基础、条形基础底宽超过3m或独立基础高度(垫层上皮至基础顶面)超过1.2m 单价*0.3	☐
4	天棚装饰高度在3.6m以外的，如实际施工中未采用满堂脚手架 单价*0.3	☐

	工料机类别
1	人工
2	材料
3	机械
4	设备
5	主材
6	单价

图 8-35 地上主体脚手架定额套取操作 2

(二)总价措施项目清单编制与费用计算

广联达云计价软件 GCCP 6.0，选择“措施项目”，一般措施项目费中文明施工和环境保护费的计算基数为“RGFYSJ＋JXFYSJ－(RGFYSJ _ TSFCCGC＋JXFYSJ _ TSFCCGC) * 0.65”表示“人工预算费＋机械预算费－(土石方工程人工预算价＋土石方机械人工预算价) * 0.65”，根据

2017 辽宁省费用定额《2017 辽宁省建设工程计价依据》规定，文明施工和环境保护费的取费基数为《房屋建筑与装饰工程定额》第 1 章和第 16 章人工费与机械费之和的 35％加上《房屋建筑与装饰工程定额》第 2～15 章、第 17 章人工费与机械费之和，第 1 章为土石方工程，第 16 章为拆除工程，该内容等同于总的人工费和机械费中扣除土石方和拆除工程人工费的 65％，取费基数符合费用定额的规定，费率分为投标报价基础费费率和招标控制价基础费费率。本工程为招标控制价编制，因此其费率为 0.85％(投标报价基础费费率为 0.65％)，如图 8-36 所示。

根据定额规定，平均气温连续 5 天，低于 5 ℃为冬季，施工所发生的工程量为冬期施工工程量，其取费基数为“RGFYSJ＋JXFYSJ－(RGFYSJ _ TSFCCGC＋JXFYSJ _ TSFCCGC) * 0.65”，招标控制价基础费费率为 4.75％(投标报价基础费费率为 3.65％)，如图 8-36 所示。

造价分析 | 工程概况 | 取费设置 | 分部分项 | 措施项目 | 其他项目 | 人材机汇总 | 费用汇总　　措施模板：建筑工程（含土石方、拆除工程）

	序号	类别	名称	单位	组价方式	计算基数	费率(%)	工程量	综合单价	综合合价
			措施项目							56431.29
	(一)		一般措施项目费(不含安全施工措施费)							14873.36
1	011707001001		文明施工和环境保护费	项	计算公式组价	RGFYSJ+JXFYSJ-(RGFYSJ_TSFCCGC+JXFYSJ_TSFCCGC)*0.65	0.85	1	7436.68	7436.68
2	011707005001		雨季施工费	项	计算公式组价	RGFYSJ+JXFYSJ-(RGFYSJ_TSFCCGC+JXFYSJ_TSFCCGC)*0.65	0.85	1	7436.68	7436.68
	(二)		其他措施项目费							41557.93
3	011707002001		夜间施工增加费和白天施工需要照明费	项	计算公式组价			1	0	0
4	011707004001		二次搬运费	项	计算公式组价			1	0	0
5	011707005002		冬季施工费	项	计算公式组价	RGFYSJ+JXFYSJ-(RGFYSJ_TSFCCGC+JXFYSJ_TSFCCGC)*0.65	4.75	1	41557.93	41557.93
6	011707007001		已完工程及设备保护费	项	计算公式组价			1	0	0
7	041109005001		市政工程（含园林绿化工程）施工干扰费	项	计算公式组价		4	1	0	0

图 8-36　措施项目菜单下取费基数与费率确定

安全施工费的计取位置在“费用汇总”菜单下，取费基数为“分部分项工程费＋措施项目费＋其他项目费＋人工费动态调整”，根据辽宁省费用定额规定，建筑与装饰工程的安全施工措施费费率为 2.27％(市政工程和通用安装工程为“1.71％”)，如图 8-37 所示。

造价分析 | 工程概况 | 取费设置 | 分部分项 | 措施项目 | 其他项目 | 人材机汇总 | 费用汇总

	序号	费用代号	名称	计算基数	基数说明	费率(%)	金额	费用类别
4	3	C	其他项目费	QTXMHJ	其他项目合计		94,278.74	其他项目费
5	4	D	规费	D1 + D2 + D3 + D4 + D5	社会保障费+住房公积金+工程排污费+其它+工伤保险		0.00	规费
6	4.1	D1	社会保障费	RGFYSJ+JXFYSJ	人工费预算价+机械费预算价	0	0.00	社会保障费
7	4.2	D2	住房公积金	RGFYSJ+JXFYSJ	人工费预算价+机械费预算价	0	0.00	住房公积金
8	4.3	D3	工程排污费				0.00	工程排污费
9	4.4	D4	其它				0.00	其他费用
10	4.5	D5	工伤保险				0.00	工伤保险
11	5	E	安全施工措施费	A+B+C+D+G	分部分项工程费+措施项目费+其他项目费+规费+人工费动态调整	2.27	69,386.47	安全施工费
12	6	J	实名制管理费用				0.00	其他费用(计入工程造价)
13	7	F	税前工程造价合计	A+B+C+D+E	分部分项工程费+措施项目费+其他项目费+规费+安全施工措施费		3,126,058.95	税前工程造价

图 8-37　安全施工措施费取费设置操作

四、任务结果

1 号办公楼单价措施项目清单及综合单价见表 8-6。

表 8-6　1 号办公楼单价措施项目清单及综合单价

序号	项目编码	项目名称	项目特征描述	计量单位	工程量	综合单价/元
1	011701001009	地上主体综合脚手架	1. 建筑结构形式：框架结构； 2. 部位及范围：地上主体结构综合脚手架、首层天棚满堂脚手架(包含首层内墙面装饰脚手架)、首层内墙砌筑超高里脚手架； 3. 檐口高度：14.85 m	m^2	2 497.81	51.08

续表

序号	项目编码	项目名称	项目特征描述	计量单位	工程量	综合单价/元
2	011701001044	地下室综合脚手架	1. 建筑结构形式：框架结构； 2. 部位及范围：地下室综合脚手架、筏板基础的满堂脚手架(包含内墙面装饰脚手架)、内墙砌筑超高里脚手架； 3. 檐口高度：14.85 m	m^2	616.03	33.26
3	011702001001	垫层模板	1. 基础类型：垫层； 2. 材质：复合模板	m^2	46.44	39.75
4	011702001019	独立基础模板	1. 基础类型：独立基础； 2. 材质：复合模板、木支撑	m^2	62.96	48.99
5	011702001025	满堂基础模板	1. 基础类型：无梁式筏板基础； 2. 材质：复合模板、木支撑	m^2	44.66	40.72
6	011702002002	矩形柱模板	1. 名称：矩形柱模板； 2. 材质：复合模板、木支撑	m^2	1 153.3	55.49
7	011702006002	矩形梁模板	1. 名称：矩形梁模板； 2. 材质：复合模板、钢支撑； 3. 支撑高度：3.6 m以内	m^2	1 280.18	51.22
8	011702008002	圈梁模板	1. 名称：圈梁模板； 2. 材质：复合模板、钢支撑	m^2	41.32	53.23
9	011702010002	弧形梁模板	1. 名称：弧形梁模板； 2. 材质：复合模板、钢支撑； 3. 支撑高度：3.6 m以内； 4. 截面形状：矩形	m^2	69.77	94.12
10	011702011002	直形墙模板	1. 名称：直形墙模板； 2. 材质：复合模板、钢支撑	m^2	860.06	51.24
11	011702012001	弧形墙模板	1. 名称：弧形墙模板； 2. 材质：复合模板、钢支撑	m^2	52.91	67.81
12	011702013004	电梯井壁模板	1. 名称：电梯井壁模板模板； 2. 材质：复合模板、钢支撑	m^2	342.98	58.13
13	011702016002	平板模板	1. 名称：平板模板； 2. 材质：复合模板、钢支撑； 3. 支撑高度：地下室及首层3.9 m，其余层3.6 m以内	m^2	2 454.02	52.02
14	011702023003	悬挑板模板	1. 名称：悬挑板模板； 2. 材质：复合模板、钢支撑； 3. 支撑高度：地下室及首层3.9 m，其余层3.6 m以内	m^2	73.81	73.10
15	011702024001	直形楼梯模板	1. 楼梯类型：板式楼梯； 2. 材质：复合模板、钢支撑	m^2	57.54	136.11
16	011702025002	散水模板	1. 名称：散水模板； 2. 材质：复合模板	m^2	8.35	74.58

续表

序号	项目编码	项目名称	项目特征描述	计量单位	工程量	综合单价/元
17	011702027001	台阶模板	1. 台阶踏步宽：300 mm； 2. 材质：复合模板、木支撑	m^2	35.53	56.02
18	011703001005	地上主体垂直运输费	1. 建筑物建筑类型及结构形式：办公楼框架结构； 2. 建筑物檐口高度、层数：檐高14.85 m，地上四层，首层层高3.9 m	m^2	2 497.81	17.58
19	011704001001	地下室垂直运输费	1. 建筑物建筑类型及结构形式：办公楼框架结构； 2. 地下室建筑面积：616.028 2 m^2； 3. 建筑物檐口高度、层数：檐高14.85 m，地下一层	100 m^2	616.028	7.51

单元三　其他项目费、规费和税金费用计取及造价报表导出

工作任务目标

1. 能够使用工程计价软件GCCP完成其他项目费的计取。
2. 能够使用工程计价软件GCCP完成规费税金的计取。
3. 能够完成人工费的调整。
4. 导出相应报表及文档，完成计价报告，编制工程计价文件。

教学微课

微课：其他项目费、规费和税金费用计取及造价报表导出

职业素质目标

具备坚持不懈、精益求精的工作态度。

思政故事

首获科学类诺贝尔奖的中国人屠呦呦

首获科学类诺贝尔奖的中国人屠呦呦

1969年，中国中医研究院接受抗疟药研究任务，屠呦呦任科技组组长。屠呦呦领导课题组从系统收集整理历代医籍、本草、民间方药入手，并对其

中的200多种中药开展实验研究，在历经380多次失败后、她不断改进提取方法，终于在1971年获得抗疟疾的青蒿素。2015年10月5日，屠呦呦获2015年诺贝尔生理学或医学奖。这是中国科学家首次获诺贝尔科学奖，是中国医学界迄今为止获得的最高奖项。屠呦呦在一生中始终坚持做一件事，那就是发现并改进青蒿素的制法，降低疟疾的死亡率。

因此，从事工程造价工作也需要屠呦呦精益求精的态度，不断完善工作流程。

一、工作任务布置

(1)在编制招标控制价时，为对施工过程中可能出现的各种不确定因素对工程总价的影响进行估算，需列出一笔暂列金额，计取方式为分部分项工程直接费的15%，请在计价软件中完成该费用的计取。

(2)本工程的幕墙工程作为暂估专业工程，暂估价为50 000元，请在计价软件中完成录入。

(3)甲方规定，以下材料(表8-7)为暂估材料，其费用不计入合价中，请在计价软件中进行设定。

表8-7　暂估价材料表

名称	单位	单价/元
800 mm×800 mm大理石楼面板	m^2	300
钢制防火门	m^2	1 000
塑钢推拉窗(含5 mm玻璃)	m^2	350

(4)甲方规定本工程所有商品混凝土统一由甲方供货，请根据表8-8，在计价软件中进行录入。

表8-8　甲供材料表

名称	单位	单价/元
商品混凝土C10	m^3	260
商品混凝土C15	m^3	280
商品混凝土C25	m^3	290
商品混凝土C30	m^3	320

(5)本工程存在合同外的零星用工，应甲方要求，对计日工的要求见表8-9。请在软件中调整。

表8-9　计日工工程量及单价表

序号	名称	单位	工程量	单价/元
一	人工			
1	木工	工日	20	100
2	钢筋工	工日	35	120
二	材料			
1	细石	m^3	30	200
2	水泥	m^3	16	420

续表

序号	名称	单位	工程量	单价/元
3	钢筋 HRB400 直径 16 mm	kg	120	4.5
三	施工机械			
1	挖土机	台班	3	320
2	搅拌机	台班	2	240

(6)本工程中存在分包专业幕墙工程，甲方要求总承包单位对分包单位进行管理和协调，同时工程中存在甲供材料，甲方要求总承包单位对甲供材商品混凝土进场后进行管理，根据甲方要求在计价软件中完成总承包服务费的计取。

(7)根据文件要求，本工程的社会保险费费率为14.73%，住房公积金的费率为5.49%，请在计价软件中完成规费的计取。

(8)根据文件要求，工程所在地最新季度的建筑工程人工费动态指数为20%，请根据该指数值，在计价软件中调整人工费。

(9)根据文件要求本工程增值税税金的税率为9%，请在计价软件中完成税金的计取。

(10)招标文件规定，甲供材料在计取相应税金后，从工程造价中扣除并以扣除后的工程造价作为工程的评标造价。

(11)输出本工程的工程量清单和招标控制价工程量清单表格。

二、任务分析

(1)暂列金额是招标人在工程量清单中暂定并包括在合同价款中的一笔款项，用于工程合同签订时尚未确定或不可预见的所需材料、工程设备、服务的采购，施工中可能发生的工程变更。合同约定调整因素出现时的合同价款调整以及发生的索赔、现场签证确认等的费用，暂列金额由招标人根据工程特点、工期长短，按有关计价规定进行估算确定，一般可以分部分项工程费的10%～15%为参考。

(2)招标人在工程量清单中提供的用于支付必然发生但暂时不能确定价格的材料、工程设备的单价以及专业工程的金额。暂估价分为两种：一种是专业暂估价；另一种是材料设备暂估价，专业工程暂估价按照招标工程量清单中列出的金额填写，材料设备暂估价单价按照招标工程量清单中列出的单价计入综合单价。

(3)计日工是指在施工过程中，承包人完成发包人提出的工程合同范围以外的零星项目或工作，按合同中约定的单价计价的一种方式。计日工包括完成零星工作所消耗的人工工日、材料数量、施工机械台班。

(4)总承包服务费是为了解决招标人在法律、法规允许的条件下进行专业工程发包以及自行供应材料、工程设备，并需要总承包人对发包专业工程提供协调和配合服务，对甲供材料、工程设备提供收发保管服务以及进行施工现场管理时发生并向总承包人支付的费用。招标人应预估该项费用，并按投标人的投标报价向投标人支付该项费用。

1)招标人仅要求对分包专业工程进行总承包管理和协调时，按分包的专业工程估算造价的1.5%计算。

2)招标人要求对分包的专业工程进行总承包管理和协调；同时，要求提供配合服务时，根据招标文件列出的配合服务内容和提出的要求按分包的专业工程估算造价的3%～5%计算。

3)招标人自行供应材料的，按招标人供应材料价格的1%计算。

(5)规费是按照政府和有关权力部门规定必须缴纳的费用，包括社会保障费和住房公积金。其属于不可竞争费用，其计算方式为基数乘以费率，基数通常为“人工费＋机械费”，费率由投标人根据有关部门的规定及企业缴纳支出情况自行确定。

(6)按照《中华人民共和国税法》和财政部和国家税务总局《关于全面推开营业税改征增值税试点的通知》(财税〔2016〕36号)的相关规定，建设工程计取的税金为增值税的销项税，税率为9%。附加税费包含城市维护建设税、教育费附加、地方教育附加已经纳入管理费中计取，不再重复计算。

(7)人工费动态指数是人工费报告期价格与人工费基期价格经综合测算的变化比率，是建设工程项目计价的标准和调整的依据，其计算公式为(报告期价格－基期价格)/基期价格×100%，基期价格指的是定额编写时的人工费价格，通过动态指数调整后的人工费反映了施工期间建设市场的人工费水平。编制招标控制价时应按当期发布人工费动态指数另增加10%的风险幅度系数计算人工费，即编制招标控制价人工费指数＝当期发布的人工费动态指数＋10%。

三、任务执行

(一)其他项目费、规费和税金的计取

1. 暂列金额的计取

单击“其他项目”菜单，在“暂列金额”的计算基数中选择分部分项工程费直接费代码，费率输入“15%”，如图8-38所示。

造价分析 | 工程概况 | 取费设置 | 分部分项 | 措施项目 | 其他项目 | 人材机汇总 | 费用汇总

其他项目模板：通用其

其他项目
- 暂列金额
- 专业工程暂估价
- 计日工费用
- 总承包服务费
- 签证与索赔计价表

	序号	名称	计算基数	费率(%)	金额	费用类别	不可竞争费	不计入合价	备注
1		其他项目			196083.6				
2	1	暂列金额	DGF	15	120284.86	暂列金额	☐	☐	
3	2	暂估价	专业工程暂估价		50000	暂估价	☐	☐	
4	2.1	材料（工程设备）暂估价	ZGJCLHJ		82787.36	材料暂估价	☐	☑	
5	2.2	专业工程暂估价	专业工程暂估价		50000	专业工程暂估价	☐	☑	
6	3	计日工	计日工		20900	计日工	☐	☐	
7	4	总承包服务费	总承包服务费		4818.74	总承包服务费	☐	☐	
8	5	工程担保费			0	工程担保费	☐	☐	

图8-38 暂列金额的计取

2. 专业暂估价的计取

在左侧“其他项目”目录树中选择“专业工程暂估价”命令，工程名称输入“幕墙工程”，工作内容输入“幕墙的采购和安装”，金额输入“50 000”，如图8-39所示。

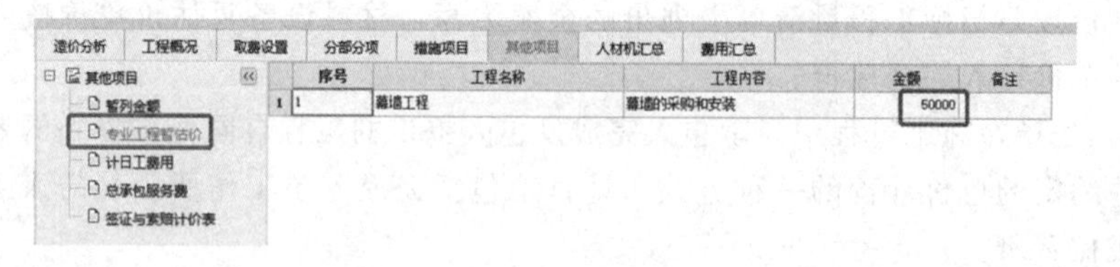

图8-39 暂列金额的计取

3. 材料暂估价的计取

以大理石楼面板为例进行讲解。在“人材机”汇总中选择“材料表”，找到“大理石楼面板”这条材料，将其不含税市场价修改为“300”，勾选“是否暂估”复选框表示为暂估价，其他暂估材料如钢制防火门、塑钢推拉窗均参考此操作。选择“暂估材料表”可以看到本工程所有暂估材料的名称规格、暂估单价、工程数量及合价。回到“其他项目”菜单下在材料(工程设备)暂估价后，方不计入合价处打钩，表示暂估材料不计入合价，如图8-40～图8-43所示。

	编码	类别	名称	规格型号	单位	数量	不含税预算价	含税预算价	不含税市场价	含税市场价	税率(%)
82	C00828	材	水泥石灰膏砂浆		m3	0.1324	229.04	258.82	229.04	258.82	13
83	C00908	材	草酸		kg	0.2318	6.97	7.88	6.97	7.88	13
84	C00917	材	胶粘剂	DTA 砂浆	m3	0.7444	497.85	562.57	497.85	562.57	13
85	C00918@1	材	大理石楼面板	800*800	m2	488.2389	160	180.8	300	339	13
86	C00930	材	地砖	600*600	m2	273.866	48	54.24	48	54.24	13
87	C00942	材	成品腻子粉		kg	11519.2936	0.56	0.63	0.56	0.63	13
88	C00960@1	材	防滑地砖	综合	m2	155.1961	14.48	16.36	14.48	16.36	13
89	C00974	材	水泥	32.5	kg	59007.3702	0.26	0.29	0.26	0.29	13
90	C00989	材	YJ-III胶		kg	9.27	13.6	15.37	13.6	15.37	13
91	C00994@1	材	大理石板	10mm厚	m2	22.5129	128	131.84	128	131.84	3
92	C00998	材	硬白蜡		kg	0.6142	3.4	3.84	3.4	3.84	13

图 8-40　材料暂估价的操作 1

	编码	类别	名称	规格型号	单位	输出标记	三材类别	三材系数	产地	厂家	是否暂估
82	C00828	材	水泥石灰膏砂浆		m3	☑		0			☐
83	C00908	材	草酸		kg	☑		0			☐
84	C00917	材	胶粘剂	DTA 砂浆	m3	☑		0			☐
85	C00918@1	材	大理石楼面板	800*800	m2	☑		0			☑
86	C00930	材	地砖	600*600	m2	☑		0			☐
87	C00942	材	成品腻子粉		kg	☑		0			☐
88	C00960@1	材	防滑地砖	综合	m2	☑		0			☐
89	C00974	材	水泥	32.5	kg	☑	水泥	0.001			☐
90	C00989	材	YJ-III胶		kg	☑		0			☐
91	C00994@1	材	大理石板	10mm厚	m2	☑		0			☐
92	C00998	材	硬白蜡		kg	☑		0			☐

图 8-41　材料暂估价的操作 2

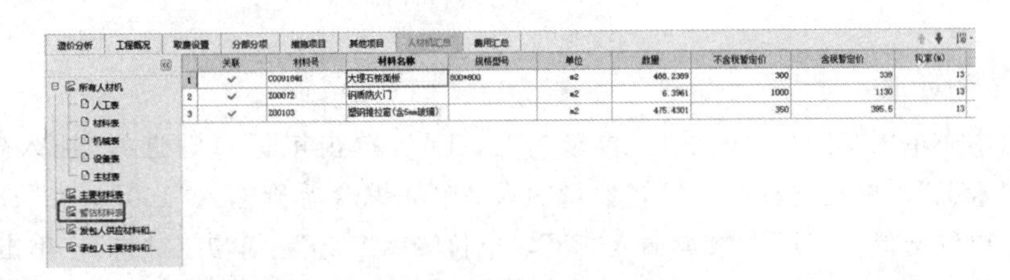

	关联	材料号	材料名称	规格型号	单位	数量	不含税暂定价	含税暂定价	税率(%)
1	✓	C00918@1	大理石楼面板	800*800	m2	488.2389	300	339	13
2	✓	Z00072	钢质防火门		m2	6.3961	1000	1130	13
3	✓	Z00103	塑钢推拉窗(含5mm玻璃)		m2	475.4301	350	395.5	13

图 8-42　材料暂估价的操作 3

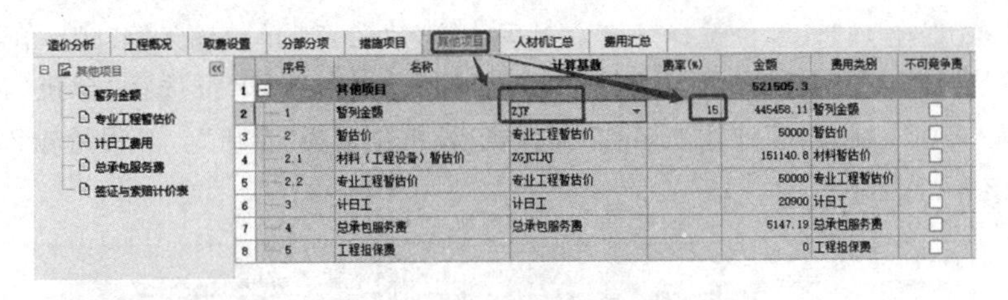

	序号	名称	计算基数	费率(%)	金额	费用类别	不可竞争费
1		其他项目			521505.3		
2	1	暂列金额	ZJF	15	445458.11	暂列金额	☐
3	2	暂估价	专业工程暂估价		50000	暂估价	☐
4	2.1	材料（工程设备）暂估价	ZGJCLHJ		151140.8	材料暂估价	☐
5	2.2	专业工程暂估价	专业工程暂估价		50000	专业工程暂估价	☐
6	3	计日工	计日工		20900	计日工	☐
7	4	总承包服务费	总承包服务费		5147.19	总承包服务费	☐
8	5	工程担保费			0	工程担保费	☐

图 8-43　材料暂估价的操作 4

4. 甲供材料的计取

首先，在“人材机汇总”菜单中选择“材料表”，找到所有强度等级的预拌混凝土，在其“不含税市场价格”中输入具体的单价值，将供货方式修改为“甲供材料”。接下来，在左侧目录树中单击“发包人供应材料”可以看到本工程所有的甲供材料规格型号、单价、数量和总价，如图 8-44～图 8-46 所示。

	编码	类别	名称	规格型号	单位	含税预算价	不含税市场价	含税市场价	税率(%)
123	Z00072	材	钢质防火门		m2	824.9	730	824.9	13
124	Z00091	材	全玻璃转门(含玻璃转轴全套)		樘	0	0	0	13
125	Z00103	材	塑钢推拉窗(含5mm玻璃)		m2	0	0	0	13
126	C00023	商砼	预拌混凝土	C15	m3	300.76	280	288.4	3
127	C00023@1	商砼	预拌混凝土	C10	m3	300.76	260	267.8	3
128	C00064	商砼	预拌混凝土	C30	m3	359.47	320	329.6	3
129	C00070	商砼	预拌混凝土	C25	m3	340.93	290	298.7	3
130	C00130	商浆	干混砌筑砂浆	DM M10	m3	192.88	170.69	192.88	13
131	C00219	商浆	预拌水泥砂浆		m3	285.37	252.54	285.37	13
132	C00905	商浆	干混地面砂浆	DS M20	m3	228.96	202.62	228.96	13
133	C00966	商浆	干混抹灰砂浆	DP M10	m3	215.31	190.54	215.31	13

图 8-44　甲供材操作 1

	编码	类别	名称	规格型号	单位	价差合计	供货方式	甲供数量
124	Z00091	材	全玻璃转门(含玻璃转轴全套)		樘	0	自行采购	
125	Z00103	材	塑钢推拉窗(含5mm玻璃)		m2	0	自行采购	
12	C00023	商砼	预拌混凝土	C15	m3	-1331.33	甲供材料	110.944
12	C00023@1	商砼	预拌混凝土	C10	m3	-62.69	甲供材料	1.959
12	C00064	商砼	预拌混凝土	C30	m3	-38644.26	甲供材料	1263.5952
12	C00070	商砼	预拌混凝土	C25	m3	-536.5	甲供材料	13.0854
130	C00130	商浆	干混砌筑砂浆	DM M10	m3	0	自行采购	
131	C00219	商浆	预拌水泥砂浆		m3	0	自行采购	
132	C00905	商浆	干混地面砂浆	DS M20	m3	0	自行采购	
133	C00966	商浆	干混抹灰砂浆	DP M10	m3	0	自行采购	
134	18-263	浆	石油沥青玛碲脂		m3	0	自行采购	

图 8-45　甲供材操作 2

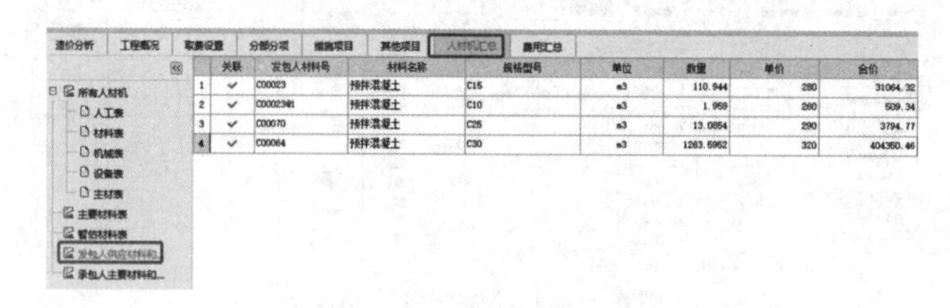

	关联	发包人材料号	材料名称	规格型号	单位	数量	单价	合价
1	✓	C00023	预拌混凝土	C15	m3	110.944	280	31064.32
2	✓	C00023@1	预拌混凝土	C10	m3	1.959	260	509.34
3	✓	C00070	预拌混凝土	C25	m3	13.0854	290	3794.77
4	✓	C00064	预拌混凝土	C30	m3	1263.5952	320	404350.46

图 8-46　甲供材操作 3

5. 计日工的计取

在目录树中先单击“计日工费用”，再单击“人工”，单击鼠标右键选择“插入费用行”，在“1.1”处输入“木工”，单位选择“工日”，数量输入“20”，综合单价输入“100”。在“1.2”处输入名称“钢筋工”，单位选择“工日”，数量输入“35”，单价输入“120”。单击“材料”，单击鼠标右键选择“插入费用行”，在“2.1”处输入名称“细石”，单位选择“m^3”，工程量输入“30”，单价输入“200”。在“2.2”处输入名称“水泥”，单位选择“m^3”，工程量输入“16”，单价输入“420”。在“2.3”处输入名称“HRB500 直径 16”，单位选择“kg”，工程量输入“120”，单价输入“4.5”。单击“机械”，单击鼠标右键选择“插入费用行”，在“3.1”处输入名称“挖土机”，单位选择“台班”，工程量输入“3”，合价输入“960”。在“3.2”处输入名称“搅拌机”，单位选择“台班”，工程量输入“2”，单价输入“240”。如图 8-47 所示。

	序号	名称	单位	数量	综合单价	合价	备注
1		计日工				20900	
2	1	人工				6200	
3	1.1	木工	工日	20	100	2000	
4	1.2	钢筋工	工日	35	120	4200	
5	2	材料				13260	
6	2.1	细石	m3	30	200	6000	
7		水泥	m3	16	420	6720	
8		HRB500直径16	kg	120	4.5	540	
9	3	机械				1440	
10	3.1	挖土机	台班	3	320	960	
11	3.2	搅拌机	台班	2	240	480	
12	4	企业管理费和利润				0	
13	4.1					0	

图 8-47　计日工费用计取操作

6. 总承包服务费的计取

在“其他项目”菜单下选择“总承包服务费”，在序号“1”行输入名称“幕墙专业分包项目管理”，项目价值为专业暂估价“50 000”，服务内容输入“对幕墙工程进行管理和协调”，按照规定计取费率为“1.5”(单位%)。插入费用行“2”，输入名称“甲供材料-商品混凝土管理”，项目价值为甲供材合价“439 718.89”，按照规定计取费率为“1”(单位%)，如图 8-48 所示。

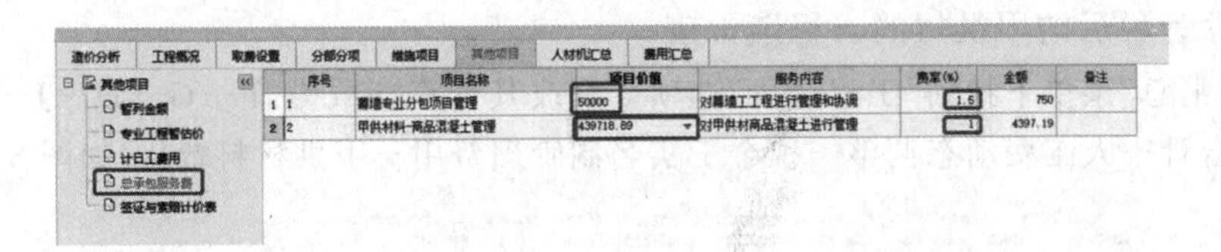

	序号	项目名称	项目价值	服务内容	费率(%)	金额	备注
1	1	幕墙专业分包项目管理	50000	对幕墙工工程进行管理和协调	1.5	750	
2	2	甲供材料-商品混凝土管理	439718.89	对甲供材商品混凝土进行管理	1	4397.19	

图 8-48　计日工费用计取操作

7. 规费的计取

选择“费用汇总”菜单，找到“社会保障费”，在费率中输入“14.76”(单位%)，找到“住房公积金”，输入费率为“5.49”(单位%)，如图 8-49 所示。

	序号	费用代号	名称	计算基数	基数说明	费率(%)	金额	费用类别
4	3	C	其他项目费	QTXMHJ	其他项目合计		196,003.60	其他项目费
5	4	D	规费	D1 + D2 + D3 + D4 + D5	社会保障费+住房公积金+工程排污费+其它+工伤保险		183,143.15	规费
6	4.1	D1	社会保障费	RGFYSJ+JXFYSJ	人工费预算价+机械费预算价	14.76	133,491.01	社会保障费
7	4.2	D2	住房公积金	RGFYSJ+JXFYSJ	人工费预算价+机械费预算价	5.49	49,652.14	住房公积金
8	4.3	D3	工程排污费				0.00	工程排污费
9	4.4	D4	其它				0.00	其他费用
10	4.5	D5	工伤保险				0.00	工伤保险

图 8-49　规费的计取操作

8. 人工费价差调整

根据规定，招标控制价人工费动态调整值为当期公布的人工费动态调整值的基础上增加10%，因此本工程的人工费动态调整的系数为“20%＋10%＝30%”，选择“费用汇总”菜单，找到“人工费动态调整”项目，在费率中输入“30”(单位%)，如图 8-50 所示。

	序号	费用代号	名称	计算基数	基数说明	费率(%)	金额	费用类别
8	4.3	D3	工程排污费				0.00	工程排污费
9	4.4	D4	其它				0.00	其他费用
10	4.5	D5	工伤保险				0.00	工伤保险
11	5	E	安全施工措施费	A+B+C+D+G	分部分项工程费+措施项目费+其他项目费+规费+人工费动态调整	2.27	83,963.09	安全施工费
12	6	J	实名制管理费用				0.00	其他费用(计入工程造价)
13	7	F	税前工程造价合计	A+B+C+D+E	分部分项工程费+措施项目费+其他项目费+规费+安全施工措施费		3,531,699.75	税前工程造价
14	8	G	人工费动态调整	RGFYSJ+JXRGF-JSRGJC	人工费预算价+机械人工费-机上人工价差	30	251,077.66	其他费用(计入工程造价)

图 8-50　人工费动态调整值计取操作

9. 税金的计取

在“费用汇总”菜单下找到“税金”，在费率中输入“9”(单位%)，如图 8-51 所示。

	序号	费用代号	名称	计算基数	基数说明	费率(%)	金额	费用类别
5	4	D	规费	D1 + D2 + D3 + D4 + D5	社会保障费+住房公积金+工程排污费+其它+工伤保险		183,143.15	规费
6	4.1	D1	社会保障费	RGFYSJ+JXFYSJ	人工费预算价+机械费预算价	14.76	133,491.01	社会保障费
7	4.2	D2	住房公积金	RGFYSJ+JXFYSJ	人工费预算价+机械费预算价	5.49	49,652.14	住房公积金
8	4.3	D3	工程排污费				0.00	工程排污费
9	4.4	D4	其它				0.00	其他费用
10	4.5	D5	工伤保险				0.00	工伤保险
11	5	E	安全施工措施费	A+B+C+D+G	分部分项工程费+措施项目费+其他项目费+规费+人工费动态调整	2.27	91,344.52	安全施工费
12	6	J	实名制管理费用				0.00	其他费用(计入工程造价)
13	7	F	税前工程造价合计	A+B+C+D+E	分部分项工程费+措施项目费+其他项目费+规费+安全施工措施费		3,864,254.43	税前工程造价
14	8	G	人工费动态调整	RGFYSJ+JXRGF-JSRGJC	人工费预算价+机械人工费-机上人工价差	30	251,077.66	其他费用(计入工程造价)
15							0.00	
16	9	H	税金	F+G+J	税前工程造价合计+人工费动态调整+实名制管理费用	9	370,379.89	税金

图 8-51　税金计取操作

10. 扣除计税后的甲供材的工程造价值

在“费用汇总”菜单下找到“工程造价”选项，修改其计算基数为“F＋G＋H＋J－JGCLF”(税前工程造价合计＋人工费动态调整＋税金＋实名制管理费用－甲供材料费)，如图 8-52 所示。

造价分析　工程概况　取费设置　分部分项　措施项目　其他项目　人材机汇总　费用汇总

	序号	费用代号	名称	计算基数	基数说明	费率(%)	金额	费用类别
5	4	D	规费	D1 + D2 + D3 + D4 + D5	社会保障费+住房公积金+工程排污费+其它+工伤保险		183,143.15	规费
6	4.1	D1	社会保障费	RGFYSJ+JXFYSJ	人工费预算价+机械费预算价	14.76	133,491.01	社会保障费
7	4.2	D2	住房公积金	RGFYSJ+JXFYSJ	人工费预算价+机械费预算价	5.49	49,652.14	住房公积金
8	4.3	D3	工程排污费				0.00	工程排污费
9	4.4	D4	其它				0.00	其他费用
10	4.5	D5	工伤保险				0.00	工伤保险
11	5	E	安全施工措施费	A+B+C+D+G	分部分项工程费+措施项目费+其他项目费+规费+人工费动态调整	2.27	91,344.52	安全施工费
12	6	J	实名制管理费用				0.00	其他费用(计入工程造价)
13	7	F	税前工程造价合计	A+B+C+D+E	分部分项工程费+措施项目费+其他项目费+规费+安全施工措施费		3,664,254.43	税前工程造价
14	8	G	人工费动态调整	RGFYSJ+JXRGF-JSRGJC	人工费预算价+机械人工费-机上人工价差	30	251,077.66	其他费用(计入工程造价)
15							0.00	
16	9	H	税金	F+G+J	税前工程造价合计+人工费动态调整+实名制管理费用	9	370,379.89	税金
17	10	I	工程造价	F + G + H + J-+JGCLF	税前工程造价合计+人工费动态调整+税金+实名制管理费用-+甲供材料费		4,045,993.09	工程造价

图 8-52　工程造价计取操作

(二)工程造价报表的查询与导出

工程造价报表包括三种类型，分别是“工程量清单”“招标控制价”和“投标报价”。根据造价的需要选择导出，本工程以招标控制价为例讲解工程造价报表的查询与导出。

1. 报表的查询

单击“报表”选项卡，在目录树中单击“单位工程”下的“建筑与装饰工程”，在“招标控制价”目录中选择“单位工程招标控制价”，可以在右侧窗口查询和浏览该工程单位工程的各组成部分的价格及总价，如图 8-53 所示。同样的，在目录树中单击其他报表，均可以在右侧窗口界面进行查询浏览。

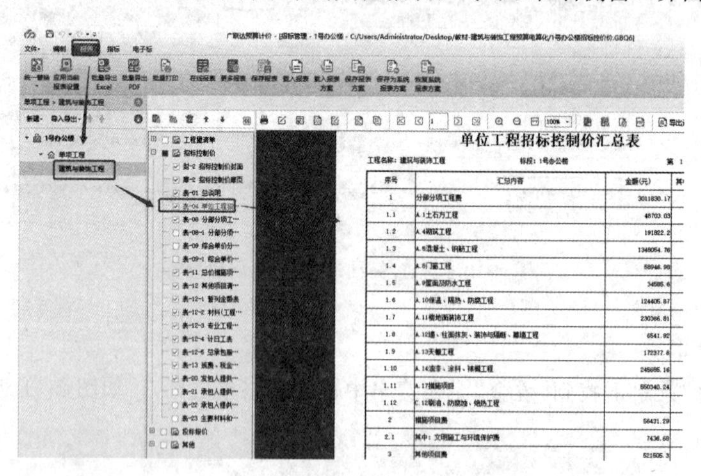

图 8-53　工程造价报表的查询

2. 造价报表的导出

在“报表”菜单下选择“批量导出 Excel”，在弹出的对话框中，首先选择报表类型为“招标控制价”，然后对需要导出的招标控制价的具体报表打钩，单击“导出设置”，对导出的 Excel 报表进行导出设置，本次选择“单个 Excel”模式，表示所有选择的报表导出为 Excel 文件。不同的文件用不同的“Sheet”(工作簿)表达。单击“确定”按钮选择导出位置完成招标控制价报表的导出，如图 8-54 和图 8-55 所示。

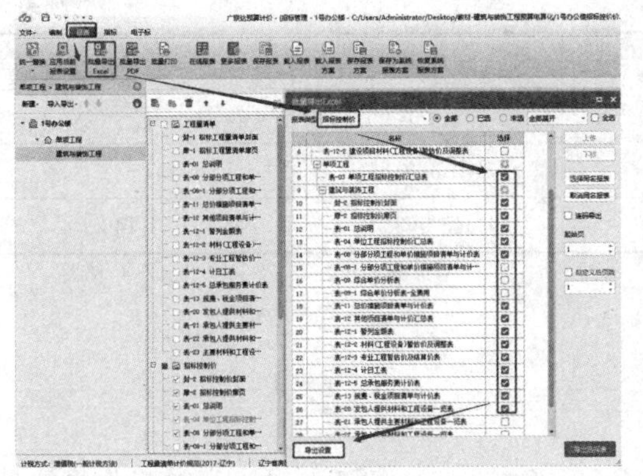

图 8-54　工程造价报表的导出

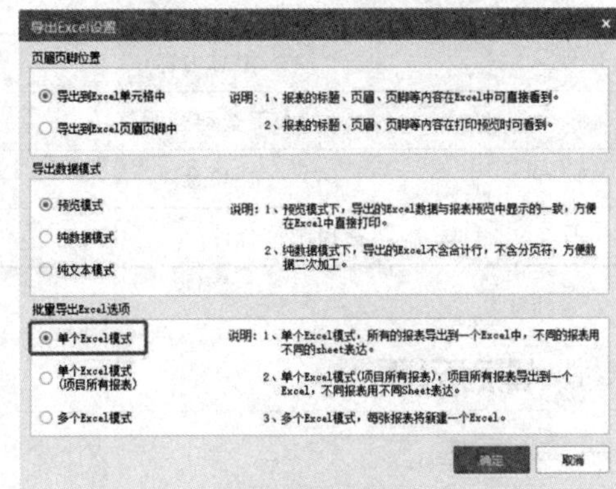

图 8-55　工程造价报表的导出设置

四、任务结果

完成的 1 号办公楼单位工程招标控制价汇总见表 8-10，其中包含了分部分项工程费、措施项目费、其他项目费、规费、税金以及本工程项目的招标控制价。

表 8-10　1 号办公楼单位工程招标控制价汇总　　单位：元

序号	汇总内容	金额	暂估价
1	分部分项工程费	3 011 830.17	151 140.8
1.1	A.1 土石方工程	48 703.03	
1.2	A.4 砌筑工程	191 822.2	
1.3	A.5 混凝土、钢筋工程	1 348 054.76	
1.4	A.8 门窗工程	58 946.98	4 669.13
1.5	A.9 屋面及防水工程	34 585.6	
1.6	A.10 保温、隔热、防腐工程	124 405.87	
1.7	A.11 楼地面装饰工程	230 366.81	146 471.67
1.8	A.12 墙、柱面抹灰、装饰与隔断、幕墙工程	6 541.92	
1.9	A.13 天棚工程	172 377.6	
1.10	A.14 油漆、涂料、裱糊工程	245 685.16	
1.11	A.17 措施项目	550 340.24	
1.12	C.12 刷油、防腐蚀、绝热工程		
2	措施项目费	56 431.29	
2.1	其中：文明施工与环境保护费	7 436.68	
3	其他项目费	521 505.3	—
4	规费	183 143.15	—
5	安全施工措施费	91 344.52	
6	实名制管理费用		
7	税前工程造价合计	3 864 254.43	

续表

序号	汇总内容	金额	暂估价
8	人工费动态调整	251 077.66	—
9	税金	370 379.89	—
招标控制价合计		4 045 993.09	151 140.8

课后习题

一、单选题

1. 根据《建设工程工程量清单计价规范》(GB 50500—2013)，下列关于招标控制价的编制要求中说法正确的是(　　)。

A. 应依据投标人拟定的施工方案进行编制

B. 招标文件中要求招标人承担风险的费用

C. 应由招标工程量清单编制单位负责编制

D. 应使用行业和地方的计价定额与相关文件计价

2. GCCP 6.0 中，从外部导入清单之后，可以执行(　　)命令来将不同的分部分项工程子目对应到不同的章、节中。

A. 子目排序　　B. 切换专业　　C. 子目整理　　D. 项目自检

3. 在 GCCP 6.0 中编制措施项目清单时，总价措施项目中的(　　)是必须计取的。

A. 夜间施工费　　B. 二次搬运费

C. 冬雨期施工费　　D. 安全文明施工费

4. 在 GCCP 6.0 中，批量载价在(　　)界面操作。

A. 分部分项　　B. 措施项目　　C. 费用汇总　　D. 人材机汇总

5. 在清单计价中，其他项目(　　)项不需要计入总造价。

A. 总承包服务费　　B. 暂列金额

C. 计日工　　D. 材料暂估价

6. 在软件中，招标控制价的费率是(　　)。

A. 管理费 11.05%，利润 9.75%　　B. 管理费 8.5%，利润 7.5%

C. 管理费 8.5%，利润 9.75%　　D. 管理费 11.05%，利润 7.5%

7. 下列不属于综合单价的组成的是(　　)。

A. 人工费　　B. 材料费　　C. 管理费　　D. 税金

8. 文明施工和环境保护费属于(　　)。

A. 单价措施费　　B. 其他措施项目费

C. 一般措施项目费　　D. 管理费

9. 下列不属于其他项目费的是(　　)。

A. 暂列金额　　B. 暂估价

C. 总承包服务费　　D. 设计费

10. 暂列金额不能处理(　　)费用的支出。

A. 变更　　B. 索赔　　C. 签证　　D. 违约

11. 工程中一定会发生但是不能确定价格的费用是(　　)。

A. 暂列金额　　B. 暂估价　　C. 投资估算　　D. 甲供材

12. 材料暂估价的计取位置是(　　)。

A. 其他项目费　　B. 人材机汇总

C. 费用汇总　　D. 查询清单

13. 计日工的内容不包括(　　)。

A. 人工费　　B. 材料费　　C. 利润　　D. 机械费

14. 对于甲供材的管理总承包服务费的费率是(　　)。

A. 1%　　B. 1.5%　　C. 2%　　D. 3%～5%

15. 招标人仅要求对分包的工程进行总承包管理和协调时，总承包服务费的费率是(　　)。

A. 1%　　B. 1.5%　　C. 2%　　D. 3%～5%

16. 下列(　　)规费已经不再计取。

A. 社会保障费　　B. 住房公积金

C. 工伤保险　　D. 工程排污费

17. 在 GCCP 软件中规费计取的位置是(　　)。

A. 取费设置　　B. 措施项目　　C. 其他项目　　D. 费用汇总

18. 招标控制价的人工费指数比同期投标报价的人工费指数(　　)。

A. 大 10%　　B. 小 10%　　C. 相等　　D. 以上均不对

19. GCCP 软件中人工费调整的位置为(　　)。

A. 工料机显示　　B. 人材机汇总

C. 造价分析　　D. 费用汇总

20. GCCP 软件导出的报表不包括(　　)。

A. 工程量清单　　B. 招标控制价

C. 投标报价　　D. 主要材料表

二、判断题

1. 当房间不封闭无法采用点布置的时候，可以采用虚墙解决该问题。　(　　)

2.“设置防水卷边”操作后，软件会计算立面防水面积。　(　　)

3. 手动绘制内装修的思路是：新建房间—布置房间—新建各装修构件—添加依附构件。　(　　)

4. 安全措施费在新的定额规则下移除了一般总价措施费，不再计取。　(　　)

5. 暂列金额在结算后如有盈余归施工单位所有。　(　　)

6. 暂列金额通常以分部分项工程费的 10%～15%计取。　(　　)

7. 材料暂估价的设置位置在“人材机汇总”，没有在“其他费”位置处。　(　　)

8. 计日工指的是合同外的零星用工的人工费。　(　　)

9. 招标人要求对分包的专业工程进行总承包管理和协调；同时，要求提供配合服务，费率为分包专业工程的 3%～5%。　(　　)

10. 建设工程项目增值税为进项税。　(　　)

11. 规费包括五险一金，按照政府主管部门的相关要求计取。　(　　)

12. 规费是工程造价费用中的不可竞争费用。　(　　)

13. 建设工程税金是增值税的进项税，税率是 9%。　(　　)

14. 营改增之后，教育费及其附加，城市维护建设税不再收取。　(　　)

15. 人工费的调整位置在费用汇总的人工费动态调整，不计取税金。　(　　)

16. 辽宁省人工费的调整采用指数法调整，费率根据官方发布的指数确定。　(　　)

17. 建设单位报表输出要包括工程量清单和投标报价清单。（　　）

18. 云计价可以做概算和结算。（　　）

19. 单价措施项目是不能计算工程量的项目，如安全文明施工费、夜间施工、二次搬运等以"项"计价。（　　）

20. 在 GCCP 6.0 平台中，可以通过最近文件来快速查看近期做过的工程。（　　）

三、实操题

欢乐颂D栋为公共建筑，位于北京市昌平区（五环以外），首层建筑面积为 608.44 m^2，总建筑面积为 2 883.28 m^2，地上4层，无地下室，檐高为 13.80 m，请结合案例完成相关内容的编制。

1. 本工程清单综合单价费用构成要素有：企业管理费以直接费为基数，费率 7.67%。利润以直接费加企业管理费为基数，按 6%计取。

2. 结合清单特征描述，将独立基础、矩形柱子目进行相应的混凝土强度等级换算。

3. 已知木防火门为 900 元/m^2（除税价）；钢质防火门 820 元/m^2（除税价），请结合实际情况对本工程的防火门进行价格处理。

4. 考虑为员工提供舒适的休闲阅读区的问题后，相关负责人认为需要在首层西南角建造休闲书吧，在清单和定额中没有适用项，需要补充完成，见表 8-11，请根据表中的内容将补充内容编制在土建专业工程"混凝土及钢筋混凝土分部"下方。

表 8-11　休闲书吧清单工程量计算规则

编码	名称	特征	单位	工程量	单价/元
01B001	休闲书吧	部位：首层西南角 包含内容： 书架（10个）； 沙发（6个）； 桌椅（1套）； 施工内容：包含器材费、安装费、场地处理等全部内容。	m^2	90	
B-1	休闲书吧		m^2	90	700

5. 为了保障工期，所以在土建工程措施项目费中应计取一定的雨期施工费，计取方式为（分部分项人工费＋分部分项机械费）×3%。

6. 根据给定的人工、材料（主材）价格，完成材料价格的调整，参照表 8-12。

表 8-12　材料价格调整

单位：元

序号	名称	规格	单位	除税单价	含税单价
1	人工	综合	工日	120	/
2	复合木模板	/	m^2	75.12	84.89
3	钢筋	Φ10 以内	kg	2.72	3.07
4	钢筋	Φ10 以上	kg	2.92	3.30
5	KP1 多孔砖	240×115×90	块	0.71	0.80
6	KP1 多孔砖	180×115×90	块	0.86	0.97
7	烧结标准砖		块	1.1	1.24

续表

序号	名称	规格	单位	除税单价	含税单价
8	固定木窗		m^2	480	542.40

7. 请在土建工程中按表8-13情况处理暂列金额。

表8-13　暂列金额

单位：元

编号	名称	含税/除税金额
1	图纸设计变更、索赔及现场签证	200 000

8. 请处理计日工造价，具体内容见表8-14。

表8-14　计日工表

序号	项目	单位	数量	单价/元
1	钢筋工	工日	6	200
2	水泥	m^3	200	450

9. 考虑到人工以及机械费用价格浮动带来的风险，需要在综合单价中考虑1%的风险。

欢乐颂原始
计价文件

参考文献

[1] 郑庆波．建筑工程计量与计价[M]．2 版．北京：中国建筑工业出版社，2021.
[2] 何辉，吴瑛．建筑工程计量与计价[M]．北京：中国建筑工业出版社，2021.
[3] 建筑工程定额与预算[M]．2 版．武汉：华中科技大学出版社，2022.
[4] 中华人民共和国住房和城乡建设部，中华人民共和国国家质量监督检验检疫总局．GB 50854—2013 房屋建筑与装饰工程工程量计算规范[S]．北京：中国计划出版社，2014.
[5] 中华人民共和国住房和城乡建设部，中华人民共和国国家质量监督检验检疫总局．GB 50500—2013 建设工程工程量清单计价规范[S]．北京：中国计划出版社，2013.
[6] 辽宁省建设厅．辽宁省建设工程费用参考标准[S]．沈阳：万卷出版公司，2017.
[7] 辽宁省建设工程造价管理总站．房屋建筑与装饰工程定额[S]．沈阳：万卷出版公司，2017.
[8] 中华人民共和国住房和城乡建设部，中华人民共和国国家市场监督管理总局．GB/T 50353—2013 建筑工程建筑面积计算标准[S]．北京：中国计划出版社，2014.
[9] 中华人民共和国住房和城乡建设部．22G101—1 混凝土结构施工图平面整体表示方法制图规则和构造详图(现浇混凝土框架、剪力墙、梁、板)[S]．北京：中国计划出版社，2022.
[10] 中华人民共和国住房和城乡建设部．22G101—2 混凝土结构施工图平面整体表示方法制图规则和构造详图(现浇混凝土板式楼梯)[S]．北京：中国计划出版社，2022.
[11] 中华人民共和国住房和城乡建设部．22G101—3 混凝土结构施工图平面整体表示方法制图规则和构造详图(独立基础、条形基础、筏形基础、桩基础)[S]．北京：中国计划出版社，2022.